中央高校教育教学改革基金资助(本科教学工程)
中国地质大学(武汉)实验教学系列教材
中国地质大学(武汉)实验教材项目资助(SJC－202103)

构造地质学综合实习指导书

GOUZAO DIZHIXUE ZONGHE SHIXI ZHIDAOSHU

主　编　徐亚军　刘　强
副主编　徐先兵　李志勇　徐海军　续海金
　　　　王　岸　温　斌　王　江
审　定　王国灿　章军锋

图书在版编目(CIP)数据

构造地质学综合实习指导书/徐亚军,刘强主编.—武汉:中国地质大学出版社,2022.4
(2024.1重印)

ISBN 978-7-5625-5238-3

Ⅰ.①构…
Ⅱ.①徐… ②刘…
Ⅲ.①构造地质学-高等学校-教学参考资料
Ⅳ.①P54

中国版本图书馆CIP数据核字(2022)第055243号

构造地质学综合实习指导书	**徐亚军　刘　强　主编**
责任编辑:彭　琳	责任校对:何澍语
出版发行:中国地质大学出版社(武汉市洪山区鲁磨路388号)	邮政编码:430074
电　话:(027)67883511　传　真:(027)67883580	E-mail:cbb@cug.edu.cn
经　销:全国新华书店	http://cugp.cug.edu.cn
开本:787毫米×1092毫米 1/16	字数:314千字　印张:12.25
版次:2022年4月第1版	印次:2024年1月第2次印刷
印刷:湖北金港彩印有限公司	
ISBN 978-7-5625-5238-3	定价:42.00元

如有印装质量问题请与印刷厂联系调换

中国地质大学(武汉)实验教学系列教材

编委会名单

前 言

“构造地质学”是一门理论性和实践性都很强的地质学专业基础课程。实习是“构造地质学”教学中不可或缺的实践环节，对于学生巩固和加深理论教学内容的理解、初步了解和掌握构造地质现象的野外观测和室内分析方法、提高对构造现象的认识和分析能力、培养从局部构造现象到整体构造形成过程的科学思维方式都具有十分重要的意义。

长期以来，围绕理论与实践协同发展的基本教学规律，服务于地质学一流本科人才培养，中国地质大学(武汉)地球科学学院构造地质与地球动力学系从事“构造地质学”教学的教员们在教学实践过程中做了大量的工作，编制了丰富的课堂实习材料，建设了展示典型构造标本、模型、图片的“构造园”和进行构造变形分析的实验室，开发了校园周边及武汉周边的野外实践教学路线。这些教学资源涵盖了野外典型构造现象的观察、模拟以及室内构造图件制作的各个环节，为学生提供了不同尺度、不同层次、不同成因构造的实物和图形实践资料，在构造地质学基础理论、基本技能学习中和思维方式的培养中发挥着重要作用。

为了更好地开展“构造地质学”实习课教学，《构造地质学综合实习指导书》的编著者在充分吸纳以往版本实习指导书优点的基础上，根据新时期构造地质学理论和技术的发展以及教学的需要，对内容进行了调整和丰富，主要体现在：①按照教学场所的不同，将教学内容调整为“课堂实习”“实验室实习”和“野外观测与实践”三篇；②考虑到难易程度和不同的构造类型，在第一篇室内构造图切剖面的实习中，将实习用图增加到三幅，使用者可以根据不同专业教学要求和学时数灵活选用，同时增加了板块古地理重建实习内容；③增加了第二篇实验室实习内容，新增了构造地质学研究的先进技术和方法介绍，例如EBSD(电子背散射衍射)、构造热年代学；④在第三篇野外观测与实践中增加了典型构造观察路线，丰富了野外实习内容。

全书共分为三篇。第一篇为课堂实习，设置了12次实习课内容，包括地质图读图和构造地质学基本图件的编制、极射赤平投影的原理与应用、板块运动和古大陆重建原理及应用、典型构造标本的观察与分析等；第二篇为实验室实习，设置了五次实习内容，包括构造定向标本处理与岩石薄片制作、构造砂箱物理模拟实验、岩石有限应变测量、EBSD组构测量

和构造热年代学基本原理与实践；第三篇为野外观测与实践，在武汉校园周边南望山—喻家山和黄石市大冶铁山地区选取了七条观测路线。

本书由徐亚军、刘强主编，编写分工如下。前言由徐亚军、刘强编写。第一篇：实习一由徐先兵编写；实习二至实习三由徐亚军编写；实习四由徐先兵、刘强编写；实习五由徐亚军编写；实习六由徐海军编写；实习七由李志勇编写；实习八由徐先兵编写；实习九由徐先兵、刘强编写；实习十由续海金、王江编写；实习十一由温斌编写；实习十二由徐先兵、刘强编写。第二篇：实习一由刘强编写；实习二由李志勇编写；实习三由徐先兵、李志勇编写；实习四由徐海军编写；实习五由王岸编写。第三篇：区域地质概况由徐亚军编写；路线一由徐亚军、刘强编写；路线二由刘强、徐海军编写；路线三由续海金编写；路线四由李志勇编写；路线五由刘强编写；路线六由李志勇编写；路线七由刘强编写。全书由徐亚军、刘强统稿，王国灿、章军锋审定。

本书是中国地质大学(武汉)地球科学学院构造地质学教学团队集体劳动的重要成果。除了编著者之外，还有很多教师为构造地质学室内和野外实习资料的积累做出了重要贡献，在此表示衷心感谢！同时，感谢中国地质大学(武汉)中央高校教育教学改革基金的资助。感谢中国地质大学(武汉)教务处、实验室与设备管理处、地球科学学院和中国地质大学出版社对本书出版提供的热心支持。

对于书中存在的问题，敬请使用者指正，以便再版时修订。

编著者

2021 年 7 月

目　录

第一篇　课堂实习

第二篇　实验室实习

第三篇 野外观测与实践

第一篇

课堂实习

实习一　认识地质图及阅读地质图

一、目的要求

1. 明确地质图的概念，了解地质图的图式规格。
2. 掌握地质图阅读的一般步骤和方法。
3. 掌握水平岩层、倾斜岩层、直立岩层与不整合在地质图上的表达方式。

二、预习内容

1.《地质学基础》或《普通地质学》中地层的接触关系。
2. 本次实习说明。

三、实习图件和用具

1. 公开出版的1∶25万、1∶20万、1∶10万或1∶5万地质图(附图Ⅰ-1)。
2. 刻度尺、量角器、H铅笔、橡皮。

四、说明

(一)地质图的概念与图式规格

1. 地质图(geological map)

地质图是按一定的比例尺和图式将地区内的各种地质体(地层、岩体、矿体)及地质现象(断层、褶皱等)的分布及其相互关系正射投影到水平面上，用以反映该地区地壳表层的地质构造特征的图件。地质图中的各项地质内容用不同颜色(附录Ⅰ)、花纹、线条、符号和代号来表示(附录Ⅱ)。

地质图主要由图内地质图和图外说明两部分组成。

图内部分是地质图的主体和核心，展示各种地质体的空间分布和结构关系。

图外说明包括图名、比例尺、图例、编图单位与人员、资料来源以及编图日期等。大、中比例尺地质图一般还附有综合地层柱状图、岩浆序列、图切地质剖面图等，借以反映地质构造的立体概念和发展过程(附图Ⅰ-1)。

地质图一般分为大比例尺地质图(1∶5万、1∶1万或更大)、中比例尺地质图(1∶25万、1∶20万或1∶10万)和小比例尺地质图(1∶50万或更小)。按学科或专业可以分为通用地质图(综合地质图)和专题地质图,例如构造地质图、岩浆岩地质图、变质地质图、第四纪地质图、水文地质图、工程地质图、环境地质图、城市地质图、农业地质图以及旅游地质图等。

2. 综合地层柱状图(composite stratigraphic column)

综合地层柱状图是通过图表综合的方式,将工作区域内地层资料加以综合,用柱状图形式、按一定比例尺和图例并附简要文字描述编制而成的图件,用以表示地层及其岩石组成的特征和相互关系。图中一般包括图名、比例尺、年代地层单位、岩石地层单位、地层代号、岩性与主要化石符号、接触关系、最大与最小厚度、岩性与化石简述、沉积环境等。根据综合地层柱状图可以分析该地区概略的地质发展历史。此图是以实际资料为主体,补充突出图面所不能表现的重要内容,便于使用者读图。在绘制综合地层柱状图时,应根据需要来选择合适的比例尺,既可单独绘制成图,也可附在相关地质图旁。

3. 图切地质剖面图(transverse cutting profile)

图切地质剖面图是在地质图上,选择某一方向(与构造线的夹角不能小于 60°),根据各种地质、地理要素,按一定的比例尺,用投影方法编绘而成的地质剖面图。图切地质剖面图的作用是同地质图配合,反映地质体与地质构造在空间上的相互关系及地质演化关系。在绘制剖面图时要选择与地质图比例尺一致的垂直比例尺和水平比例尺。

4. 地质图例(geological legend)

地质图例是地质图中所用各种符号的说明,是地质图的附属部分,为读图的工具,放置在地质图的右侧或其他合适部位。图例的内容有不同的颜色、图形、花纹、字母、数字代号等。图例的排列顺序是地层、岩浆岩、变质岩、构造和其他地质图例。地层、岩浆岩、变质岩图例按自上而下、由新到老的顺序排列。没有确定时代的侵入岩和岩脉可以按基性至酸性自上而下排列;没有确定变质时代的变质岩要按变质程度由浅至深、自上而下排列。构造符号的排列顺序是地质界线、褶皱轴迹、断层、节理以及层面、面理、流面等产状要素。同时,必须标注清楚实测和推测断层。

(二)阅读地质图的一般步骤和方法

读图步骤可以概括为:先图外,后图内;先地形,后地质;先地层与岩浆岩,后构造。

图外部分:从图名和图幅代号,可以了解地质图的地理位置和图的类型;从比例尺大小可以计算图幅的面积,同时了解地质工作的详细程度;从出版年月、编图单位和人员以及资料来源,可以了解图幅的编制时间与图幅的原始资料;从图例可以了解图幅内采用的各种符号、出露的地层、岩浆岩以及构造类型;从综合地层柱状图可以了解图幅内地层的岩石学特征、厚度、有无地层缺失、地层接触关系、古生物化石和矿产资源等;从图切地质剖面可以了解图幅内地层与岩体的接触关系、三维构造变形特征等。

地形分析是全面了解地质内容的前提,在有等高线的较大比例尺(大于 1∶25 万)地质图上,通过地形等高线和河流水系的分布可以了解图幅内地形特征;在无等高线的中小比例尺(小于 1∶25 万)地质图上,主要根据河流水系的分布、支流与干流的关系、山势标高变化等了解地形特点。

地质图上反映的地质内容相当丰富，可以对以下内容进行分析：①地层、岩石的类型和它们的产状、时代、分布及其相互关系等；②褶皱构造卷入的岩层，褶皱几何学特征、空间展布和形成时代等；③断层构造影响的岩层，断层类型、规模、空间展布、相互关系和形成时代等。分析时应边看、边记、边绘图，以便获得所需资料。各种构造形态的具体分析方法，将在后续有关实习中专门叙述。

（三）岩层产状的阅读

岩层是指两个平行或近于平行的界面所限制的由同一岩性组成的层状岩石。岩层根据倾角 α 大小，可以分为水平岩层（0°～10°）、倾斜岩层（10°～80°）和直立岩层（80°～90°）。

地质图上使用地质界线区分不同的岩层的分界。所谓地质界线是指地质界面（包括岩石地层单元分界面）与地形面的交线在水平面上的投影。

1. 水平岩层

水平岩层是未经变动的仍保持成岩后原始状态的岩层[图 1-1(A)]。水平岩层的产状在地质图上用线长 5mm 的两条相互垂直的线段表达，其线宽 0.15mm[图 1-1(B)]。水平岩层具有如下特征：

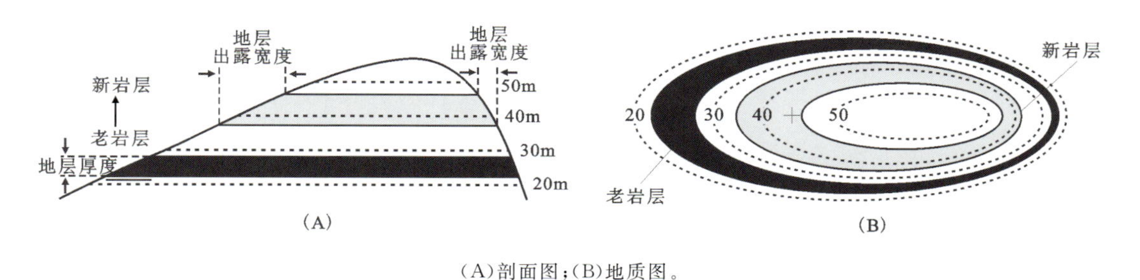

（A）剖面图；（B）地质图。

图 1-1　水平岩层剖面图及其在地质图上的投影

（1）在地形地质图上，岩层的地质界线与地形等高线平行或重合。在山顶或孤立的山丘上地质界线呈封闭的曲线，在沟谷中呈尖齿状条带，其尖端指向上游。

（2）在一套水平岩层中，老岩层在下，新岩层在上。如地形切割强烈，则在沟谷处出露较老的地层，自谷底至山顶地层时代依次变新。

（3）岩层顶、底面之间的垂直距离是岩层的厚度，水平岩层的厚度即为其顶、底面的标高差。

（4）岩层出露宽度是其顶、底面出露线间的水平距离，水平距离的大小取决于岩层厚度和地面坡度。

2. 直立岩层

直立岩层包括经构造变形后产状近直立的沉积岩和变质岩、走滑剪切带以及陡立的岩墙等[图 1-2(A)]。直立岩层在地质图上用线长 5mm 的线段表示走向，线长 2mm 的箭头表示岩层变新的方向[图 1-2(B)]。在直立岩层分布区，岩层的界线不受地形的影响，在地

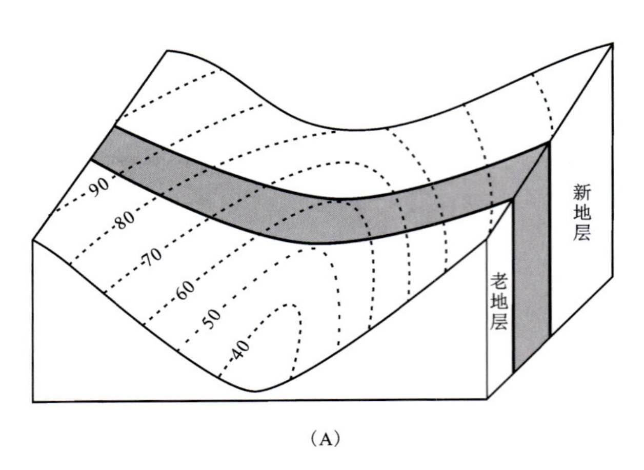

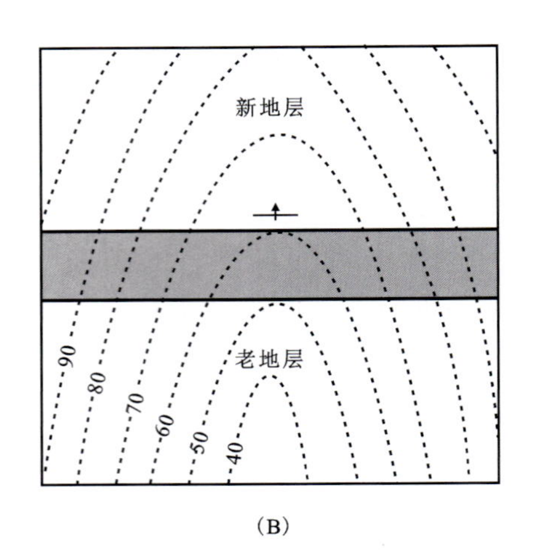

(A)立体图;(B)地质图。

图 1-2　三维空间中直立岩层(阴影区)界线及其在地质图上的投影(单位:m)

质图上为具有一定宽度、呈直线延伸的线状地质体[图 1-2(B)]。

3. 倾斜岩层

原始水平岩层因构造作用而改变其水平产状,形成倾斜岩层,它是变形岩层中最基本的一种。倾斜岩层的产状在地质图上用线长 5mm 的线段表示走向,线长 1mm 的短线表示岩层倾向,产状旁边的数字代表真倾角(图 1-3)。

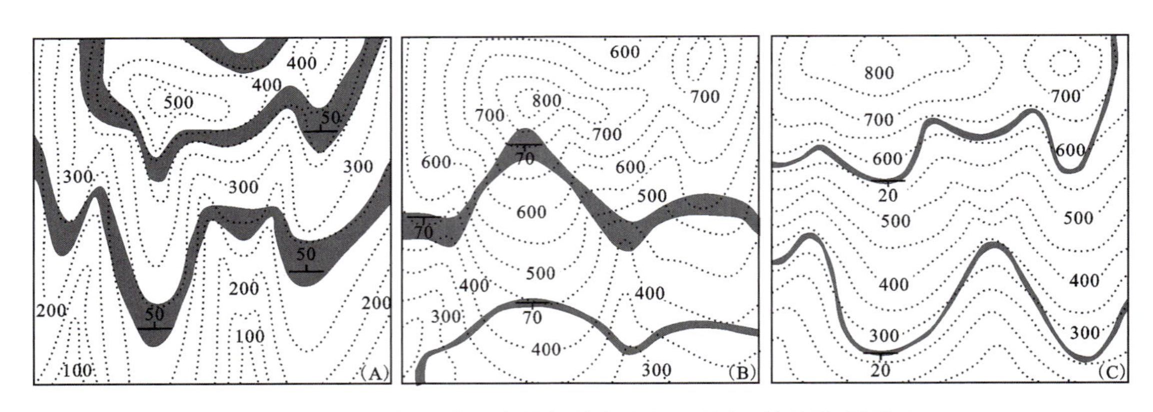

图 1-3　走向与坡向垂直(坡角 45°)的倾斜岩层在地质图上的投影(阴影区)(单位:m)

倾斜岩层在地表的出露界线或地质界线常以一定规律展布。穿越沟谷和山脊的地质界线的平面投影均呈"V"字形(图 1-3),这种规律叫作"V"字形法则。当倾斜岩层(或其他倾斜的地质界面)的走向与沟谷或山脊大体垂直时,地质界线的"V"字形大体对称;当斜交时,则"V"字形是不对称的;当岩层走向与沟谷或山脊延伸方向一致时,则"V"字形法则不适用。

"V"字形法则在地形地质图上的特征如下:

(1)当岩层的倾向与坡向相反时[图 1-4(A)],岩层界线与等高线的弯曲方向相同,但

是等高线的“V”字形更为狭窄[图 1-4(B)],可以简称为“相反相同”。

(2)当岩层的倾向与坡向相同时,同时岩层的倾角大于坡角[图 1-4(C)],岩层界线与等高线的“V”字形弯曲方向相反[图 1-4(D)],可以简称为“相同相反”。

(3)当岩层的倾向与坡向相同时,同时岩层的倾角小于坡角[图 1-4(E)],岩层界线与等高线的弯曲方向相同,但是等高线的“V”字形更为开阔[图 1-4(F)],可以简称为“相同相同”。

“V”字形法则对野外地质填图工作有着很重要的指导意义。在读图或填图时,只有对地形和岩层产状的关系进行全面的分析,才能正确地了解地质界面的几何形态或在地质图上正确地表达地质界面的几何形态。

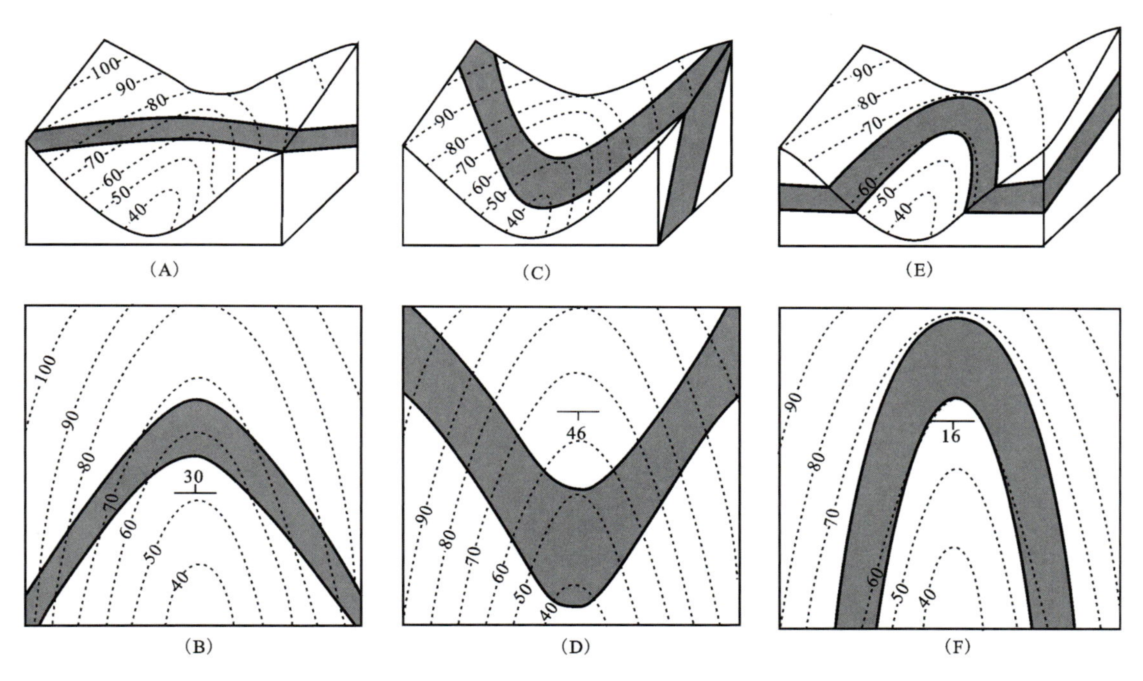

图 1-4　倾斜岩层(阴影区)与坡向(坡角 30°)的空间关系[(A)、(C)、(E)]及其在地质图上的投影[(B)、(D)、(F)](等高线值单位:m)

(四)岩层接触关系的阅读

岩层之间的接触关系,可以分为地层与地层之间的接触关系、岩体与岩层之间的接触关系、断层接触关系三大类。

1.地层与地层之间的接触关系

地层间的接触关系可分为整合、平行不整合以及角度不整合(图 1-5)。整合界线在地质图上表示为线粗 0.1mm 的曲线(图 1-5);平行不整合界线在地质图上表示为线粗 0.1mm的实线和虚线组成的平行线,虚线位于新地层一侧,实线位于老地层一侧[图 1-5(A)];角度不整合界线在地质图上表示为粗 0.1mm 的实线和点线组成的平行线,点线位于新地层一侧,实线位于老地层一侧[图 1-5(B)]。在地层柱状图和地质剖面图上,用直线表

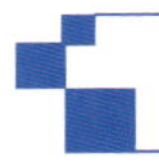

示整合,用虚线表示平行不整合,而用波浪线表示角度不整合(附录Ⅱ与附图Ⅰ-1)。

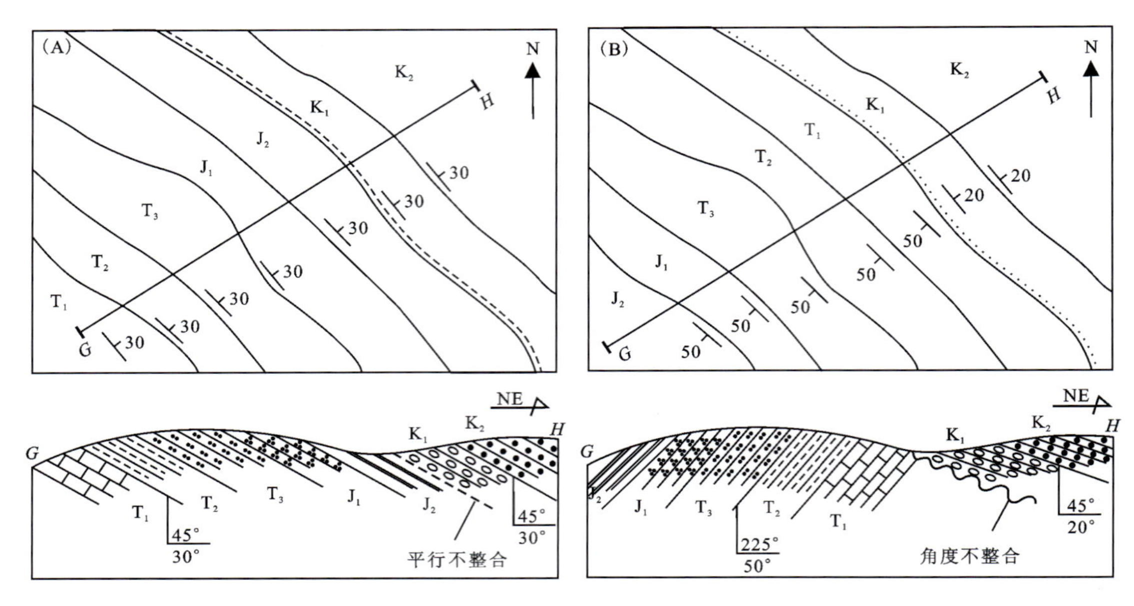

(A)平行不整合;(B)角度不整合。

图 1-5　地层不整合接触关系

(1)整合(conformity):同一地区的上下两套岩层,若其产状一致,在沉积和生物演化上都是连续的,则这种关系就称整合接触。它说明这个地区的地壳运动相对平静且没有褶皱发生,所以上下两套地层是相互平行的,沉积是连续的,其间没有发生足以引起较长时间沉积间断的构造运动。

(2)平行不整合(parallel unconformity):又称假整合,是指具有明显沉积间断面的、上下两套产状一致的岩层的接触关系。它表明下伏岩系形成后,地壳均匀上升,发生较长时期剥蚀作用,致使地层缺失,其后再度均匀下降重新接受沉积。

(3)角度不整合(angular unconformity):上下两套岩层间不但有明显的沉积间断,且两套岩层的产状有明显差异的接触关系。它表明下伏岩系形成后曾发生构造变动和剥蚀作用,不但出现沉积间断,而且岩层经构造变形,产状也发生了改变。因此,当剥蚀面上再度接受沉积时,上覆新岩层与下伏老岩层无论在产状上或构造特征上都有明显差异。

2. 岩体与岩层之间的接触关系

岩体与岩层之间的接触关系可分为侵入接触和沉积接触两种[图 1-6(A)]。侵入接触界线用线粗 0.1mm 的黑色实线和长 2mm 的短箭头表示,箭头与接触面的倾向一致(见附录Ⅱ)。沉积接触属角度不整合,用线粗 0.1mm 的实线和点线组成的平行线表示,点线位于新地层一侧,实线位于老地层一侧。

(1)侵入接触(intrusive contact):岩浆岩侵入围岩之中,岩体与围岩的接触关系为侵入接触关系。侵入接触关系具有以下特征:一是岩体穿切围岩,沿内接触带可见冷凝边(结晶

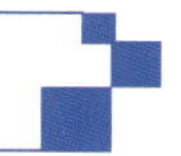

快，粒度小，形成隐晶质或玻璃质)，外接触带可见烘烤边(岩石受热变质，颜色变浅)和接触变质带、接触交代变质作用和矿化蚀变现象；二是岩体内往往有围岩捕虏体；三是与侵入岩有关的岩墙、岩脉插入围岩中。

(2)沉积接触关系(sedimentary contact)：岩体形成后经过构造运动露出地表，再经风化剥蚀作用后，又被新的沉积物所覆盖，这种接触关系为沉积接触关系。沉积接触关系具有以下特征：一是岩体与上覆围岩的接触带没有冷凝边、烘烤边和接触变质带或矿化蚀变现象；二是岩体内定向排列的原生构造或岩脉、矿脉被截切；三是在岩体顶部有风化剥蚀面和古风化壳，同时在上覆岩层的底部含有岩体成分的碎屑和砾石。

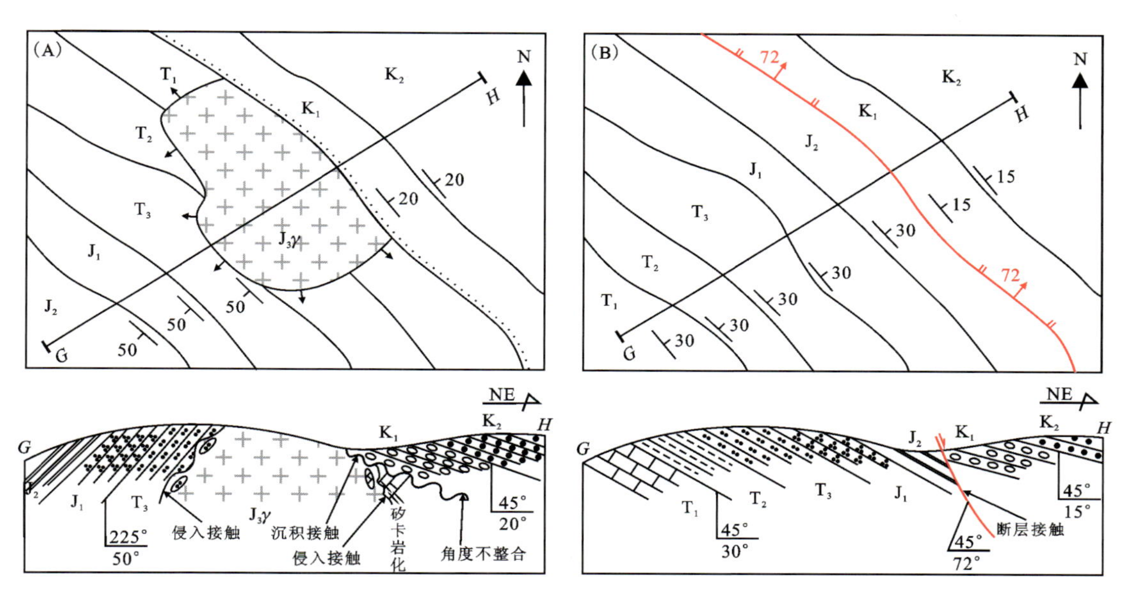

(A)岩体与地层的接触关系；(B)岩体与地层间的断层接触关系。

图 1-6　岩体与岩层之间的接触关系

3. 断层接触(fault contact)

断层接触属构造接触关系，指区域上不同时代和不同性质的地质体以断层相互接触[图 1-6(B)]。断层可以是正断层、拆离断层、逆断层、逆冲断层或走滑断层。断层接触在地质图上用红色实线(实测)或虚线(推测)、长 2mm 的红色短箭头以及长 1mm 的红色双短线或平行走向的红色单箭头表示(附录Ⅱ)。红色实线为实测断层走向，红色短箭头方向与断层倾向一致，红色双短线指示倾滑断层上盘的运动方向，而平行走向的红色单箭头表示走滑断层的左行或右行滑动。在综合地层柱状图上，断层接触用红色双实线和两个对称红箭头表示，双实线线距为 0.8mm(附图Ⅰ-1)。

五、作业

找出并描述 1 幅 1∶25 万或 1∶5 万地质图中地层之间的角度不整合面、平行不整合面以及地层与岩体之间的侵入接触和断层接触关系。

实习二　用间接方法确定岩层的产状要素

一、目的要求

1. 在地形地质图上利用平行等高线法获取岩层产状要素。
2. 在地形地质图上利用三点法获取岩层产状要素。
3. 加强对岩层产状要素概念的理解。

二、预习内容

1. 产状要素的概念。
2. 本次实习说明。

三、实习图件及用具

1. 凌河地质图(附图Ⅰ-2)、松溪地形图(附图Ⅰ-3)、望洋岗地质图(附图Ⅰ-4)。
2. 刻度尺、量角器、H 铅笔、橡皮。

四、说明

(一)在地形地质图上利用平行等高线法获取面状构造的产状

在地形地质图上获取面状构造产状要素的前提条件是:在测定范围内面状构造是平直稳定的,而且地形地质图的比例尺很大。这种方法的原理和操作步骤如下。

按走向线的定义,在立体透视图(图 1-7A)中,某砂岩层的上层面与高 100m 和 150m 的两个水平面相交得Ⅰ-Ⅰ′和Ⅱ-Ⅱ′两条走向线,沿层面作它的垂线 AB 为倾斜线;AB 与其水平投影 AC 的夹角 α 为岩层的倾角,CA 方向为倾向。在直角三角形 ABC 中,BC 为两条走向线的高差。因此,只要能做出同一层面的不同高程的相邻的两条平行走向线,再根据其高程和水平距离,即可求出岩层在该处的产状要素。其步骤如下:

(1)连接砂岩层的上层面界线与高 100m 和 150m 的两条等高线的交点Ⅰ、Ⅰ′和Ⅱ、Ⅱ′,得 100m 高程上的走向线Ⅰ-Ⅰ′和 150m 高程上的走向线Ⅱ-Ⅱ′(图 1-7B)。

(2)从高程高的走向线Ⅱ-Ⅱ′上任一点 C 作一条垂线,与高程低的走向线Ⅰ-Ⅰ′交于 A 点,则 CA 代表倾向。两条走向线高差 50m,按地质图比例尺取线段 BC(如 1∶5000)得直角三角形 ABC。

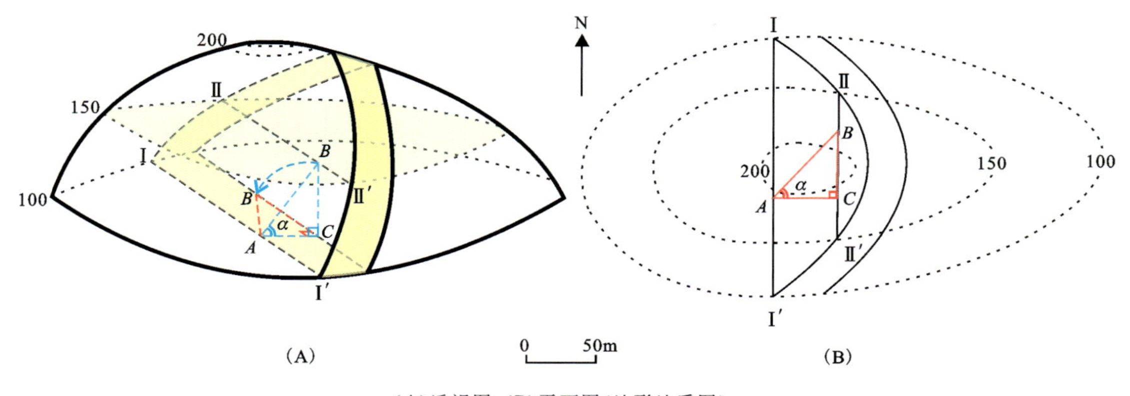

(A)透视图;(B)平面图(地形地质图)。

图 1-7　在地形地质图上求岩层产状示意图

(3)用量角器量出∠BAC 的角度即得出岩层倾角 α,并量出 CA 的方位角即岩层的倾向。

(二)用三点法求面状构造的产状要素

如面状构造(如岩层面或断层面)平直稳定,可以根据钻探得到的层面上三个点的标高来求解面状构造的产状要素。这种方法就是三点法。

应用三点法求面的产状的前提是:①三点要位于同一界面上,且不在一条直线上;②已知三点的位置、相互水平距离和标高,且三点相距不宜太远;③在三点范围内界面平整,产状无变化。

作法:从图 1-8 可知,只要在最高点 A 和最低点 C 的连线上,找到与中等高程的 B 点等高的一点 D,就可作出走向线 DB,过 C 点或 A 点作出与 DB 平行的另一高程的走向线;根据两条走向线各自高程和水平距离,即可求出倾向和倾角。求解方法如下:

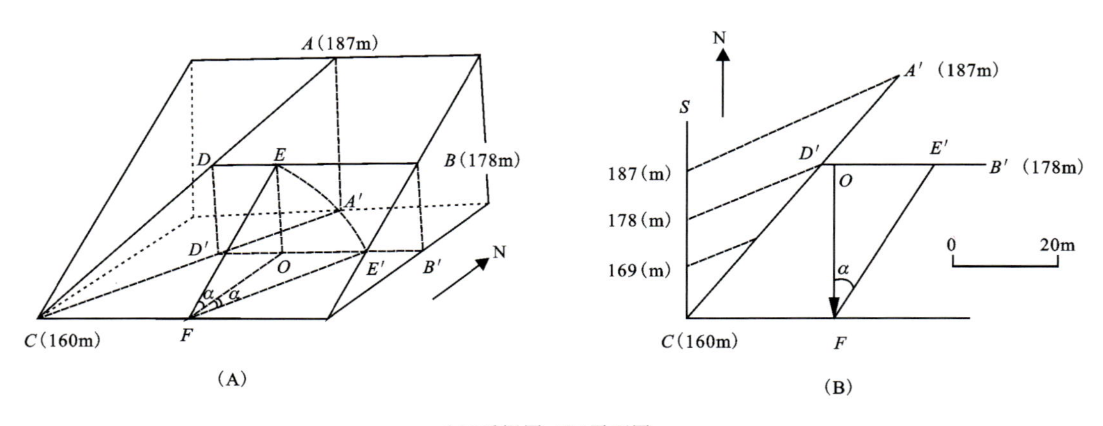

(A)透视图;(B)平面图。

图 1-8　三点法求面状构造产状图解

(1)求等高点。从最低点 C 作任一辅助线 CS，根据 A'、C 点间高差及 B 点高程用等比例线段法将 CS 等分，在 $A'C$ 线上得出与 B 点等高的 D' 点。

(2)求倾向。连 $D'B'$ 即为 178m 高程之走向线，过 C 点作其平行线，即为 160m 高程之走向线，在 $D'B'$ 线上任取一点 O 作其垂直线 OF 即为倾向线，箭头表示倾向，再用量角器量其方位角值[如图 1-8(B)中所示 180°即倾向 180°]。

(3)求倾角。根据 B、C 点间高差，按平面图比例尺取一线段 OE'，连 $E'F$，则 $\angle E'FO(\alpha)$ 代表倾角，用量角器量其值。

五、作业

1. 利用凌河地质图(附图Ⅰ-2)，获取下石炭统(C_1)顶面或底面的产状。

2. 在松溪地形图(附图Ⅰ-3)上：①已知某赤铁矿层为一倾斜矿层，产状稳定，有三个钻孔的见矿深度分别为：ZK2 为 60m，ZK3 为 40m，ZK4 为 80m，用三点法求该矿层的产状；②在钻孔 ZK9 处，求取钻遇该矿层顶面的钻孔深度。

3. 在望洋岗地质图(附图Ⅰ-4)上求解断层面的产状、断距，判断断层性质。

实习三　编制水平岩层、倾斜岩层地质剖面图

一、目的要求

1. 学习绘制图切地质剖面图的方法。
2. 学习水平岩层、倾斜岩层及不整合在剖面图上的表示方法。

二、预习内容

本次实习说明。

三、实习图件及用具

1. 凌河地质图(附图Ⅰ-2)、红石峡地区地质图(附图Ⅰ-5)、桃源溪地区地质图(附图Ⅰ-6)。
2. 方格纸、刻度尺、量角器、H 铅笔、橡皮。

四、说明

一般情况下，地质图都附有一张或几张通过全区主要地质内容的图切地质剖面图(cross-section)。图切地质剖面图是通过剖面方式展示图区基本地质格架及地质关系的图件。结合平面地质图分析图切地质剖面图，有助于从三维空间来认识和恢复图区地质构造的发育及特点。掌握地质图就需要会作、会分析图切地质剖面图。方法如下：

(1)读图。分析图区地形特征、地层分布、层序及产状变化情况，为选剖面作准备。

(2)选择剖面线。在选择剖面线时应尽量垂直区内地层走向或构造线方向，尽量通过地层出露最全或地质内容最丰富的区域，并在选定剖面线后将剖面线标记在地质图上(图 1－9 中的 $A-B$ 线)。

(3)作地形剖面图。在绘图纸(方格纸上为好)上画出剖面基线，长短与剖面相等，在两端标注垂直线条比例尺(一般和地质图比例尺相同)，按等高距作一系列平行于基线的水平线或用方格纸作水平线，然后将地质图上的剖面线与地形等高线交点一一投影到相应高程的水平线上(图 1－9 中的虚线)，再用平滑曲线连接各点即得到地形剖面线。

(4)完成地质剖面图。将剖面线与地质界线各交点投影到地形剖面线上(图 1－9 中的点虚线)，按岩层倾向和倾角(或视倾角，视倾角可由附录Ⅲ获得)绘出相应的地质界线，在界线之间绘上岩性花纹并标注地层时代，如图 1－9 中 T_1 地层的表示所示。岩性花纹和各级地层界线一般按照岩性花纹长 1cm、分层界线长 1.5cm、分组界线长 2cm 的标准来绘制。极薄

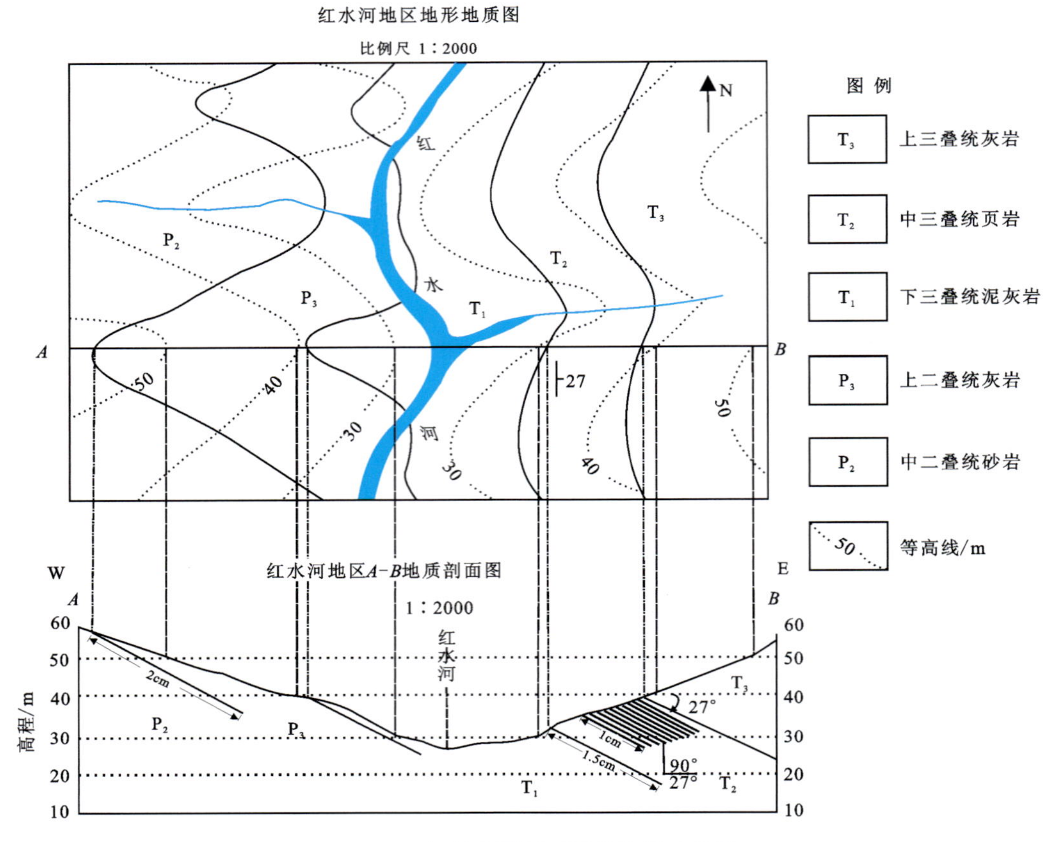

图 1-9　倾斜岩层剖面图的绘制示意图

层状、薄层状、中层状、厚层状、巨厚层状岩层的岩性花纹分别按照 1mm、2mm、3mm、4mm 和 5mm 的层间距绘制。

(5)整饰图件。按规定的图面规格进行整饰，包括补充图名、比例尺、剖面方向、地形地物标志、产状、采样位置及编号、责任表等内容，并按照 12mm×8mm 的尺寸绘制图例，整齐排列。

五、作业

1. 制作凌河地质图(附图Ⅰ-2)中的 $A-B$ 地质剖面图。
2. 制作红石峡地区地质图(附图Ⅰ-5)中的 $A-B$ 地质剖面图。
3. 制作桃源溪地区地质图(附图Ⅰ-6)中的 $A-B$ 地质剖面图。

实习四　读褶皱地区地质图并编制图切地质剖面图

一、目的要求

1.掌握阅读褶皱地区地质图的步骤和方法。

2.学会从地质图上认识、分析褶皱的形态、组合特征及其形成时代。

3.学会编制褶皱发育地区地质图的图切地质剖面图。

二、预习内容

1.《构造地质学》教材褶皱章节。

2.本次实习说明。

三、实习图件及用具

1.暮云岭地区地质图(附图Ⅰ-7)、白杨坝地区地质图(附图Ⅰ-8)、长岗地区地质图(附图Ⅰ-9)。

2.方格纸、透明纸、刻度尺、量角器、H铅笔、橡皮。

四、说明

(一)阅读褶皱地区地质图的步骤和方法

1.褶皱形态分析

分析褶皱发育地区的地质图,首先要确定褶皱类型,进而分析褶皱形态、组合类型及形成时代。在分析过程中,除遵循本书第一章中介绍的地质图读图方法外,具体步骤可从以下九个方面入手,对于不同类型的褶皱,其侧重点有所不同。

(1)区分背斜和向斜。根据地层新老关系与地层重复确定背斜和向斜。如核部为老地层、两翼依次为新地层,则此褶皱为背斜;若核部为新地层、两翼依次为老地层,则此褶皱为向斜。

(2)确定褶皱两翼产状。分析褶皱两翼产状是认识褶皱形态的关键。两翼产状可以直接从地质图上读出,也可以根据地质界线与等高线的关系进行分析。

(3)判断褶皱轴面产状。根据两翼的倾向和倾角大致判断轴面的产状。若两翼倾向相反、倾角近相等，指示轴面近直立；若两翼倾向相反、倾角不相等，指示轴面倾斜。若褶皱一翼地层出现产状倒转，指示倒转、平卧或翻卷褶皱发育。在斜歪和倒转褶皱中，背斜的轴面均与倾角较缓的一翼倾向一致。

(4)判断褶皱枢纽产状。在地形平坦的地质图上，如果褶皱两翼走向在地质图上平行延伸，指示褶皱两翼地层走向平行，其枢纽产状近水平；如果褶皱两翼走向在地质图上不平行，两翼同一地层界线呈弧形或"V"字形弯曲交会，其枢纽产状倾伏。背斜两翼同一地层地质界线交会的弯曲尖端指向枢纽倾伏方向[图 1-10(A)]，而向斜两翼同一地层地质界线交会的弯曲尖端指向枢纽扬起方向[图 1-10(B)]。

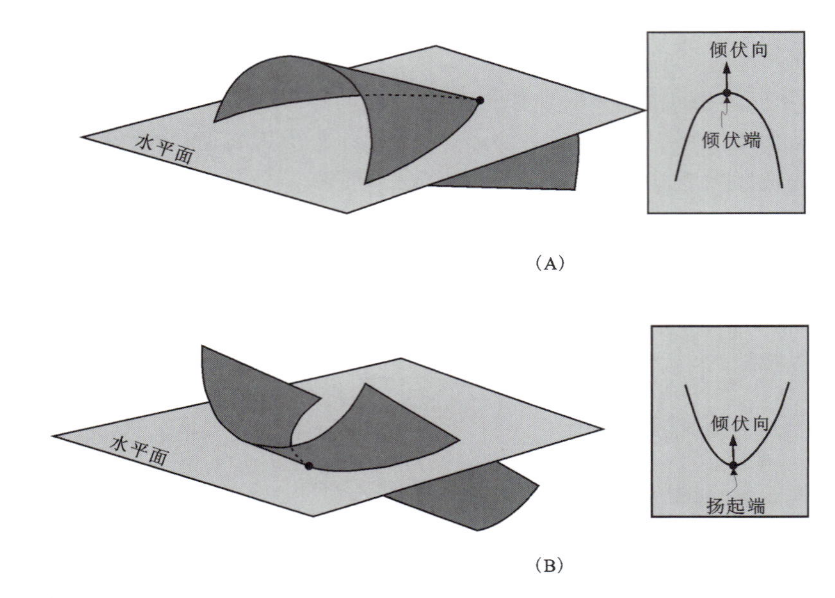

(A)倾伏背斜及其外倾转折；(B)倾伏向斜及其内倾转折。

图 1-10 褶皱枢纽内倾、外倾示意图

在地形平坦的地质图上，沿褶皱延伸方向核部地层出露的宽窄变化，也能反映出枢纽的产状。核部变窄的方向是背斜枢纽的倾伏方向或向斜枢纽的扬起方向。

在地形起伏较大的大比例尺地质图上，褶皱岩层界线受"V"字形法则的影响，地层界线弯曲不一定指示枢纽起伏。枢纽水平的褶皱，也会因地形起伏的影响而表现出两翼交会。此时，只有从褶皱两翼产状、褶皱地层界线分布形态、地层产状和地形的关系等方面综合分析，才能正确认识枢纽的产状。

(5)判断褶皱转折端形态。在地形平坦的地质图上，褶皱倾伏端(扬起端)的轮廓大致反映褶皱转折端的形态。如果褶皱倾伏端(扬起端)在地形平坦的地质图上表现为圆弧状，则褶皱的转折端在正交剖面上表现为圆弧状。

(6)确定褶皱翼间角和褶皱紧闭程度。根据褶皱两翼的倾向与倾角，可大致估算褶皱翼间角的大小。再根据褶皱翼间角的大小范围，对褶皱紧闭程度(平缓、开阔、中常、紧闭或等斜褶皱)做出定性描述。

(7)确定褶皱轴迹和平面轮廓。将地质图上褶皱各相邻岩层的倾伏端点(或扬起端点)连线,即为轴迹。轴迹所示方向表示褶皱的延伸方向,轴迹的长短表示褶皱在平面上的大小。褶皱两翼同一地层的出露线沿轴迹方向的长度与垂直轴迹方向的宽度之比,即为褶皱的长宽比。按褶皱长宽比,可将褶皱分为线性、短轴和等轴褶皱三种类型。

(8)确定褶皱组合类型。在逐个分析地质图上背斜和向斜之后,按照系列褶皱轴迹的排列规律,确定褶皱组合类型(阿尔卑斯式、侏罗山式、雁列式或其他类型)。

(9)确定褶皱的形成时代。可以根据地质图上地层与地层之间、地层与岩体之间的接触关系来推断褶皱的大致形成时代。角度不整合是确定褶皱大致形成时代的重要标志,根据角度不整合可确定褶皱形成于卷入褶皱的下伏最新地层之后、上覆最老地层之前。如果发生岩浆侵入,则褶皱形成于岩体侵位之前。

2. 褶皱的描述

褶皱的描述包括以下内容:褶皱的名称(地名+背斜/向斜)、褶皱的分布地点与范围、褶皱轴迹延伸方向、褶皱核部与两翼地层、褶皱两翼、核部、轴面以及枢纽产状、褶皱转折端形态、褶皱翼间角与紧闭程度、褶皱的位态分类、次级褶皱特征、与周围其他构造的关系、褶皱的形成时代等。

现以暮云岭背斜为例,具体描述如下。

暮云岭背斜位于图幅中西部暮云岭一带,轴迹呈 NE－SW 向延伸。褶皱核部由下石炭统组成,翼部由中、上石炭统与二叠系组成。褶皱宽约 500m,长约 2750m,长宽比约为 5∶1,属短轴褶皱。褶皱北西翼产状为 315°∠55°～60°,南东翼产状为 135°∠25°～40°。轴面倾向 SE,倾角约 60°。枢纽向 NE 和 SW 倾伏,中部隆起。褶皱转折端较为圆滑,翼间角约 80°,属于开阔褶皱。根据褶皱位态的分类,暮云岭背斜属于斜歪倾伏褶皱。暮云岭背斜向南西一分为二,形成两个次级背斜和一个次级向斜。

根据角度不整合面下伏卷入褶皱的最新地层和上覆未卷入褶皱的最老地层可知,暮云岭背斜形成于晚二叠世之后、早侏罗世之前。

(二)编制褶皱发育区图切地质剖面

褶皱剖面有横剖面(铅直剖面)和正交剖面(横截面)两种。

1. 褶皱横剖面的编制方法

(1)选择剖面线。剖面线应尽量垂直褶皱走向,并通过全区主要构造,如图 1－11 中的 $G-H$ 剖面。

(2)区分背斜/向斜并标绘。在地质图上区分背斜和向斜,并标绘在地质图和剖面线上,背斜用“∧”表示,向斜用“∨”表示。另外,把次级褶皱轴迹延长与剖面相交,并用相同方法标绘在地质图和剖面线上(图 1－11)。

(3)绘制地形线。其方法与实习三中的地形线绘制方法一致。

(4)绘制褶皱形态。将剖面线上的地质界线和褶皱轴迹的交点投影到地形线上。在投影地质界线点和绘制褶皱构造时,注意以下要点:

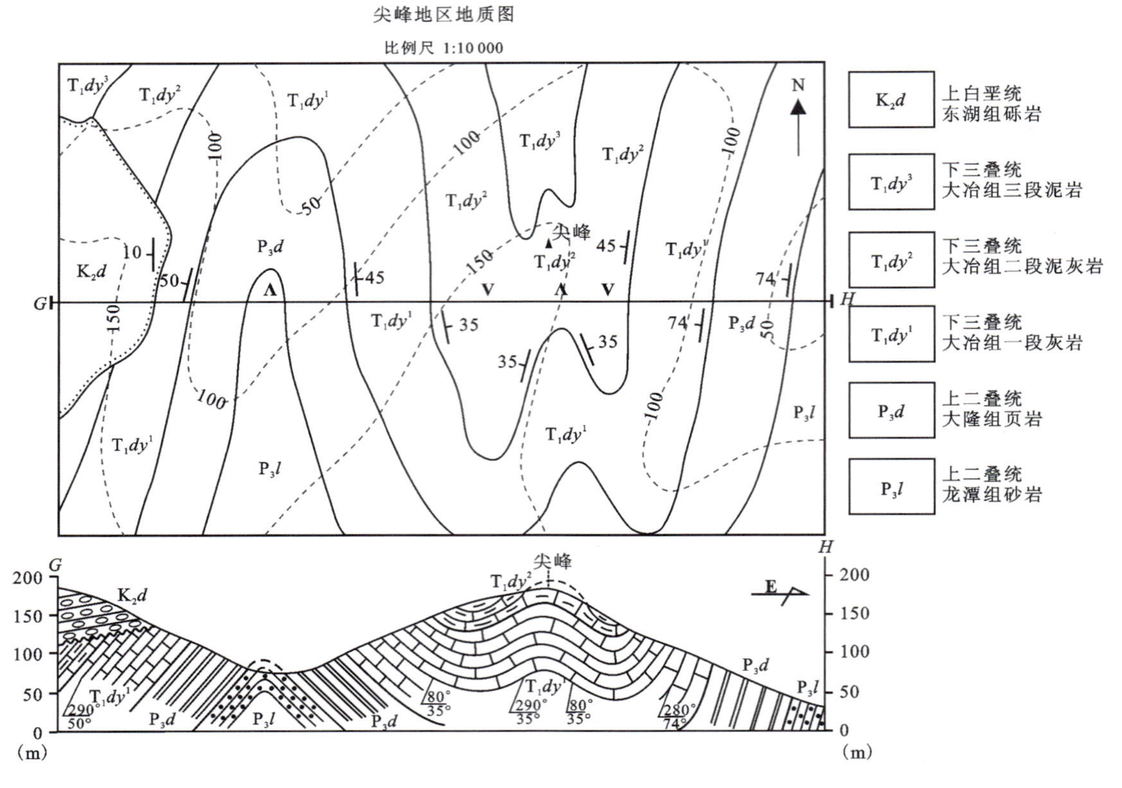

图 1-11　尖峰地区 $G-H$ 褶皱构造剖面图

a. 剖面切过不整合面和第四系时，先画不整合面以上的地层和构造，再画不整合面以下的地质界线；

b. 剖面线切过断层时，先画断层，再画断层两侧的地层和构造；

c. 剖面线和地层走向斜交时，应将岩层倾角换算成视倾角；

d. 作图时，先从褶皱核部开始，再依次绘制两翼上各地层。当地层倾角相差较大时，应使岩层厚度保持不变且调整局部产状，使之渐变过渡，与主要产状协调一致(图 1-12)。

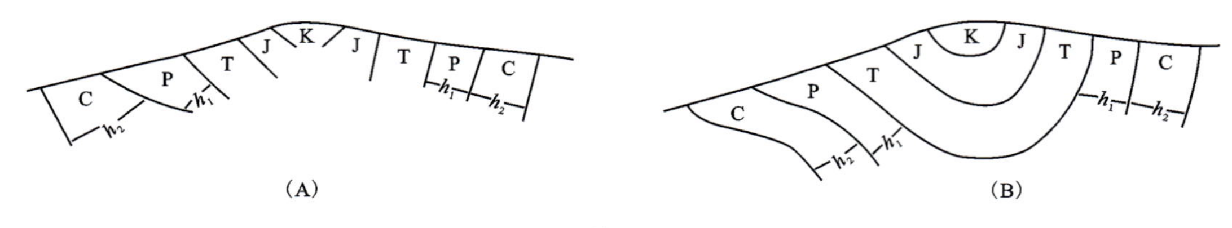

(A)校正前；(B)校正后。

图 1-12　根据褶皱两翼同一地层厚度不变校正地层产状

(5)绘制褶皱转折端形态。首先，应区别褶皱是平行褶皱还是相似褶皱。在平行褶皱

中，地层厚度在整个褶皱中保持不变，而在相似褶皱中转折端地层厚度应有所增加。转折端形态是圆弧状或是尖棱状，应根据地质图上的褶皱倾伏端或扬起端形态确定。至于转折端深部的位置，如褶皱轴面直立，应根据枢纽倾伏角作纵向切面，求出到所作剖面处核部地层枢纽的深度。然后，结合两翼倾角和枢纽位置绘制转折端(图1-13)。一般情况下，可根据两翼产状和褶皱形态对转折端深部位置做出合理推测。

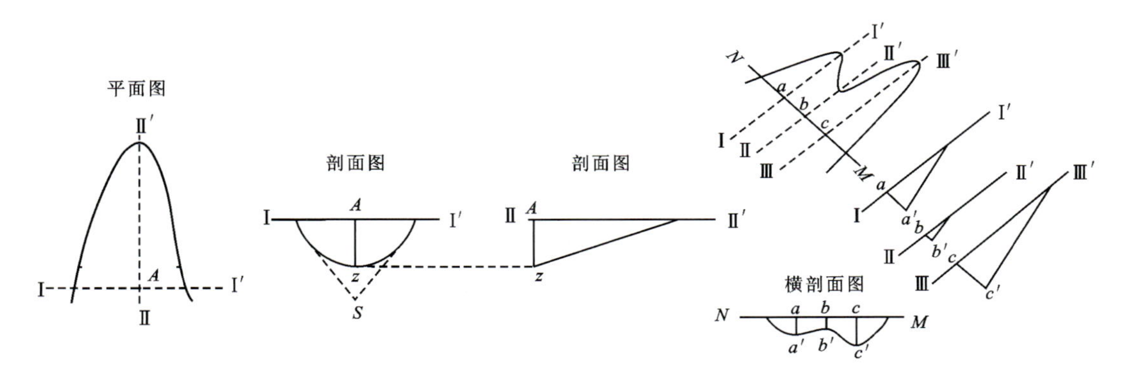

图1-13　绘制褶皱转折端深部位置的方法

(6)整饰图面。补充图名、比例尺、剖面方向、地形地物标志、产状、岩性花纹、地层代号、图例以及责任表等。

2.褶皱正交剖面的编制方法

褶皱正交剖面是指垂直于褶皱枢纽的截面，褶皱正交剖面图是在地质图上用正投影方法绘制的。因此，一幅褶皱构造形态出露完整且标明枢纽产状的地质图是绘制褶皱正交剖面图的基础。需要说明的是，褶皱正交剖面图只反映褶皱枢纽倾伏向和倾伏角基本不变区域的圆柱状褶皱形态特征。如果枢纽产状发生变化，则需要把地质图分成若干均匀地区，分别绘制褶皱正交剖面图。

褶皱正交剖面图的主要绘制方法为：首先，应将地质图转动到便于观察褶皱枢纽倾伏的方向，然后顺着枢纽倾伏方向观察，产生缩短视线的“侧瞰构造”的效应(图1-14)。

(1)绘制等间距方格。旋转地质图，使褶皱枢纽方向与观察者视线平行。然后，在地质图上叠放透明纸，固定透明纸并在其上绘制等间距方格，使其纵坐标线与褶皱枢纽倾伏方向平行，横坐标与之垂直[图1-15(A)]。

(2)作褶皱正交剖面图上的网格。正交剖面垂直于纵坐标，基线与横坐标平行并等长。平行枢纽方向的纵坐标之间的间距保持不变，而垂直于枢纽的横坐标之间的间距则按 $h'=h\times\sin\theta$ 公式计算(h 为原来坐标间距，θ 为枢纽倾伏角)。或者利用作图方法求出垂直于枢纽的横坐标之间的间距[图1-15(B)]。

(3)投影地质界线。将平面图上褶皱地层界线与横、纵坐标的交点，按照方格网上的位置标绘到正交剖面的相应位置，根据平面图上褶皱的形态将相邻投影点进行连线，即可获得沿枢纽倾伏方向观察的褶皱正交剖面形态[图1-15(C)]。

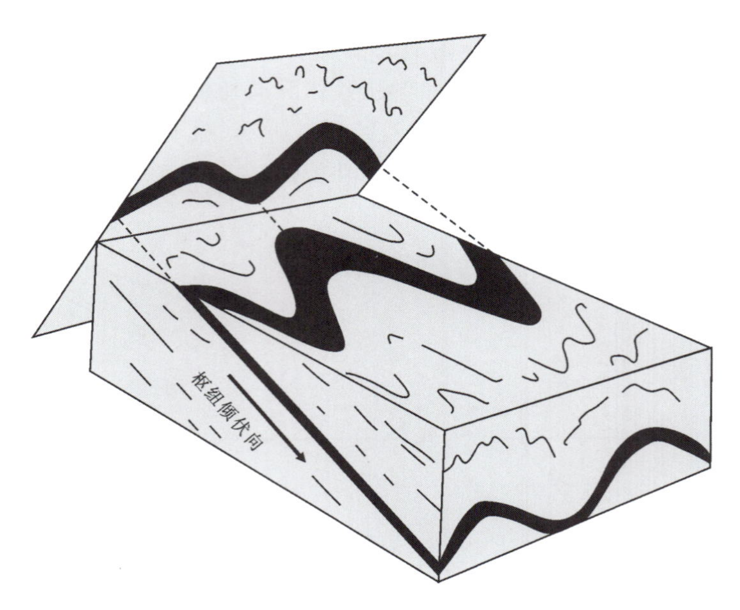

图 1-14　褶皱正交剖面的投影原理(据 Hills,1972)

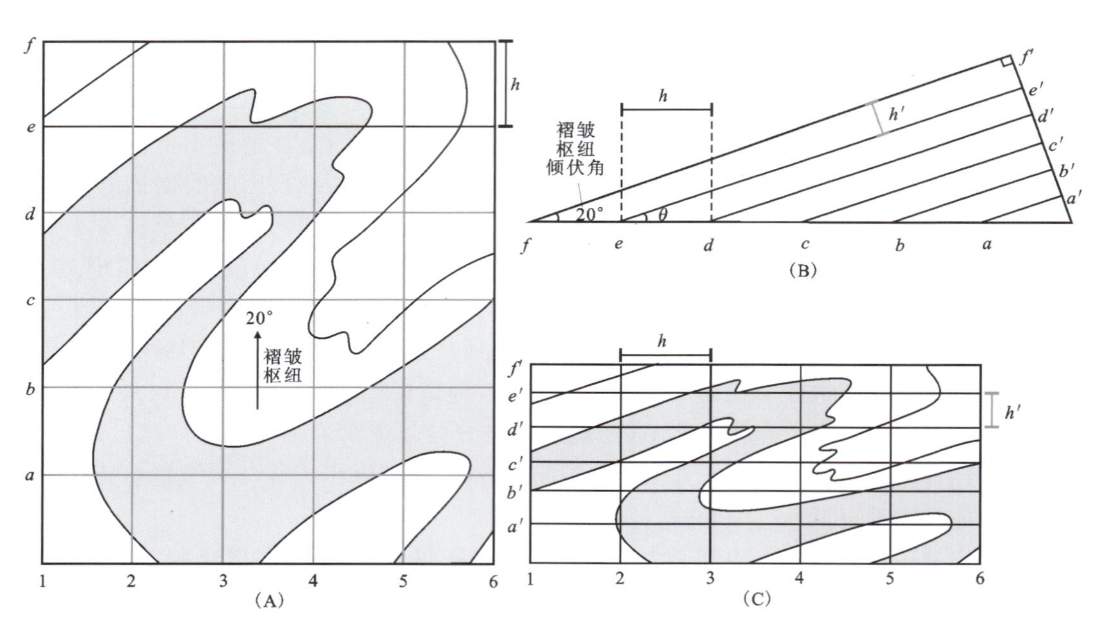

(A)将透明纸蒙在地质图上,沿褶皱枢纽倾伏向画等间距方格网;

(B)利用作图法计算正交剖面上横坐标间距;(C)褶皱正交剖面图。

h.原始的方格网间距;h'.缩短后的新间距。

图 1-15　褶皱正交剖面图的绘制方法

五、作业

1. 选附图Ⅰ-7、附图Ⅰ-8和附图Ⅰ-9中的任意一幅地质图，绘制褶皱剖面图。

2. 根据褶皱剖面图，分析描述褶皱的形态特征。

3. 图1-16为褶皱构造的平面地质图。图中褶皱枢纽为向北倾伏，倾伏角为30°。编制下图中的褶皱正交剖面图。

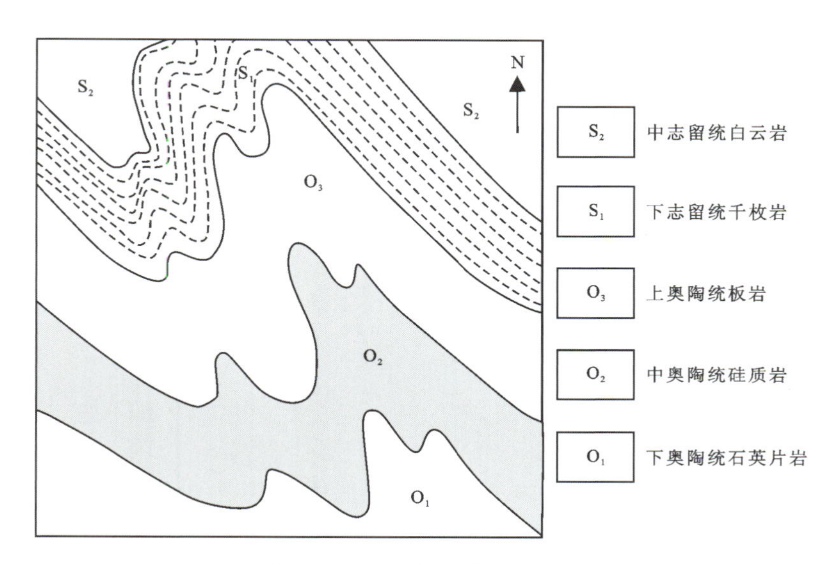

图1-16　某地褶皱构造地质图

实习五　编制和分析构造等高线图

一、目的要求

1. 根据钻孔资料编制构造等高线图。
2. 根据构造等高线图分析构造特点。

二、预习内容

1.《构造地质学》教材褶皱和断层章节。
2. 本次实习说明。

三、实习图件及用具

1. 凉风垭地区地形图(附图Ⅰ-10)和笔架山地区地形图(附图Ⅰ-11)。
2. 刻度尺、三角板、量角器、H 铅笔。

四、说明

根据用等高线来表现地面起伏的地形图绘制原理，用等高线来反映一个特定岩层的顶面或底面起伏形态的一种平面图称为构造等高线图，也称构造等值线图(structure-contour map)。构造等高线图能够定量地、直观地反映地下构造，特别是褶皱构造和断裂构造的三维形态，是在勘探和开采油气田、煤田以及一些层状矿床的过程中经常编绘的一种重要图件。

(一)编绘构造等高线图的方法

(1)换算目的层层面高程。所谓目的层是指选定用来反映地下构造的一个特定的岩层或矿层。要绘制目的层层面的等高线就必须首先测定或换算出它在各处的高程。如图 1-17 所示，每个钻孔孔口地面高程减去到达目的层层面的孔深，即得出每个钻孔处目的层层面的高程：如钻孔 A 地面高程是 350m，到目的层层面的孔深是 375m，则在 A 点目的层层面的高程为－25m。

(2)将计算结果标在图上相应位置。如图 1-18 中“$\frac{5}{55}$”，“5”为孔号，“55”为该点目的层层面的高程。

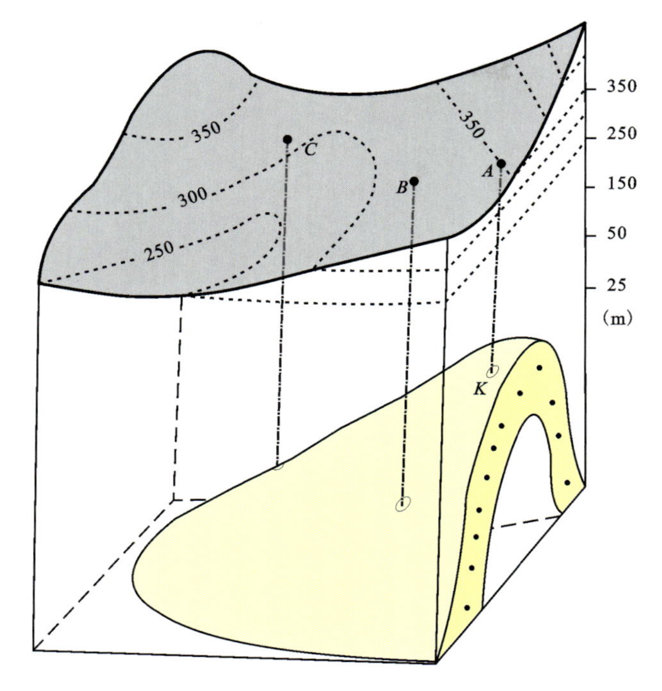

图 1-17　换算目的层层面高程示意图

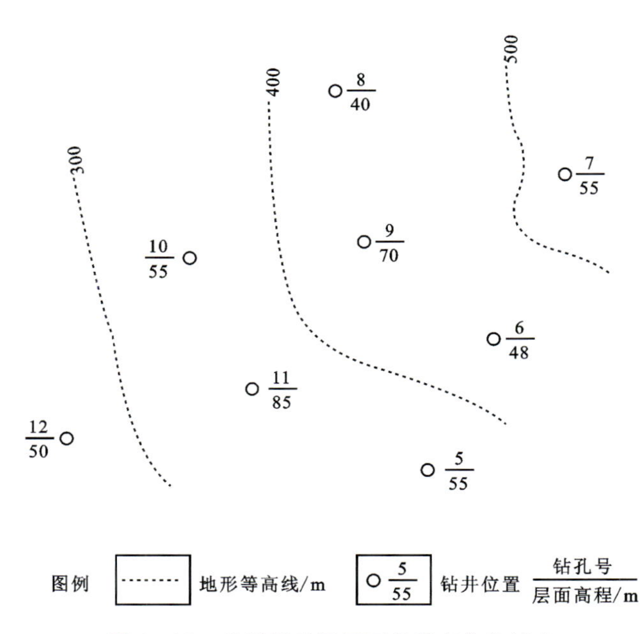

图 1-18　分析目的层层面高程变化的特点

(3)分析目的层层面高程变化规律。找出目的层层面的最高点或最低点部位，或高程突变位置(可能是断层存在的显示)，分析目的层层面高程变化的趋势，初步确定背斜或向斜以及枢纽的轴线或脊线、槽线方位。如图 1-19 所示，以 11 号孔为中心，附近各点高程变化特点

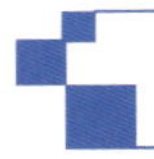

是：朝北西和南东方向变低，向北东方向也逐渐降低，可以判断为一个枢纽向北东倾伏的背斜，沿 11－9－7 的连线大致对应背斜枢纽或脊线的位置。

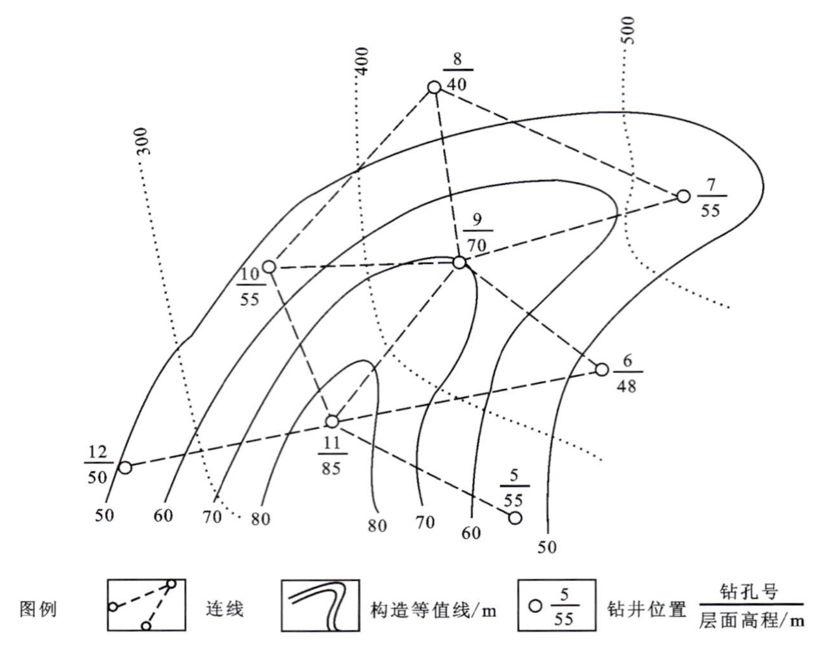

图 1－19　连绘三角网和等高线

（4）用插入法求等高距点。从最高点（或最低点）开始，向周围距离较短、高程差较大的点连线。用透明方格纸作高程差线网，按所规定的等高线距，采用内插法求出连线上等高距点。高程差线用法如图 1－20 所示，2 号孔层面高程为 65m，3 号孔层面高程为 82m，两者高程差为 17m。以等高线间距为 10m 计算，应在两孔之间线段上求出 70m 和 80m 两个高程点位置。将高程差线网盖在图上，使其某一基线与 2 号孔吻合，此基线即 65m，用大头针固定 2 号孔，转动高程差线网，使自基线起算与 3 号孔高程相等的网上的一条线与 3 号孔重合，则等高差线网中相对应的 70m 和 80m 线与 2－3 连线的交点，即为所求的等高距点。

（5）绘制等高线。以平滑曲线连接各等高点，即得出等高线图（图 1－21），连线时应从最高（或最低）线向外依次完成。绘制等高线时要注意保持相邻等高线的形态相互协调，也要注意高程的突变，以免遗漏断层。

（二）分析构造等高线图

依据构造等高线图可以认识和分析由目的层层面起伏形态所反映的构造特征。

（1）构造类型。如图 1－21 所示，等高线图圈闭形状和高程变化可以直接地、定量地表现出背斜、向斜和一些褶皱形态变化的细节。若出现等高线错开或重叠等异常现象则为断层（图 1－22）。

（2）构造的产状变化。等高线延伸方向表现岩层走向及其变化，等高线的疏密反映了岩

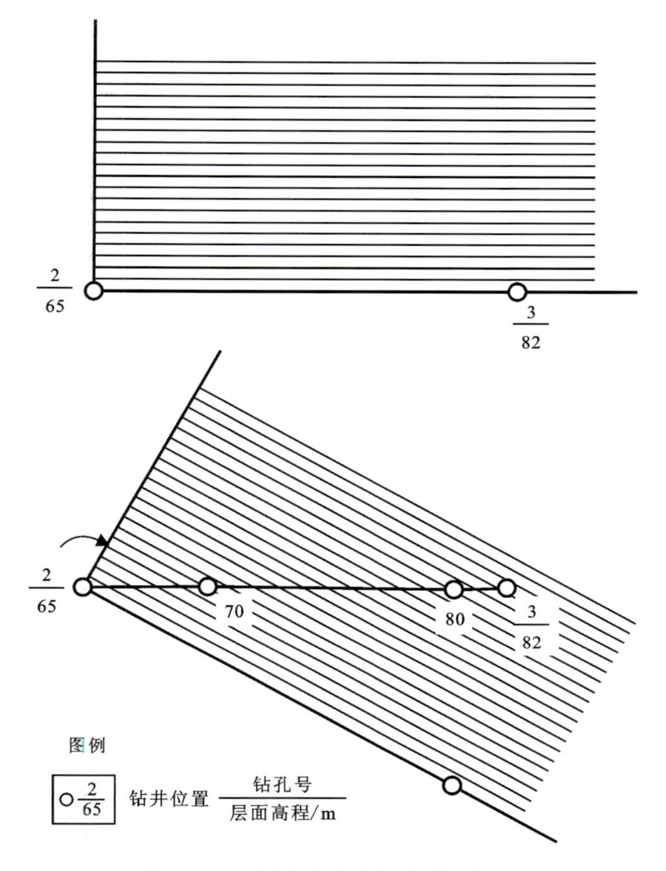

图 1-20　用等高差线网求等高距点

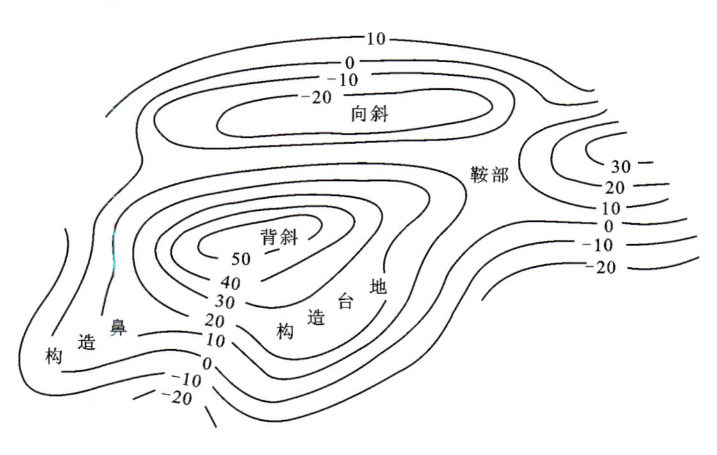

图 1-21　褶皱形态在构造等高线图上的表现(单位:m)

层倾角的陡缓，用作图法可在构造等高线图上求出层面各点的产状。用实线和虚线及两者的重叠表示出岩层产状正常和倒转(图 1-23)。等高线沿轴向的疏密及高程变化，反映枢纽或脊(槽)线的纵向起伏变化。

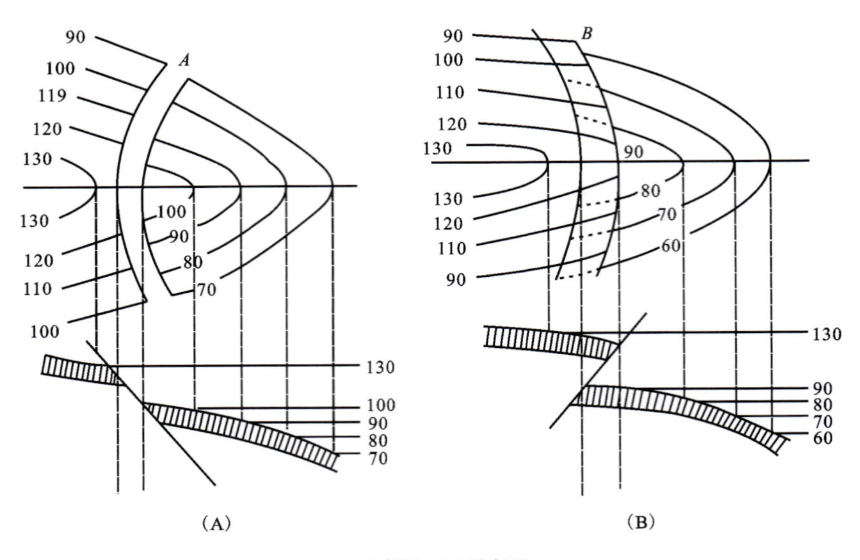

(A)正断层；(B)逆断层。

图 1-22　断层在构造等高线图上的表现(单位:m)

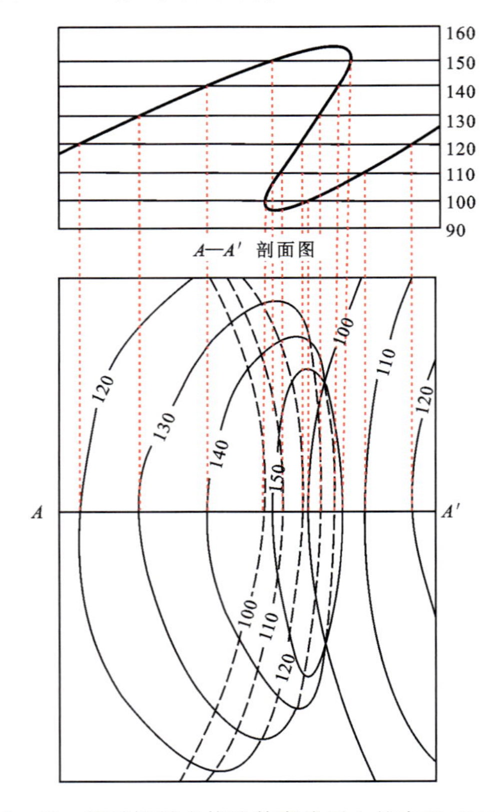

图 1-23　倒转褶皱在构造等高线图上的表现(单位:m)

(3)构造组合。在较大区域的构造等高线图上,可以看到地下的褶皱及褶皱与断层的组合关系。资料较丰富、编绘较精细的构造等高线图还可以反映出次级构造形态。

五、作业

1. 编制凉风垭地区中侏罗统介壳灰岩顶面构造等高线图并分析其构造形态。钻孔口地面高程可在凉风垭地区地形图(附图Ⅰ-10)中读出,钻孔钻遇灰岩顶面的深度以及通过钻孔资料计算所获得的灰岩顶面高程列于表1-1中。

表1-1　凉风垭地区J_2介壳灰岩深度及顶面高程数据

钻孔号	深度/m	井口高程/m	目的层高程/m	钻孔号	深度/m	井口高程/m	目的层高程/m	钻孔号	深度/m	井口高程/m	目的层高程/m
1	180		70	13	207		70	25	220		80
2	195		80	14	223		60	26	200		80
3	235		60	15	220		70	27	207		
4	305		40	16	220		90	28	175		70
5	249			17	200		100	29	155		
6	210			18	240		70	30	215		90
7	170		100	19	205		95	31	200		70
8	190		70	20	196			32	248		62
9	200		70	21	207			33	264		56
10	170		100	22	178			34	270		50
11	190		100	23	198			35	185		60
12	233		60	24	195						

2. 编制笔架山地区上石炭统煤层顶面构造等高线图,通过构造等高线图分析该地区的构造特征及煤层的空间延展。钻孔口地面高程可在笔架山地区地形图(附图Ⅰ-11)中读出,钻孔钻遇煤层顶面深度以及通过钻孔资料计算所获得的煤层顶面高程列于表1-2中。

表1-2　笔架山地区C_3煤层深度及顶面高程数据

钻孔号	深度/m	井口高程/m	目的层高程/m	钻孔号	深度/m	井口高程/m	目的层高程/m
ZK1	260		−110	ZK11	435		−270
ZK2	250		−70	ZK12	450		−250
ZK3	230		−30	ZK13	345		
ZK4	420			ZK14	395		−280
ZK5	180		−40	ZK15	375		
ZK6	225		−60	ZK16	395		−200
ZK7	440			ZK17	355		−280
ZK8	500		−290	ZK18	350		
ZK9	405			ZK19	390		−190
ZK10	420		−310				

实习六　极射赤平投影原理与应用

一、目的要求

1. 了解赤平投影的原理并掌握直线、平面和平面法线的投影方法。
2. 利用赤平投影方法换算真倾角和视倾角。
3. 利用赤平投影方法确定相关直线和平面的产状及角度关系。

二、预习内容

1. 面状构造和线状构造的产状。
2. 真倾角、视倾角之间的关系，平面及其法线之间的关系。
3. 节理有关内容。
4. 本次实习说明。

三、实习用具

吴氏网、透明纸、直尺、H 铅笔、橡皮等。

四、说明

(一)极射赤平投影的原理

极射赤平投影(stereographic projection)，简称赤平投影，是一种方位投影(azimuthal projection)。它由球面投影演变而来，是以二维平面图形表达地质体的几何要素(如各种褶皱、断层、节理、劈理、层理；流线、拉伸线理、矿物生长线理、交面线理等)的空间方位、角距大小及其组合关系，而不涉及这些几何要素的绝对规模(如面的大小、线的长短以及两点之间的距离等)。赤平投影既是一种简便、直观的计算方法，又是一种形象综合的定量图解，能够解决地质构造的几何形态和应力分析等方面的许多实际问题，在地质学中广泛使用。

垂直赤平投影面的直径(NS)称为投影轴，投影轴与投影球面有两个交点(北极 N 和南极 S)，称为极射点或目测点。极射点为球面上两极的发射点，依据发射点的不同，赤平投影可以分为上半球投影(由下极射点 S 把上半球几何要素投影到赤平面上的投影)和下半球投影(由上极射点 N 把下半球几何要素投影到赤平面上的投影)。在结晶学和岩矿鉴定的研究中通常用上半球投影，在构造地质学的研究中通常用下半球投影。

根据研究需要，人们使用多种方法进行方位投影。投影网是绘制在投影图上的网格，常见的有吴氏网(Wulff net)、施密特网(Schmidt net)、极等面积网(polar equal－area net)、正投影网(orthographic net)、卡尔斯比克计数网(Kalsbeek counting net)。其中，最常用的是吴氏网和施密特网。

吴氏网实际上是球网坐标的极射赤平投影，是由前苏联矿物学家吴尔夫(Wulff)于1902年首先提出。吴氏网的网格纵、横间隔均为2°(即最小网格大小为2°×2°)，它能较为准确地表示线、面之间的角距关系。需要注意的是，在吴氏网投影图上的不同部位，单位面积是不同的。以直径为20 cm的标准网来说，网中央每10°约相当于8.5 mm长度，而边部每10°约相当于16 mm长度，大致比例为1∶1.88，相差近一倍。

施密特网又称施氏网、等面积网，由德国数学家兰伯特(Lambert)于1772年提出，施密特(Schmidt)于1925年将此网应用于构造地质学中。在施密特网中，参考球面的不同部位，投影在赤道面上的单位面积近于相等。以直径为20 cm的标准网来说，网中央部位每10°相当于12.5 mm，边部每10°相当于9.5 mm，大致比例为1.3∶1.01。实际上，施密特网并不完全是等面积网，而是在投影圆的边缘保留一定的弯曲。

图1－24是吴氏网和施密特网，学习时注意对比两者投影网格的形态特征和面积大小的变化。一般情况下，吴氏网主要用于标识和测量面、线之间的角度关系，不宜用来统计对比单位面积内投影点的数量。施密特网主要用于投影图上的数据统计分析结果，岩组图投影一般采用施密特网作底网。

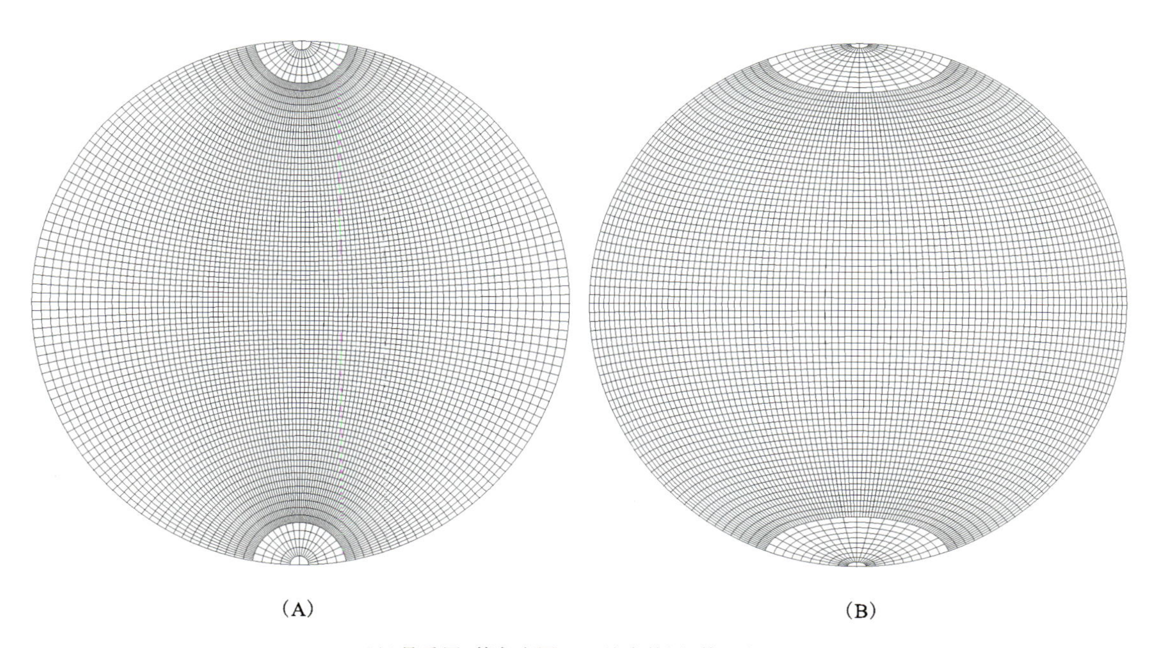

(A)吴氏网，等角度网；(B)施密特网，等面积网。

图1－24　投影网

(二)吴氏网的结构要素

图 1－25 是吴氏投影网（2°×2°），主要包含基圆、直径、经线大圆和纬线小圆等结构要素。

基圆：赤平面与球面的交线，是网的边缘大圆。由正北顺时针为 0°～360°，每小格 2°，表示方位角，如走向、倾向、倾伏向等。

直径：两条直径分别为南北走向和东西走向直立平面的投影。从基圆到圆心为 0°～90°，每小格 2°，表示倾角、倾伏角。

经线大圆：通过球心的一系列走向南北、向东或向西倾斜的平面投影，自南北直径向基圆代表倾角由陡至缓的倾斜平面。

纬线小圆：一系列不通过球心的东西走向的直立平面投影。它们将南北向直径、经线大圆和基圆等分，每小格 2°。

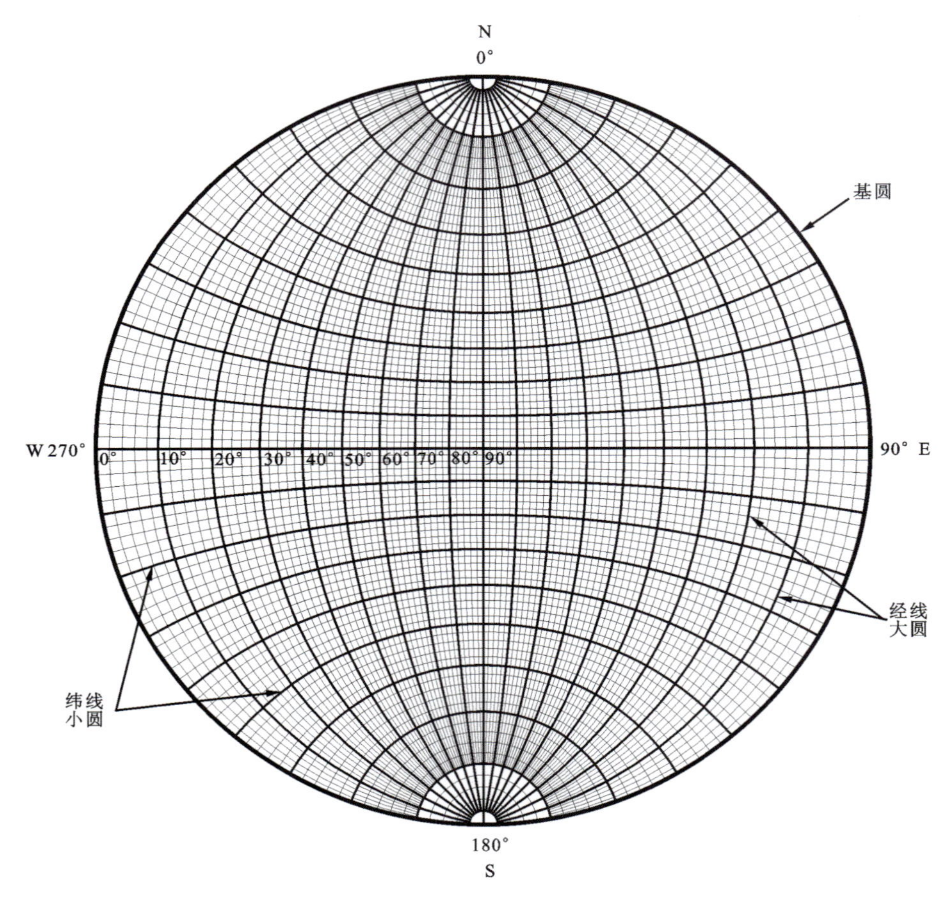

图 1－25　吴氏网结构要素

(三)直线和平面赤平投影的原理

1. 直线的赤平投影原理

直线的投影原理见图 1-26(A)。在球体中,AC 为垂直轴线,BD 为水平的东西轴线,EF 为水平的南北轴线,$BEDF$ 为过球心的水平面,即赤平面或投影面。设过球心的一直线向西倾伏,倾伏角为 α,此线交下半球面于 G 点、交上半球于 G' 点。以北极 A 为发射点,球面上的 G 点在赤平面上的投影为 H,HB 的长短代表直线的倾伏角 α,B 的方位角即为直线的倾伏向。直线在投影面上形成一个点。投影在基圆上的点表示直线的倾伏角为 0°,投影在圆心上的点表示直线的倾伏角为 90°,其他投影在圆内的点代表不同倾伏角的直线,距离基圆越近,倾伏角越小,距离圆心越近则倾伏角越大。

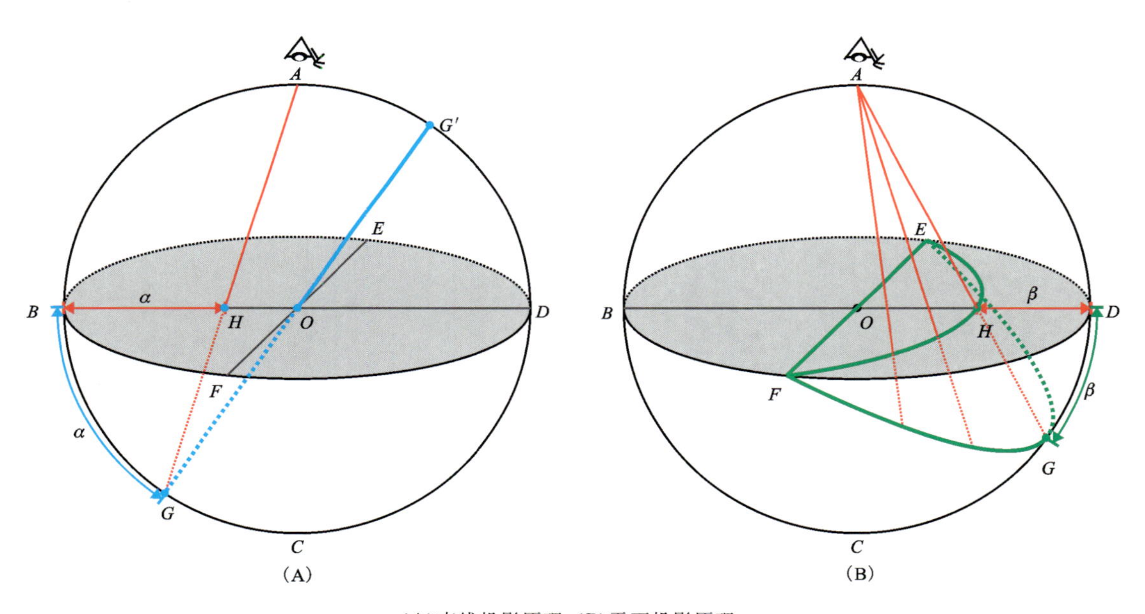

(A)直线投影原理;(B)平面投影原理。

图 1-26　直线和平面的投影原理

2. 平面的赤平投影原理

平面的投影原理见图 1-26(B)。在球体中,AC 为垂直轴线,BD 为水平的东西轴线,EF 为水平的南北轴线,$BEDF$ 为过球心的水平面,即赤平面或投影面。设平面走向南北,向东倾斜,倾角为 β。若此平面过球心,则它与下半球相交为大圆弧 EGF,以北极 A 点为发射点,EGF 弧在赤平面上的投影为 EHF 弧。EHF 弧向东凸出,代表平面向东倾斜、走向南北,DH 之长短代表平面的倾角 β。平面在投影网上形成一个大圆弧或直径。与基圆重合的大圆弧表示倾角为 0°的平面,过投影圆心的直径表示倾角直立的平面,其他不同弧度的大圆弧表示不同倾角的平面,弧度越大越靠近基圆,倾角越小;弧度越小越靠近直径,倾角越大。

(四)直线和平面赤平投影的操作步骤

1. 直线的赤平投影

标绘产状为SE120°∠30°的直线的赤平投影。操作步骤如下：

(1)使透明纸上正北标记N与投影网正北重合，以N为0°，在基圆上顺时针数至120°得一点A，为直线的倾伏向[图1-27(A)]。

(2)将A点转至EW直径上(转至SN直径也可)，由A点向圆心数30°(倾伏角)得A'点[图1-27(B)]。

(3)把透明纸的指北标记N转至与投影网正北重合，A'即为产状SE120°∠30°的直线投影[图1-27(C)]。

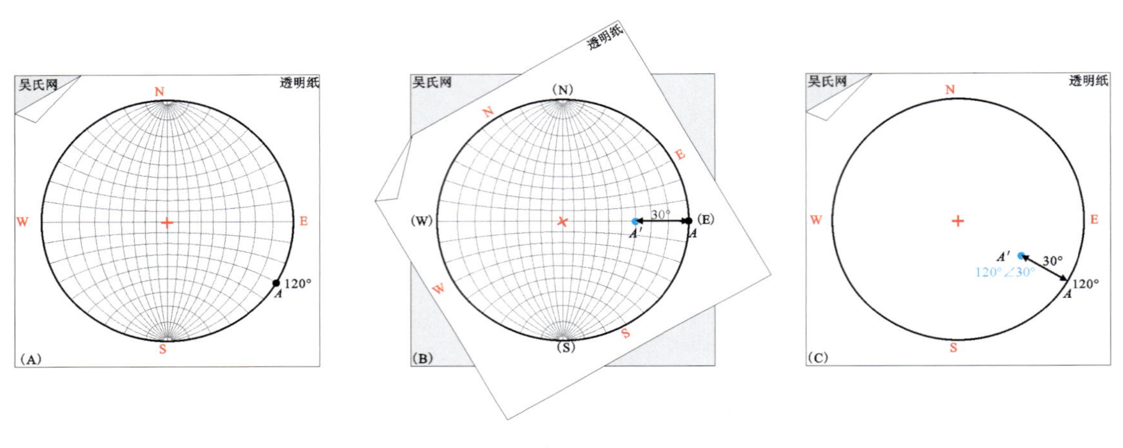

图1-27　直线的赤平投影

2. 平面的赤平投影

标绘产状为SE120°∠40°的平面的赤平投影。操作步骤如下：

(1)使透明纸上正北标记N与投影网正北重合，以N为0°，在基圆上顺时针数至120°得一点D，为平面的倾向[图1-28(A)]。

(2)将D点转至EW直径上(转至SN直径也可)，由D点向圆心数40°(倾角)得C点，标绘C点所在的经线大圆ACB，该大圆弧与基圆的交点A、B为平面的走向[图1-28(B)]。

(3)旋转透明纸，把透明纸的指北标记N转至与投影网正北重合，ACB大圆弧即为产状SE120°∠40°的平面的投影[图1-28(C)]。

3. 平面法线的赤平投影

法线的投影是极点，平面的投影是圆弧，两者相互垂直，夹角相差90°，往往用法线的投影代表与其相应的平面的投影，这样较为简单。

求产状为SE120°∠40°的平面法线的赤平投影。操作步骤如下：

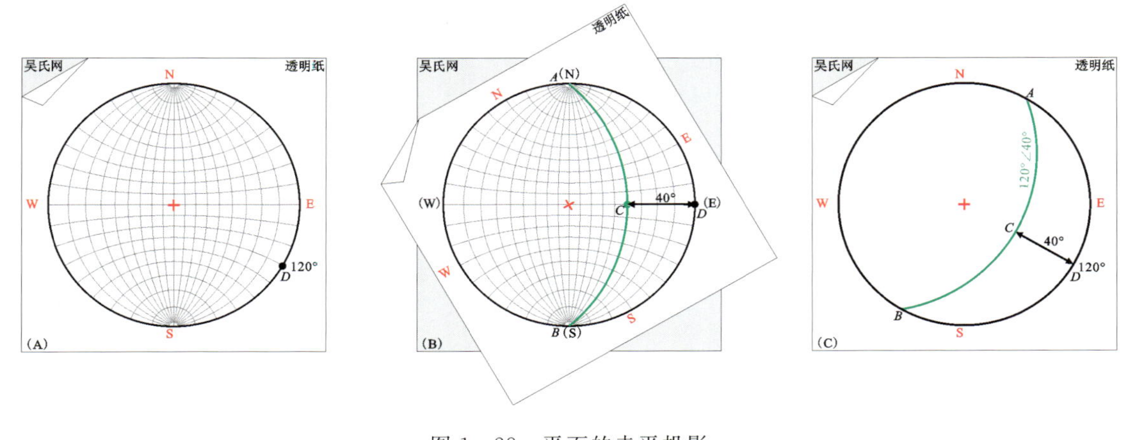

图 1-28　平面的赤平投影

(1)使透明纸上正北标记 N 与投影网正北重合,以 N 为 0°,在基圆上顺时针数至 120°得一点 D,为平面的倾向[图 1-29(A)]。

(2)将 D 点转至 EW 直径上(转至 SN 直径也可),由 D 点向圆心数 40°(倾角)得 C 点,标绘 C 点所在的经线大圆 ACB;自 C 点沿 EW 向直径上数 90°,得到 P 点[图 1-29(B)]。

(3)旋转透明纸,把透明纸的指北标记 N 转至与投影网正北重合,ACB 大圆弧即为产状 SE120°∠40°的平面的投影,P 点即产状为 SE120°∠40°的平面法线(产状为 NW300°∠50°)的赤平投影——极点[图 1-29(C)]。

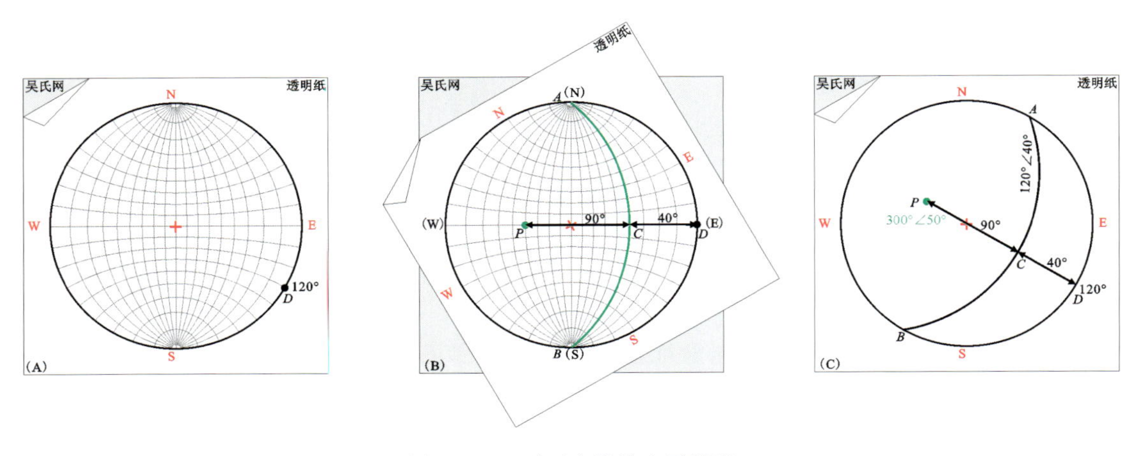

图 1-29　平面法线的赤平投影

4. 已知真倾角求视倾角

某岩层产状为 NW300°∠40°,求在 SE150°方向剖面上该岩层的视倾角。操作步骤如下:

(1)据岩层面产状，在吴氏网上绘制其赤平投影大圆弧 *EHF*；在基圆上数至 SE150°得 *A* 点，过 *A* 点的直径 *AA′* 即为剖面方向 SE150°- NW330°；*AA′* 与大圆弧 *EHF* 交于 *H′* 点，*H′* 点即为岩层面与 SE150°方向剖面的交线的赤平投影[图 1-30(A)]。

(2)将 *H′* 点转至 EW 直径上，*A′H′* 间的角距为该岩层在 SE150°方向剖面上的视倾角[图 1-30(B)]。

(3)旋转透明纸，把透明纸的指北标记 N 转至与投影网正北重合，*H* 点为该岩层真倾斜线的赤平投影，真倾角为 40°；*H′* 点为岩层在 SE150°方向剖面上的视倾斜线的赤平投影，视倾角为 35°；*EH′* 为剖面线与走向线之间的锐夹角，该夹角越大，视倾角越接近真倾角[图 1-30(C)]。

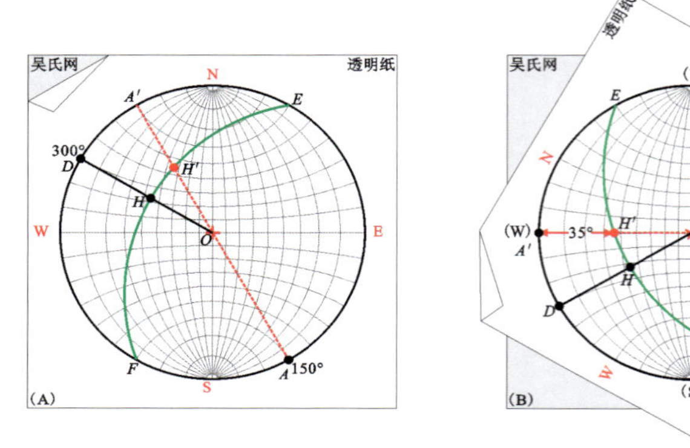

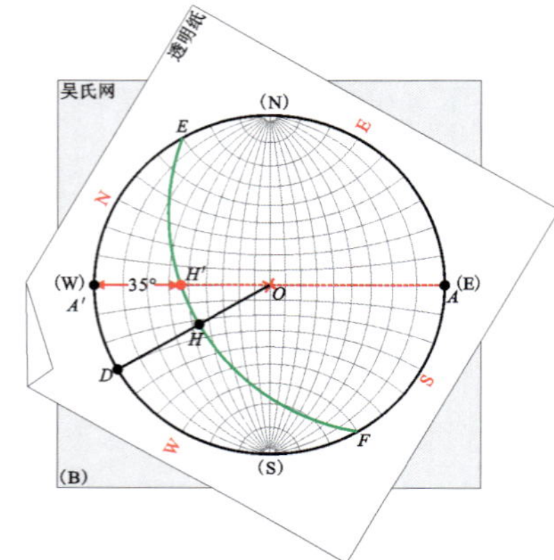

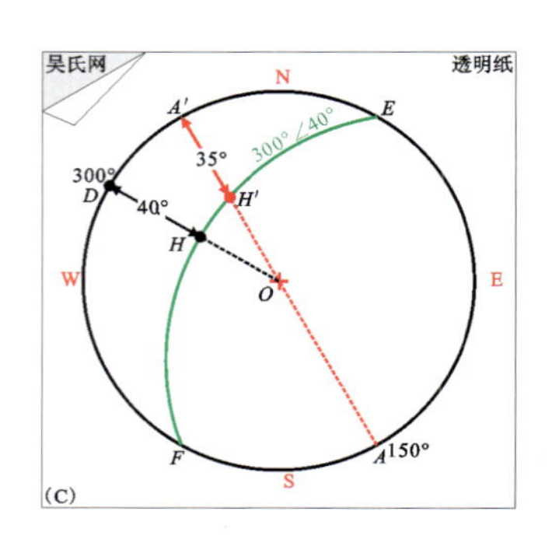

图 1-30　已知真倾角求视倾角

5. 两个平面交线的赤平投影

求两个平面(产状 SW210°∠45°、NW300°∠60°)交线的产状。操作步骤如下：

(1) 据已知两个平面的产状，在吴氏网上分别绘制其赤平投影大圆弧，两个大圆弧的交点 *H* 即为两个平面交线的赤平投影[图 1-31(A)]。

(2) 将 *H* 点转至 EW 直径上，*H* 点与圆心的连线交基圆于 *G* 点，*G* 点的方位角即为两个平面交线的倾伏向，*GH* 间的角距为交线的倾伏角[图 1-31(B)]。

(3)旋转透明纸，把透明纸的指北标记 N 转至与投影网正北重合，*H* 点即为两个平面交线的赤平投影，该交线产状为 SW240°∠41°[图 1-31(C)]。

6. 两条相交直线所确定的平面的赤平投影

求两条直线(产状 NE30°∠40°、SE120°∠20°)所确定的平面的产状。操作步骤如下：

(1)据已知两条直线的产状，在吴氏网上分别绘制其赤平投影点[图 1-32(A)]。

(2)旋转透明纸，使得两条直线的赤平投影点位于同一条经线大圆上，此时该大圆弧为两条直线所确定的平面的赤平投影[图 1-32(B)]。沿东西向读取大圆弧与基圆之间的角距(42°)，即为所求平面的倾角。

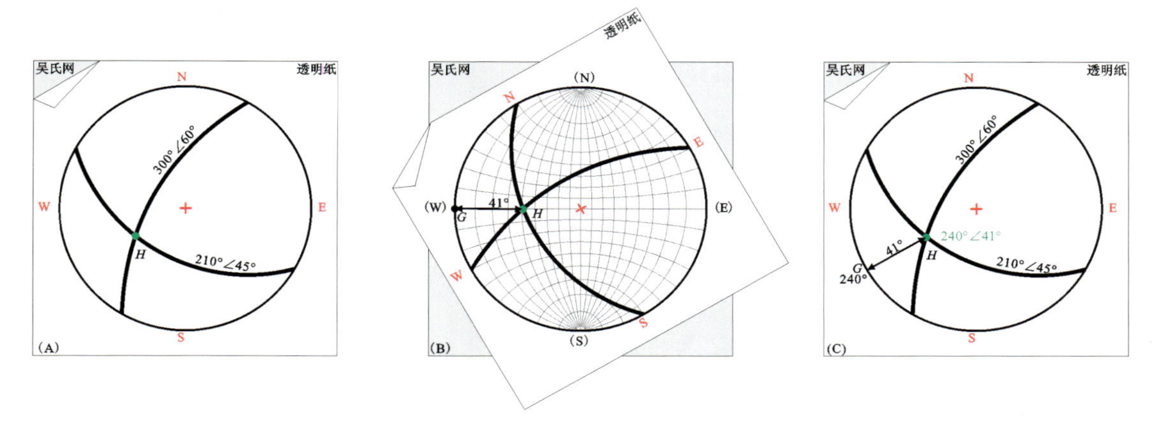

图 1-31 平面交线的赤平投影

(3)旋转透明纸，把透明纸的指北标记 N 转至与投影网正北重合，读取大圆弧弧顶所指方位角即得到所求平面的倾向(53°)。所求平面的产状为 NE53°∠42°。两条直线的投影点在大圆弧上的角距即为直线夹角[图 1-32(C)]。

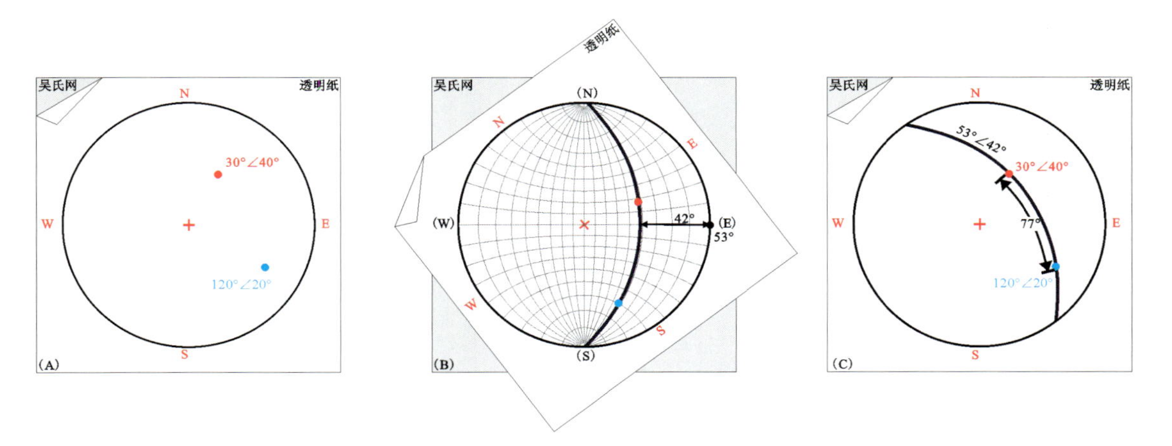

图 1-32 两条相交直线所确定的平面的赤平投影

7. 求已知平面上直线的产状

已知一个平面(产状 SW210°∠45°)，该平面上有一条直线(侧伏向 NW、侧伏角 68°)，求直线的倾伏向和倾伏角。操作步骤如下：

(1)据已知平面的产状，在吴氏网上分别绘制其赤平投影大圆弧[图 1-33(A)]。

(2)旋转透明纸，使得大圆弧位于 SN 方向，自 NW(侧伏向)端沿着大圆弧数 68°(侧伏角)，得到 C 点，C 点即为直线在平面上的赤平投影[图 1-33(B)]。

(3)旋转透明纸，把透明纸的指北标记 N 转至与投影网正北重合，C 点与圆心连线交基

圆于 C' 点，C' 点的方位角为直线的倾伏向（240°），CC' 间的角距为直线的倾伏角（41°），由此求出直线的产状为 SW240°∠41°［图 1－33(C)］。

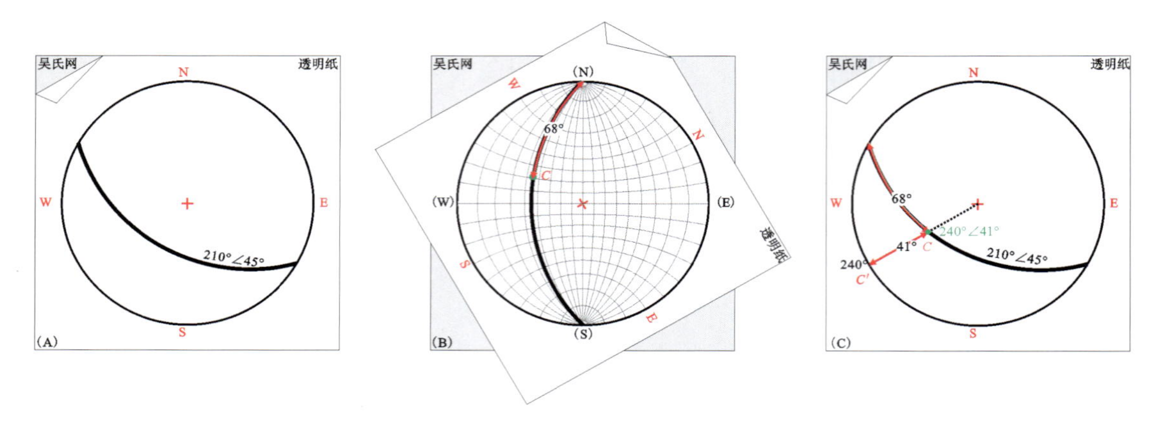

图 1－33　平面上直线的赤平投影

8. 两个相交平面的夹角和角平分线的确定

已知两个相交平面（产状 SE145°∠48°、SW245°∠30°），求两平面的夹角及其角平分线的产状。操作步骤如下：

（1）据已知两个相交平面的产状，在吴氏网上分别绘制其赤平投影大圆弧，两个大圆弧交于 P 点，P 点为两个相交平面的交线的赤平投影［图 1－34(A)］。

（2）旋转透明纸，使得 P 点位于 EW 直径上，标绘以 P 点为极点的大圆弧（同时垂直于两个相交平面的公垂面的赤平投影），该大圆弧与已知两个平面的赤平投影大圆弧分别交于 H 点和 I 点，HI 之间的角距即为两个平面的夹角，其中锐夹角 59°、钝夹角 121°［图 1－34(B)］。两个平面夹角的 1/2 处即为角平分线的赤平投影，其中 Q 点为钝角平分线的赤平投影，Q' 点为锐角平分线的赤平投影。

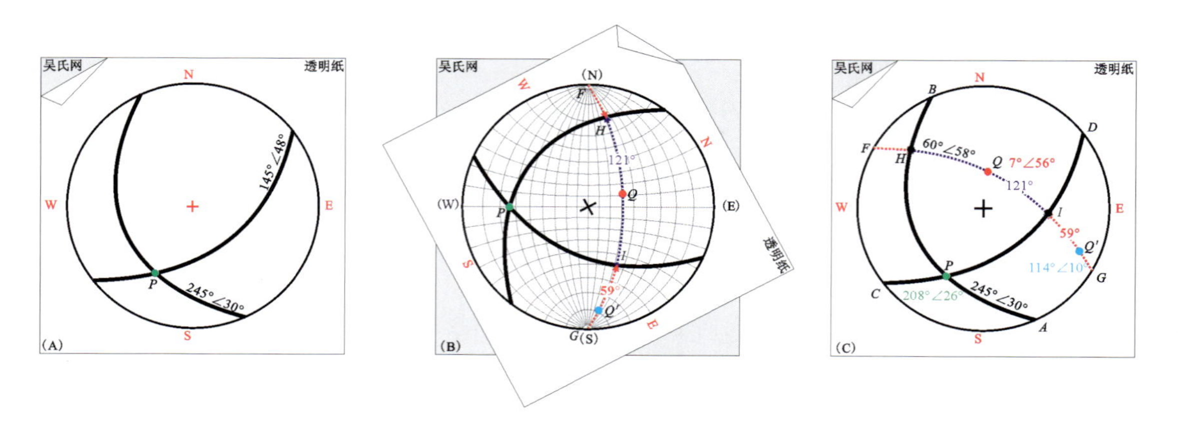

图 1－34　两个相交平面的夹角和角平分线的投影

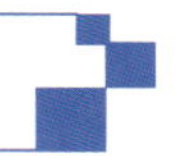

(3)旋转透明纸，把透明纸的指北标记 N 转至与投影网正北重合[图 1－34(C)]。

如果上述两个平面代表一对共轭剪破裂，则 P 为应变椭球体 B 轴，其锐角(Q')和钝角(Q)平分线分别代表应变椭球体的 C 轴和 A 轴。

9. 求平面(或直线)绕一水平轴旋转一定角度后的产状

在地质学研究中，常常需要对面状构造和线状构造进行绕水平方向的旋转轴旋转来恢复变形之前的产状，如已知不整合面上下新老地层产状，求不整合面褶皱之前下伏老地层的原始产状；根据倾斜岩层中交错层理推断古流方向等。这些都可以通过赤平投影求平面或直线绕水平轴旋转来实现。操作方法有两种，分别是大圆弧法和法线法。

1)大圆弧法

大圆弧法的基本原理是：平面的赤平投影是一个大圆弧，平面的旋转实际上是组成此大圆弧的所有点的旋转，如果旋转轴与 SN 直径重合，则大圆弧上一点的旋转轨迹的投影与吴氏网的纬线重合。因此，只要求出大圆弧上各点绕旋转轴旋转后的位置，即可得到旋转后的平面的投影。

例如：平面 AB 的产状为 120°∠40°，将此平面绕走向为 60°的 CD 水平轴逆时针方向旋转 30°，求旋转后的平面产状。操作步骤如下：

(1)在透明纸上画出 AB 大圆弧和 CD 线[图 1－35(A)]。

(2)转动透明纸，使旋转轴 CD 与吴氏网 SN 直径重合[图 1－35(B)]。

(3)把 AB 大圆弧上任意所取的 1、2、3…绕纬线逆时针旋转 30°，分别得到 1′、2′、3′等点[图 1－35(B)]，将获得的点旋转到同一条大圆弧 GF 上[图 1－35(C)]，GF 即为旋转后的平面，读取倾角(20°)。

(4)转动透明纸，使 N 极与赤平投影 N 极重合，读取大圆弧倾向[图 1－35(D)]，获得旋转后平面的产状为 78°∠20°。

2)法线法

法线法的基本原理是：平面绕旋转轴的旋转伴随着平面法线投影的旋转，只要通过赤平投影获得旋转后法线的投影点，即可得到对应旋转后的平面的投影。操作步骤如下：

(1)在透明纸上画出 AB 大圆弧及其法线投影 P 点和 CD 线[图 1－35(A)]。

(2)把 D 点转至吴氏网 N 点，把 AB 弧的法线点(P 点)沿纬线逆时针转动 30°，得到 P' 点[图 1－35(B)]。

(3)旋转 P'点到 WE 直径上，找到以 P'点为法线的大圆弧 GF[图 1－35(C)]，GF 即为旋转后的平面的赤平投影，读取平面产状。

求一条直线绕水平轴旋转后的产状的操作步骤与上述法线(P)绕水平轴旋转的操作步骤相同。

注意：由于吴氏网是上下对称的，图 1－35(B)中 1、2、3 点在逆时针转动 30°时，4、5、6 点实际上是顺时针转动的，P 点转动到 P'点时实际上也是顺时针转动的。判断投影点旋转方向的基本原则是：把旋转轴指向 270°～0°～90°的那一端(北端，本例中 60°的 D 点，不是 240°的 C 点)与吴氏网 N 点重叠，则吴氏网 90°～270°直径(EW 直径)以上部分各点的旋转方向与题目要求的转动方向一致，EW 直径以下部分与题目要求的旋转方向相反。如果把旋转

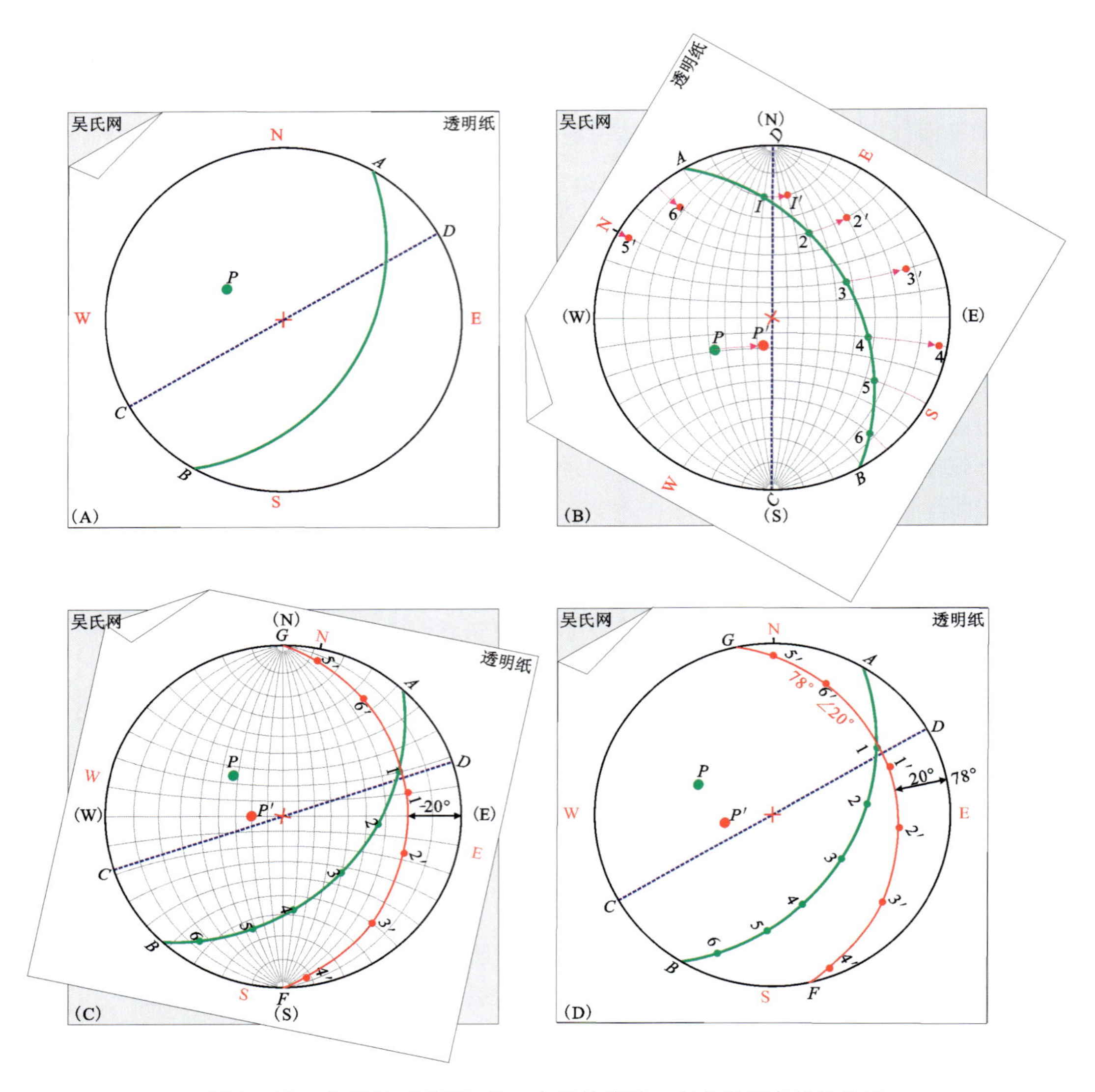

图 1-35　求平面(或直线)绕一水平轴旋转一定角度后产状的投影

轴旋转到 270°～180°～90°的那一端(本例中 240°的 C 点,不是 60°的 D 点)与吴氏网 N 点重叠,则吴氏网 EW 直径以上部分各点的旋转方向与题目要求的旋转方向相反,EW 直径以下部分与题目要求的旋转方向一致。

3)应用实例

野外测得一倾斜岩层产状为 120°∠40°,岩层表面发育的不对称波痕迎水面(倾向与古水流方向相反)产状为 140°∠60°,求岩层沉积时的古流向。操作步骤如下:

(1)分别在透明纸上画出倾斜岩层的大圆弧 ABC 和不对称波痕迎水面的大圆弧 GHF [图 1-36(A)]。

（2）将倾斜岩层恢复水平。转动透明纸，使倾斜岩层大圆弧 ABC 与 SN 向经线大圆重合，将 ABC 大圆弧上各点按照 40°角距沿着纬线移动到基圆，得到与基圆重合的大圆弧 $AB'C$，该大圆弧即为岩层水平时的投影[图 1－36(B)]。

（3）将不对称波痕迎水面大圆弧 GHF 上各点沿着纬线向相同方向旋转相同的 40°角度[图 1－36(B)]，把所得各点旋转到同一条大圆弧 $G'H'F'$ 上[图 1－36(C)]，该大圆弧即为岩层水平时不对称波痕迎水面的投影，读取倾角(24°)。

（4）转动透明纸，使 N 极与赤平投影 N 极重合，读取大圆弧 $G'H'F'$ 的倾向[图 1－36(D)]，获得岩层水平时不对称波痕迎水面的倾向 162°，因此古流向为 NNW342°。

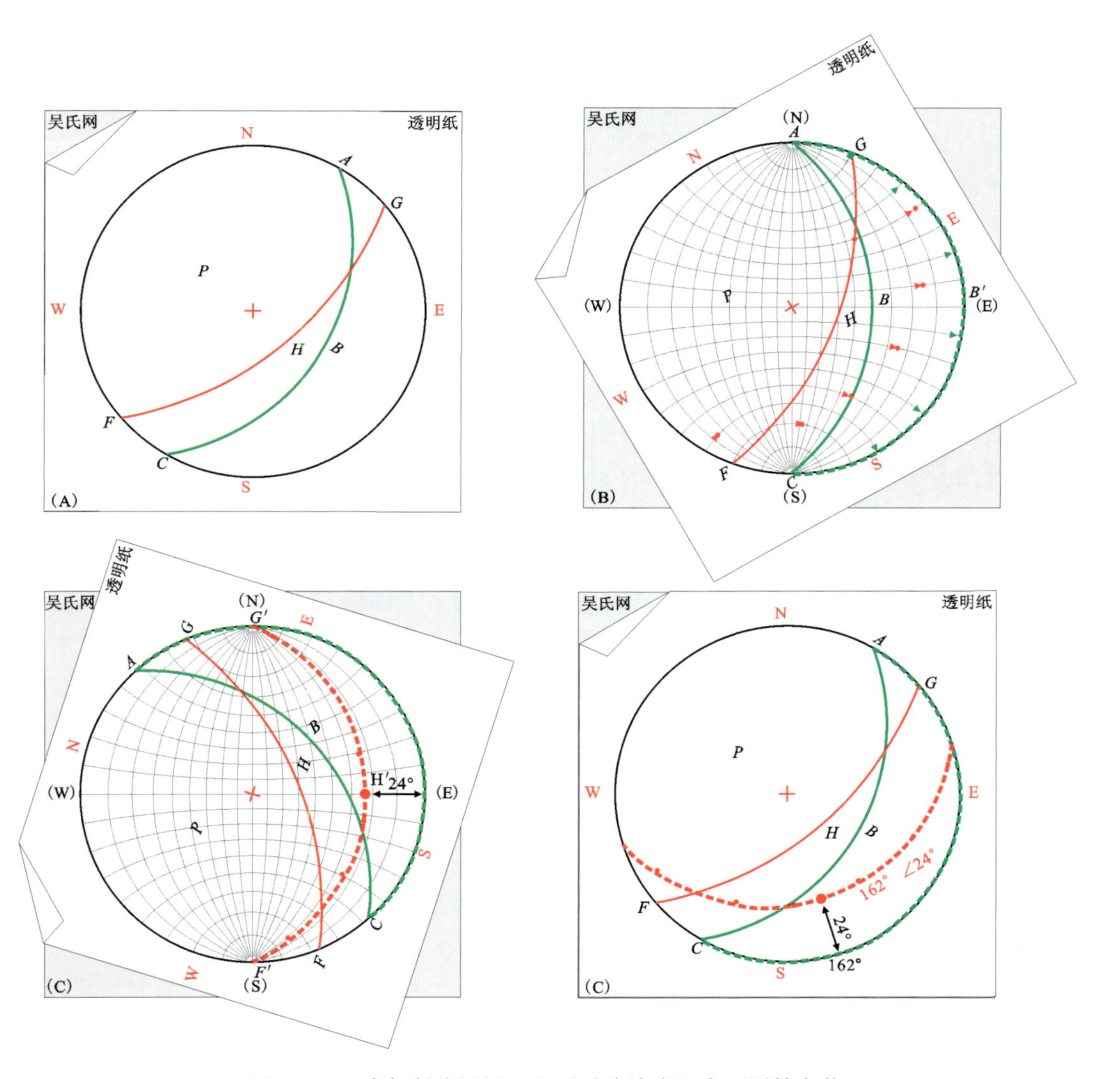

图 1－36　求倾斜岩层层面上不对称波痕迎水面原始产状

五、作业

1. 投影平面 SW245°∠30°、NE20°∠60°、NW340°∠30°、SE120°∠70°。

2. 投影直线 NE42°∠62°、SE130°∠45°、SW220°∠50°、NW315°∠32°。

3. 投影平面 NW318°∠26°的法线(即极点)。

4. 投影包含两条直线 SW258°∠40°、NE42°∠62°的平面。

5. 已知铁矿层产状为 SE154°∠40°,求下列 NE80°、SW190°剖面方向上的视倾角。

6. 在公路转弯处的两陡壁上,测得板状含金石英脉的视倾斜线产状分别为 SE120°∠16°和 SW227°∠22°,求该板状含金石英脉的产状。

7. 某岩层产状为 SE150°∠40°,岩层面上有擦痕线,其侧伏角为 30°SW,求擦痕线的倾伏向和倾伏角(提示:作出岩层面大圆弧后,由大圆弧走向的 SW 端沿大圆弧数 30°,即得擦痕线的投影点,读出该点的产状即为所求)。

8. 求两个平面 SW245°∠30°、SE145°∠48°交线的产状。

9. 求两个平面 NW335°∠30°、SW235°∠48°的夹角及其夹角平分线的产状。

10. 一圆柱状背斜北西翼产状为 NW330°∠45°,北东翼产状为 NE65°∠35°。求:①东西向直立剖面上两翼的视倾角和两翼的翼间角;②横截面(垂直枢纽的剖面)的产状、横截面上两翼的侧伏角和两翼的翼间角。

11. 某地灰岩中发育一对共轭剪破裂,一组产状为 SW190°∠76°,另一组产状为 NW278°∠53°,求三个主应力轴产状(假定:两组剪破裂的锐角平分线方向平行最大主应力 σ_1 方向,两组剪破裂的钝角平分线方向平行最小主应力 σ_3 方向,两组剪破裂的交线方向平行中间主应力 σ_2 方向)。

12. 一条左行断层,产状为 SW200°∠60°,在断层面上量得擦痕侧伏角 16°W,设该岩石内摩擦角 φ 为 30°。求三个主应力 σ_1、σ_2、σ_3 的产状,如有共轭断层,求其产状。

13. 已知一角度不整合上覆新地层的产状为 220°∠20°,下伏老地层产状为 120°∠40°,求新地层水平时老地层的产状。

实习七 极射赤平投影软件与应用

一、目的要求

1. 使用赤平投影软件进行面、线产状的投影。
2. 使用赤平投影软件进行产状数据的计算和求解。
3. 使用赤平投影软件进行产状数据的统计分析。

二、预习内容

1. 产状要素的概念。
2. 极射赤平投影原理。
3. 节理数据统计分析方法、玫瑰花图作图方法。

三、实习图件及用具

1. 个人计算机。
2. 下载安装赤平投影软件 Stereonet。

四、说明

(一)赤平投影软件 Stereonet 介绍

赤平投影软件可使用康奈尔大学构造地质学家 Richard W. Allmendinger 教授编制的软件 Stereonet。该软件为免费共享软件，有 window 32 位和 64 位操作系统以及 Mac 操作系统版本，可实现地质产状数据的投影、运算、求解、统计分析和相关结果图件绘制。网络下载地址为：https://www.rickallmendinger.net/stereonet。

软件顶部为菜单栏，File 菜单栏可打开并保存数据和投影文件，还可通过文件导入和导出 Excel 格式或文本格式的产状数据。Edit 菜单栏可对产状数据进行选择、复制和删除等操作。Data 菜单栏可新建产状数据集，也可将多个数据集合并为一个数据集。Calculations 菜单栏可对产状数据进行投影运算和求解等操作。Plot 菜单栏可绘制面和线的赤平投影、面状构造产状统计玫瑰花图、线状构造的极点等密图等。View 菜单栏可设置投影网格和图件绘制的样式，如直径、颜色、线型等(图 1－37)。

软件主窗口为赤平投影图形绘制窗口，窗口左下角实时显示投影网上鼠标当前所在位

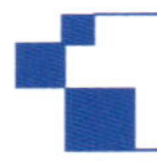

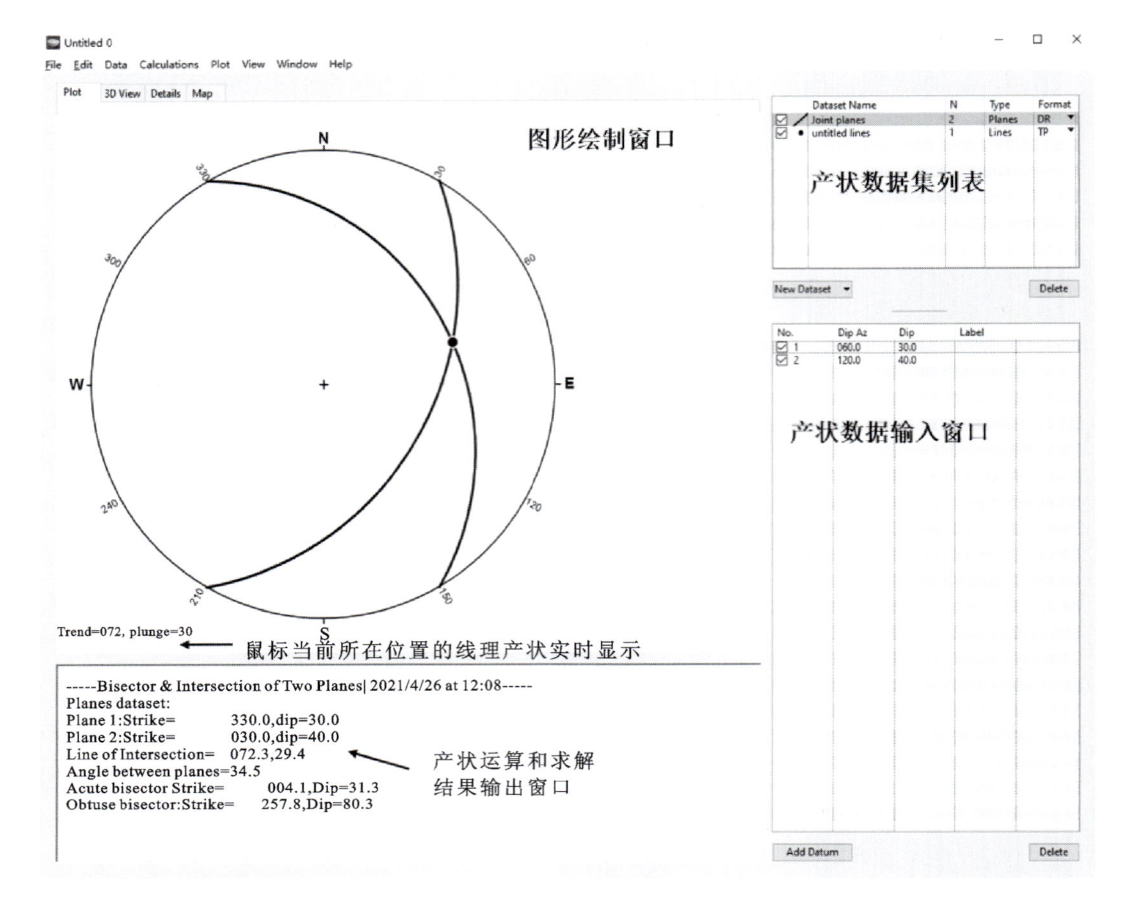

图 1-37 Stereonet 软件界面

置的产状数值。下部为产状运算和求解结果输出窗口，产状运算和求解的数据结果在该处输出显示。右侧为产状数据输入窗口，上部子窗口为数据集列表，可新建和删除产状数据集。下部子窗口为产状数据输入窗口，可输入面、线的产状数据。

(二)输入产状数据(图 1-38)

面状构造产状的输入：点击软件右侧数据集窗口下部的 New Dataset 选择框，选择 Planes 子菜单，则新建一个面状构造产状的数据集。点击该数据集名称，可修改数据集的名称。在数据集窗口中点击选择要输入产状数据的数据集名称(见步骤 1)，点击下部 Add Datum 按钮(见步骤 2)，在数据列表窗口中输入新的产状数据，可在数据列表窗口中输入和修改产状数据(见步骤 3)。点击 Delete 按钮可删除当前选择的产状数据。

线状构造产状的输入：点击软件右侧数据集窗口下部的 New Dataset 选择框，选择 Lines 子菜单，新建一个线状构造产状的数据集。点击下部 Add Datum 按钮，在数据列表窗口中输入新的线状构造产状数据。

通过 Excel 格式或文本格式文件导入产状数据：Excel 格式保存的产状数据可保存至

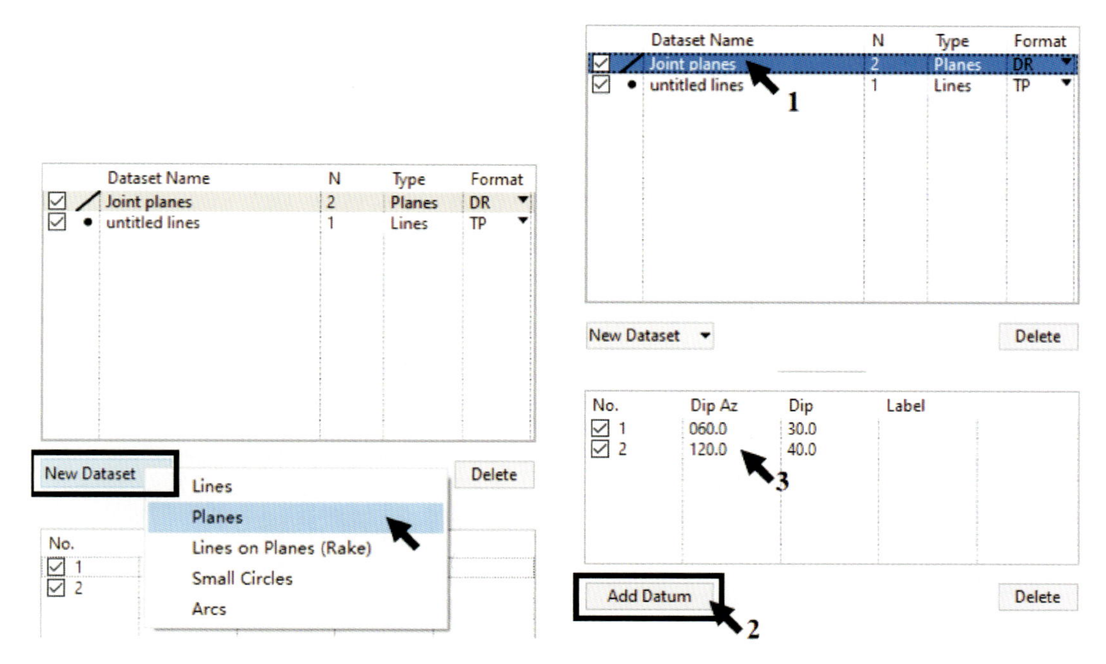

图 1-38　新建面状构造产状数据集并输入产状数据

CSV 通用数据交换格式(*.csv)或文本文件数据格式(*.txt)。点击菜单栏 File 中的子菜单 Import Text File 打开外部数据文件,在数据窗口中分别选择倾向数据和倾角数据所在列,也可同时导入产状数据采集所在位置坐标、日期等相关数据(图 1-39)。

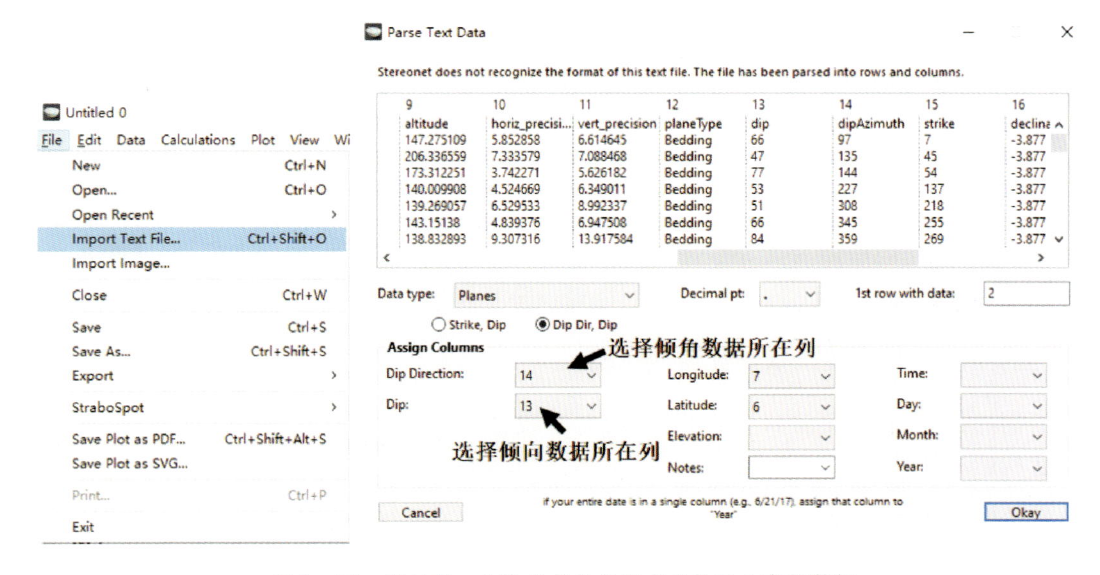

图 1-39　通过 Excel 格式或文本格式文件导入产状数据

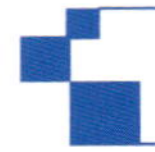

(二)绘制面状构造和线状构造产状的投影

绘制过程：在软件右侧数据集列表窗口中，勾选要绘制投影图形的数据集，默认在左侧绘图窗口中显示所勾选的数据集投影绘图结果。也可通过 Plot 菜单栏选择要绘制投影图形的数据集，既可全部绘制，也可清除已有的所有绘图(图 1－40)。

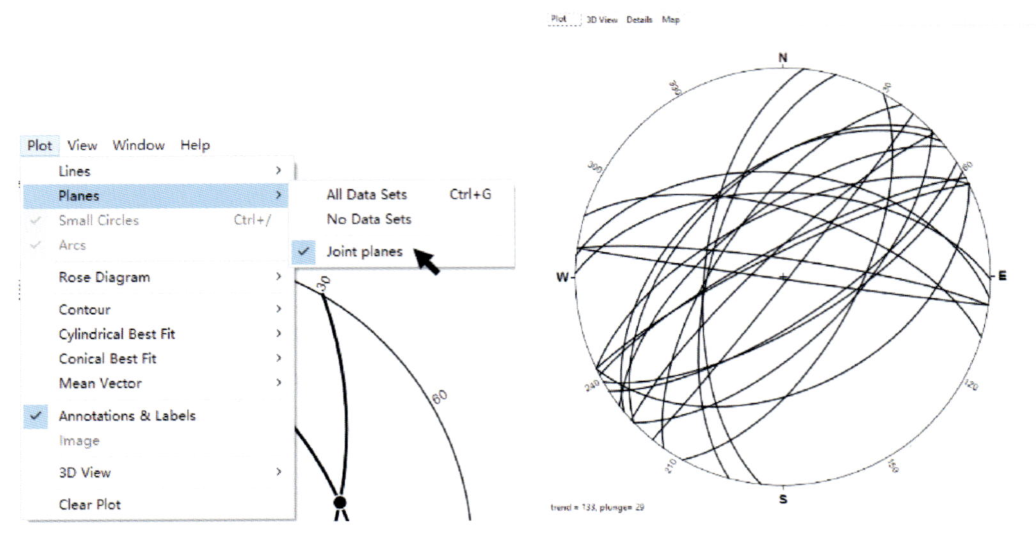

图 1－40　绘制面状构造和线状构造产状的投影

绘图样式设置：点击菜单栏 View→Inspector，在样式对话框 Stereonet 选项卡中，可设置投影网格的类型(等面积投影或等角距投影)、大小、线型和颜色等样式(图 1－41)。在 Datasets 选项卡中可设置投影弧线的线型、粗细和颜色，设置投影点的标识符号类型和颜色。在 Data Set 选择框中选取要设置绘图样式的数据集，设置该数据集的绘图样式，每一个数据集可设置不同的绘图样式，如图 1－42 所示。

图 1－41　设置投影网格样式

(三)绘制面状构造产状统计玫瑰花图

绘制过程：在数据集窗口中，勾选要绘制玫瑰花图的面状构造产状数据集，点击菜单 Plot→Rose Diagram 绘制该数据集的玫瑰花图(图 1－43)。在 Inspector 样式设置对话框的 Analyses 子选项卡中，设置玫瑰花图的绘制样式，包括产状统计的数据角度间距、比例大小和颜色等。当绘制的玫瑰花图相对基圆过大或过小时，可

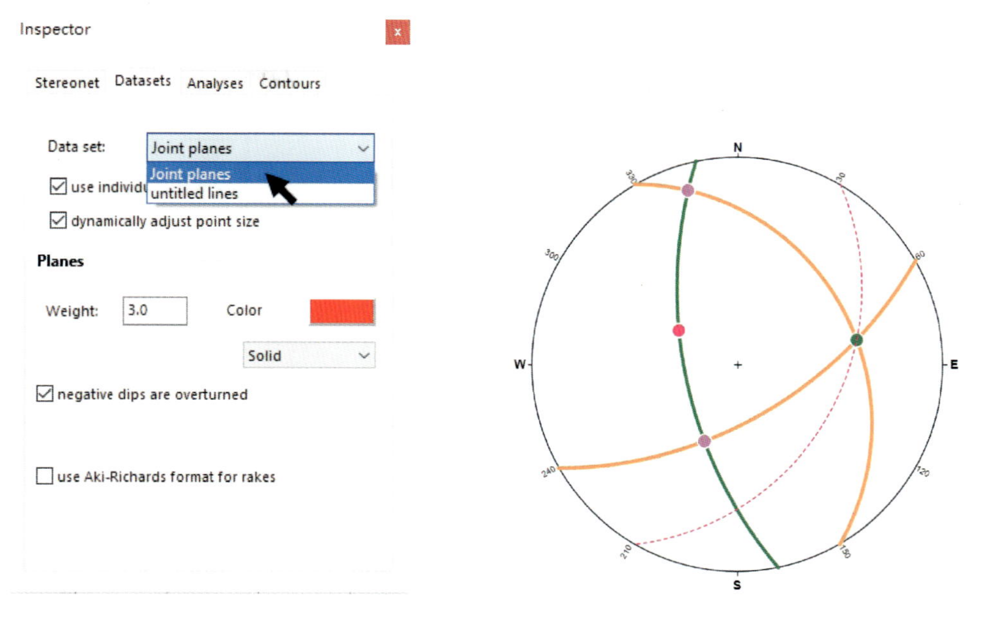

图 1-42　设置产状投影绘制图形样式

在 Analyses 子选项卡中的下部数据框中修改基圆半径所代表的产状个数百分比数据，调整玫瑰花图的大小(图 1-44)。

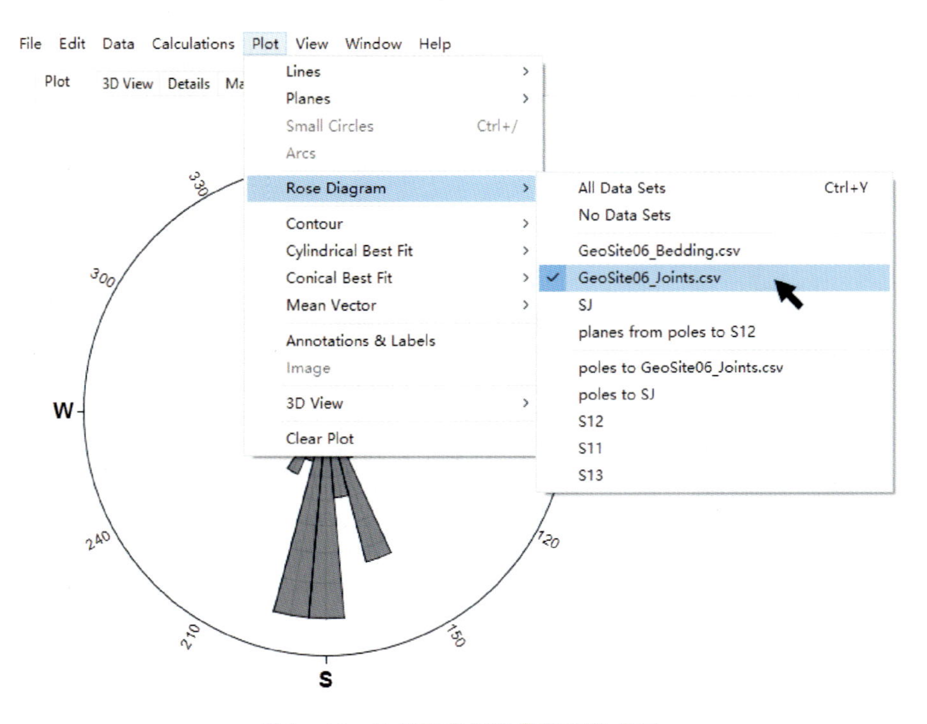

图 1-43　绘制面状构造产状玫瑰花图

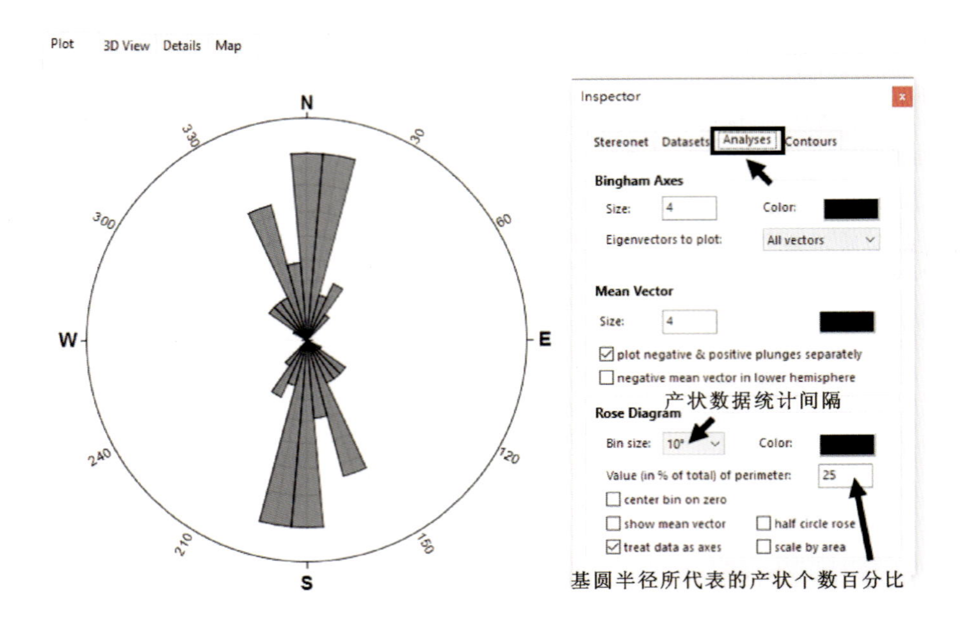

图 1－44　设置面状构造产状玫瑰花图图形样式

(四)绘制线状构造产状投影的极点等密图

绘制过程:在数据集窗口中,勾选要绘制极点等密图的线状构造产状数据集,点击菜单 Plot→Contour,绘制该线状构造数据集的极点等密图。在 Inspector 样式设置对话框的 Contours 子选项卡中,设置等值云图的数据间隔、图形光滑以及颜色、图例等参数(图 1－45)。

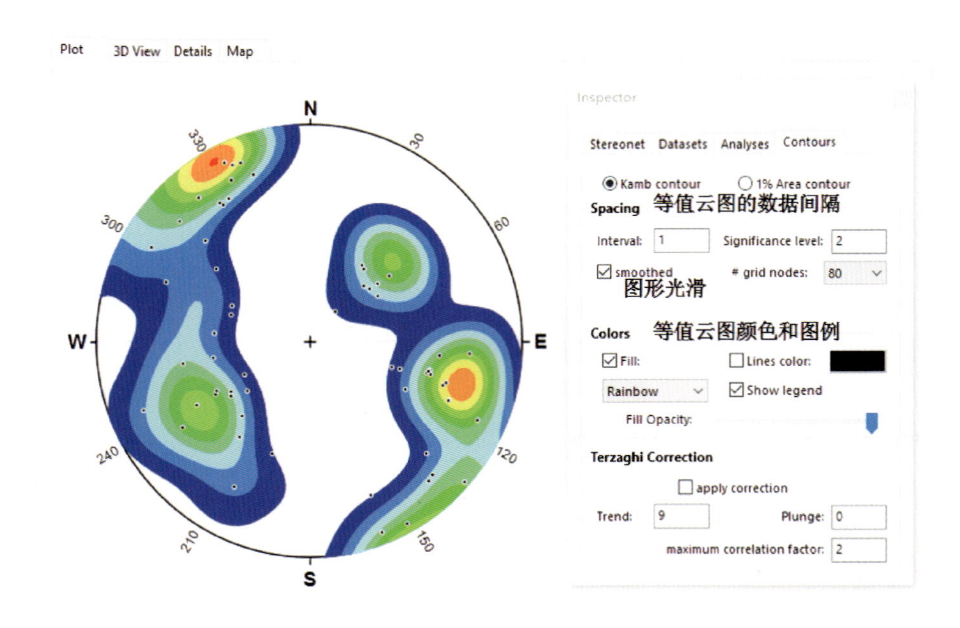

图 1－45　绘制线状构造产状投影的极点等密图及设置图形样式

(五)两线夹角的求解

求解过程:在数据集窗口中新输入或选择要求解的两个线状构造产状数据,在数据集中按下 Ctrl 键的同时,使用鼠标可选取所需要的数据。点击菜单 Calculations→Angle Between→Selected Lines,可进行两条线状构造的夹角及角平分线求解,求解结果在软件左下角计算结果数据窗口中显示,包括锐夹角和钝夹角(图 1-46)。

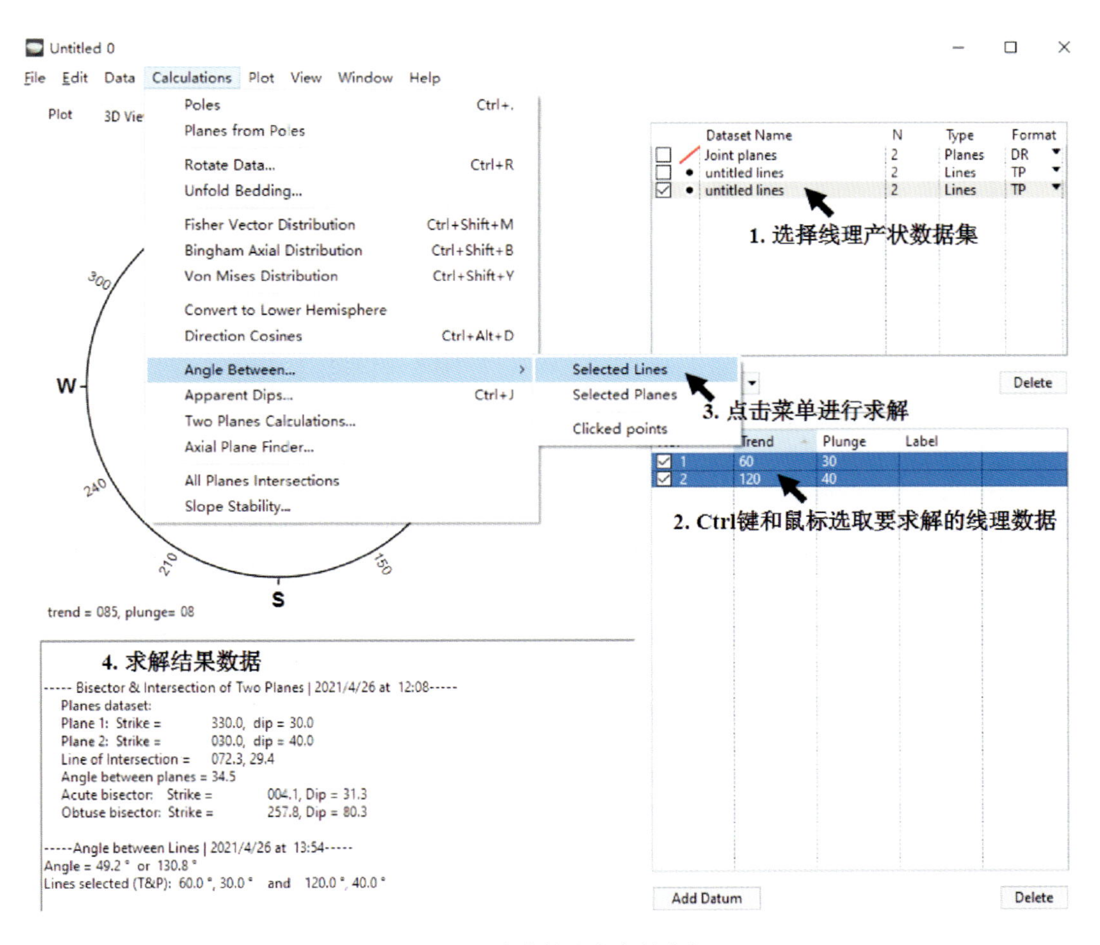

图 1-46　线状构造夹角的求解

(六)两个面交线、夹角及角平分面的求解

通常情况下,可以通过共轭节理的产状数据来反演获得构造主应力的方位,因此需要求解两组面的交线、夹角及角平分面等要素。在数据集窗口中新输入或选择要求解的两个面状构造产状的数据,点击菜单 Calculations→Two Planes Calculations,可进行两个面状构造的夹角及角平分面的求解(图 1-47)。求解结果在软件左下角计算结果数据窗口中显示,包括

锐夹角、钝夹角及相应的交线和角平分面的产状(图 1-48)。

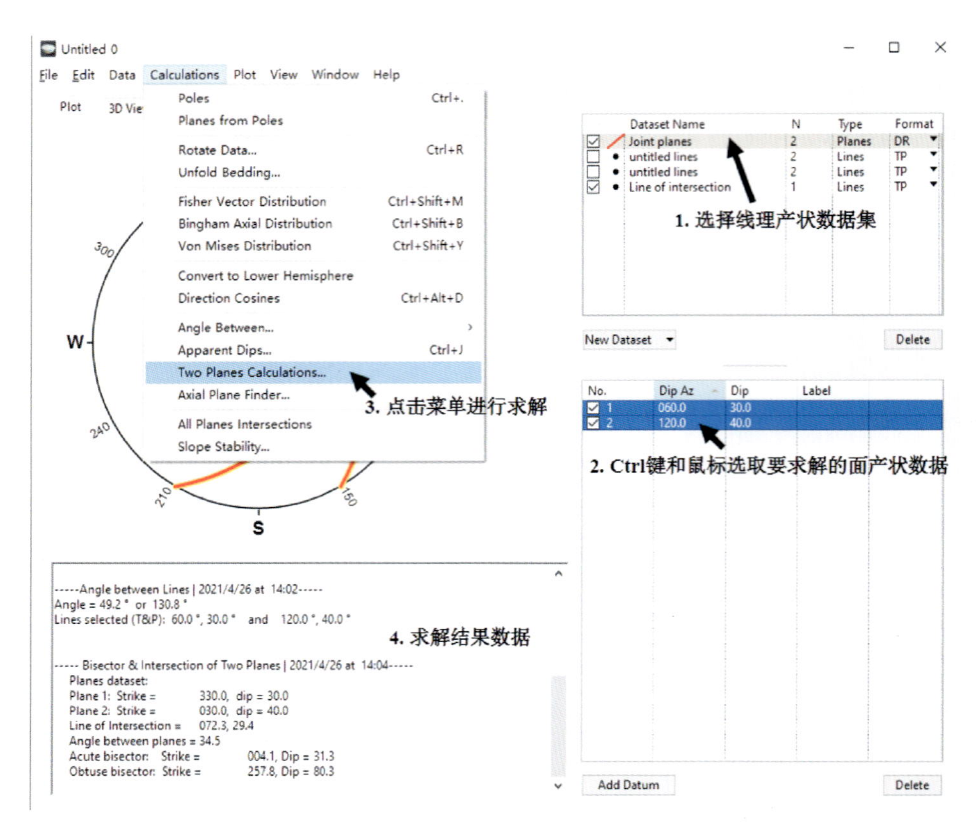

图 1-47 面状构造夹角及角平分面的求解

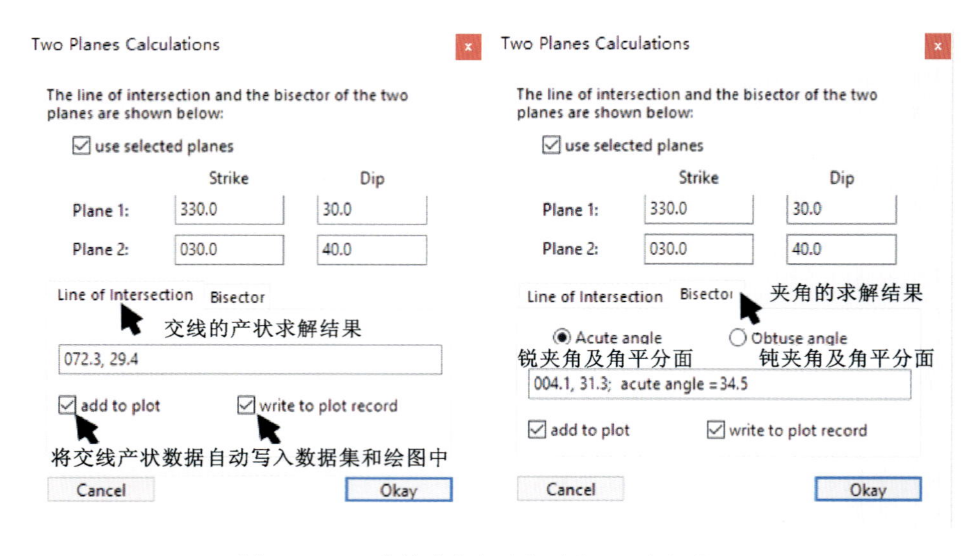

图 1-48 面状构造夹角及角平分面的求解结果

（七）应用实例：根据两组共轭节理求解主应力方位

（1）在数据集中输入或选取两组共轭节理的产状数据，如 J_1：60°∠30°，J_2：120°∠40°。选取该两组产状数据，点击菜单 Calculations→Two Planes Calculations，求解获得两组节理的交线 L_1 的产状，其倾伏向和倾伏角即为中间主应力 σ_2 的方位，即 NE 72°～29°（图 1－49）。

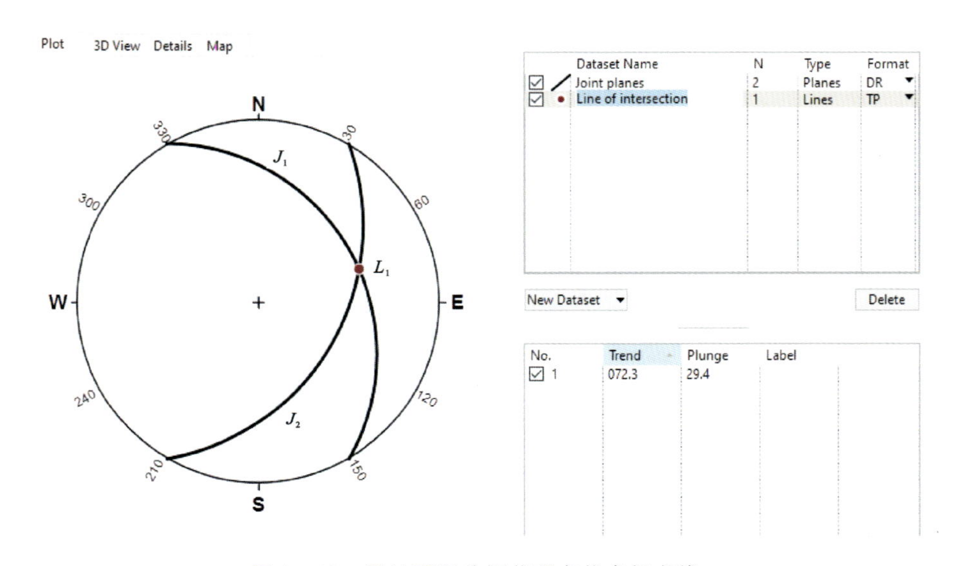

图 1－49　通过两组共轭节理产状求解交线

（2）同样选取该两组节理产状数据，点击菜单 Calculations→Two Planes Calculations，分别求解获得其锐角平分面 S_1 的产状 SE 94°∠31°，钝角平分面 S_2 的产状 NW 348°∠80°（图 1－50）。

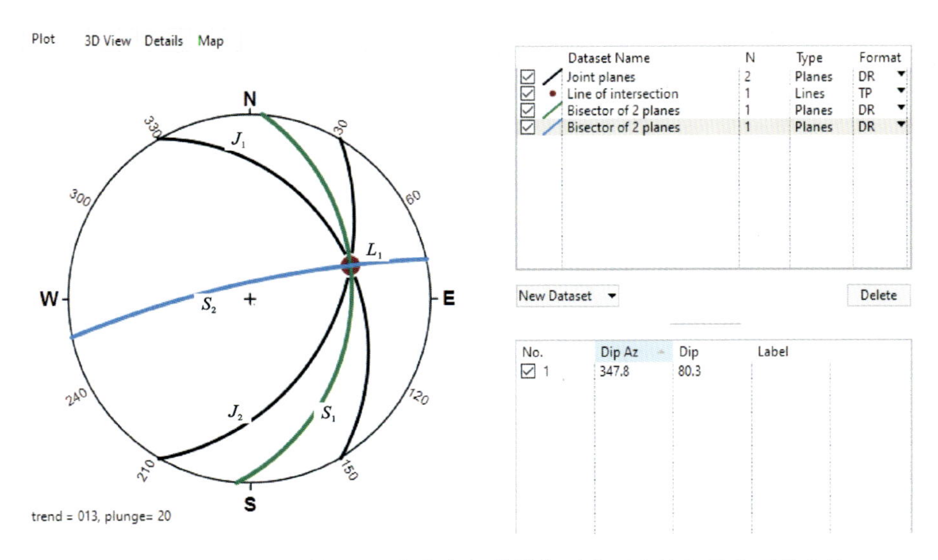

图 1－50　通过两组共轭节理产状求解其锐角平分面和钝角平分面的产状

(3)在数据集中选取两组节理交线 L_1 的产状数据,点击菜单 Calculations→Planes From Poles,求解得到交线的垂面,即两组共轭节理的公垂面,S_3 的产状为 SW252°∠61°(图 1-51)。

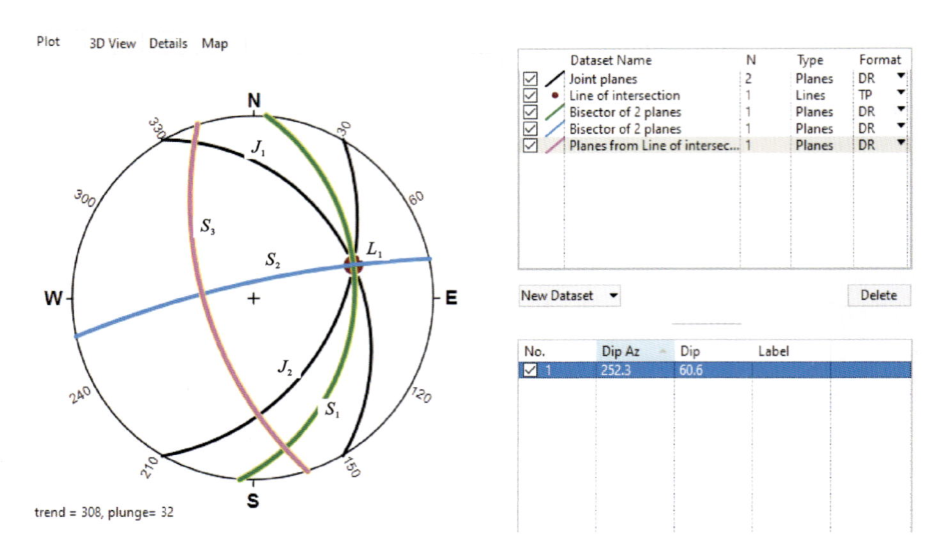

图 1-51 通过两组共轭节理的交线求解其公垂面的产状

(4)将两组节理的锐角和钝角平分面 S_1 和 S_2 的数据及其公垂面 S_3 的数据合并至同一个数据集,分别选取锐角平分面 S_1 和面 S_3 的产状数据,点击菜单 Calculations→Two Planes Calculations,求解得到两者的交线 L_2 的产状,其倾伏向和倾伏角即为最大主应力 σ_1 的方位,为 SE168°~10°。用同样的步骤选取钝角平分面 S_2 和面 S_3 的产状数据,求解得到两者的交线 L_3 的产状,其倾伏向和倾伏角即为最小主应力 σ_3 的方位,为 NW274°~59°(图 1-52)。

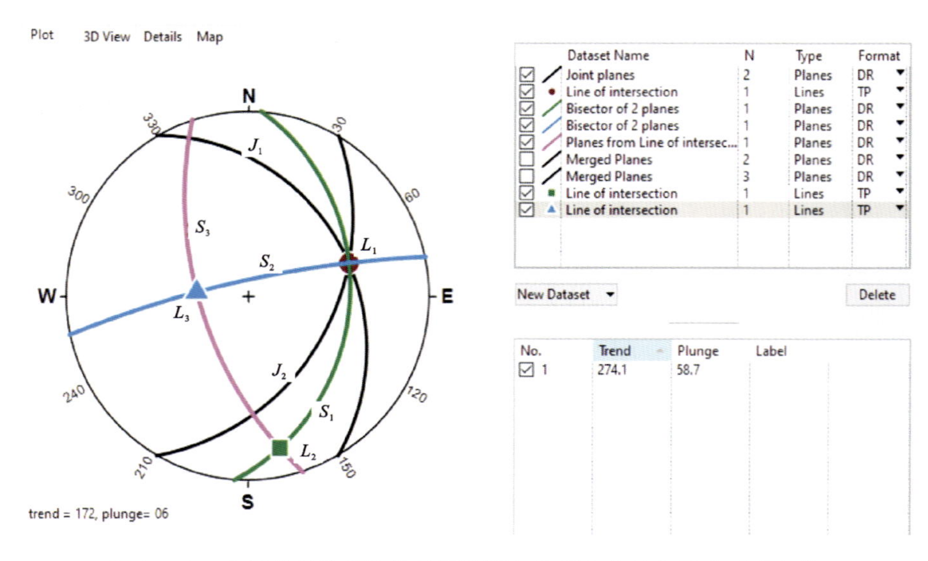

图 1-52 求解共轭节理的公垂面分别与其锐角和钝角平分面的交线

五、作业

1. 投影面的产状

S_1:NE 50°∠40°;S_2:NW 300°∠60°(用黑色弧线表示,在弧线上标注 S_1、S_2)。

2. 投影线的产状

L_1:160°∠75°;L_2:320°∠60°(用黑色圆点表示)。

3. 已知两条直线,求所在平面的产状及两条直线的夹角

已知两条直线的产状分别为 L_1:120°∠30°,L_2:150°∠55°。①求直线所确定的平面产状(用蓝色弧线表示,写出平面的产状和夹角数值);②求两条直线的夹角(写出夹角数值)。

4. 求面的交线、角平分线的产状和夹角

已知两个面的产状分别为 S_1:SE 100°∠35°,S_2:SE 145°∠50°。①求交线 L_3 的产状(用红色矩形表示,写出交线产状);②求两个面 S_1 和 S_2 的夹角 θ(写出夹角数值);③求两个面 S_1 和 S_2 的角平分线的产状(用红色三角形表示,写出角平分线产状)。

实习八　编制节理玫瑰花图、极点图与极点等密图

一、目的要求

1. 整理节理资料并绘制节理玫瑰花图、极点图与极点等密图。
2. 分析节理玫瑰花图的构造意义。

二、预习内容

1.《构造地质学》教材中节理一章。
2. 本书中赤平投影原理与应用部分。
3. 本次实习说明。

三、实习用具

方格纸、透明纸、密度计、圆规、量角器、直尺、H 铅笔、橡皮、电脑。

四、说明

(一)节理玫瑰花图

节理玫瑰花图(rose diagram)分为节理走向玫瑰花图、节理倾向玫瑰花图和节理倾角玫瑰花图。

1. 节理走向玫瑰花图

节理走向玫瑰花图是一种表示节理发育程度的图,图形似玫瑰花状[图 1-53(A)]。

(1)整理节理资料。将野外测得的节理走向,换算成北东或北西向,并按其走向方位以一定的角度间隔分组,一般采用 5°或 10°为一间隔,如分成 0°~9°、10°~19°……,以此类推。然后统计每组的节理数目,并计算每组节理的平均走向。如表 1-3 中 0°~9°组内,有走向为 3°、4°、5°、6°、7°的共 12 条节理,则其平均走向为 5°。再把统计整理好的数值填入节理走向统计表中(表 1-4)。

(2)确定作图比例尺。根据作图的大小和各组节理数目,选取一定长度的线段代表一条节理。然后以等于或稍大于按比例表示的、数目最多的那一组节理的线段的长度作为半径,用圆规画一个半圆。过圆心作南北向半径与东西向直径,并在圆周上标明方位角(如 0°、30°、60°、90°、270°、300°、330°)。

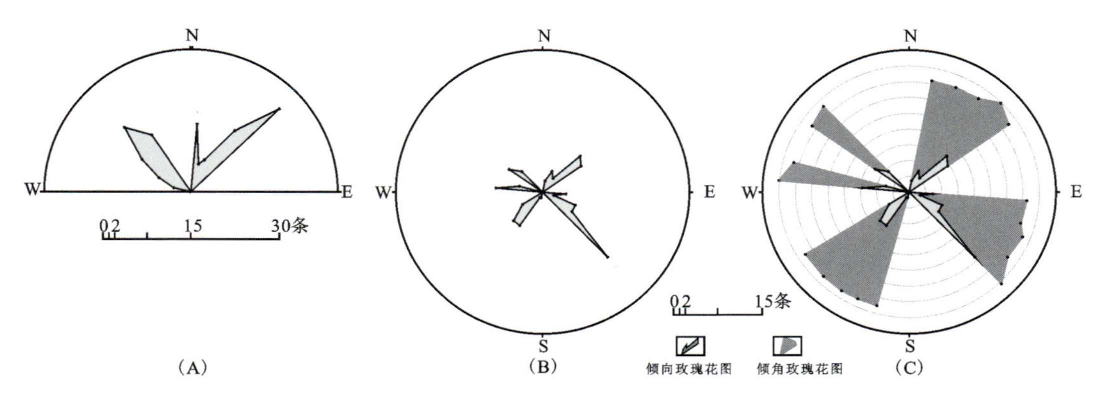

(A)走向;(B)倾向;(C)倾向倾角。

图 1-53　节理走向、倾向和倾向倾角玫瑰花图

表 1-3　天平山 8 号观察点节理产状记录表

走向	倾向	倾角	走向	倾向	倾角	走向	倾向	倾角	走向	倾向	倾角
3°	93°	75°	34°	124°	72°	47°	137°	78°	313°	43°	74°
3°	273°	76°	34°	304°	75°	47°	137°	80°	314°	44°	72°
4°	94°	73°	34°	304°	72°	47°	137°	85°	314°	224°	80°
5°	95°	72°	35°	125°	75°	47°	317°	76°	314°	224°	75°
5°	275°	85°	35°	305°	72°	48°	138°	76°	314°	224°	78°
5°	275°	87°	35°	305°	74°	281°	11°	72°	314°	224°	78°
5°	275°	75°	35°	305°	72°	282°	12°	73°	315°	45°	83°
5°	275°	78°	36°	126°	72°	285°	195°	75°	315°	45°	87°
6°	276°	78°	36°	306°	74°	292°	22°	70°	315°	45°	80°
6°	276°	84°	36°	306°	74°	293°	23°	70°	316°	46°	86°
6°	96°	71°	44°	134°	75°	294°	24°	79°	316°	226°	78°
7°	277°	80°	44°	134°	84°	294°	204°	75°	316°	46°	79°
14°	284°	71°	45°	135°	80°	295°	25°	70°	317°	227°	75°
14°	284°	71°	45°	135°	85°	296°	106°	72°	319°	49°	80°
14°	284°	75°	45°	315°	78°	301°	211°	77°	321°	51°	71°
16°	106°	71°	45°	315°	80°	302°	212°	73°	324°	54°	71°
16°	286°	75°	46°	136°	85°	302°	212°	70°	325°	55°	73°
21°	111°	73°	46°	136°	83°	304°	214°	78°	325°	55°	75°
21°	111°	74°	46°	136°	83°	304°	214°	80°	325°	55°	75°
22°	112°	75°	46°	136°	86°	305°	35°	75°	325°	55°	78°
23°	113°	80°	46°	136°	81°	305°	215°	78°	326°	56°	77°
23°	113°	78°	46°	136°	82°	306°	36°	74°	327°	237°	75°

续表 1-3

走向	倾向	倾角	走向	倾向	倾角	走向	倾向	倾角	走向	倾向	倾角
23°	113°	74°	46°	136°	82°	306°	216°	80°	328°	238°	81°
33°	123°	75°	46°	136°	84°	307°	37°	71°	328°	238°	76°
34°	124°	74°	46°	316°	76°	312°	222°	73°	329°	239°	74°
34°	124°	73°	46°	316°	74°	313°	43°	75°	329°	59°	74°

(3)找点连线。从 0°～9°一组开始,在半圆上找到各组走向方位角的平均值并做记号。再从圆心向圆周上该点连线的方向上,按照节理数目乘以比例尺定出一点。该点即代表该组的节理平均走向和节理数目。在确定各组的点后,从圆心开始,逆时针依次将相邻组的点进行连线。如其中某组的节理数目为零,则连线回到圆心,然后再从圆心引出并与下一组的点进行连线。

(4)整饰图面。补充图名、图例和比例尺。

表 1-4　天平山 8 号观察点节理走向统计表

方位分组	节理数目	平均走向	方位分组	节理数目	平均走向
0°～9°	12 条	5°	270°～279°		
10°～19°	5 条	14.8°	280°～289°	3 条	282.7°
20°～29°			290°～299°	6 条	294°
30°～39°			300°～309°		
40°～49°			310°～319°		
50°～59°			320°～329°		
60°～69°			330°～339°		
70°～79°			340°～349°		
80°～89°			350°～359°		

2. 节理倾向玫瑰花图

节理倾向玫瑰花图按节理倾向方位角分组[表 1-5,图 1-53(B)],一般采用 5°或 10°为一间隔,如分成 0°～9°、10°～19°、……、350°～359°,以此类推。然后统计每组的节理数目,并计算每组节理的平均倾向。从0°～9°一组开始,在圆周上找到各组倾向方位角的平均值并做记号。再从圆心向圆周上该点连线的方向上,按照节理数目乘以比例尺定出一点。该点即代表该组的节理平均倾向和节理数目。在确定各组的点后,从圆心开始,顺时针依次将相邻组的点进行连线。如其中某组的节理数目为零,则连线回到圆心,然后再从圆心引出并与下一组的点进行连线。最后整饰图面,补充图名、图例和比例尺。

3. 节理倾角玫瑰花图

节理倾角玫瑰花图一般重叠在节理倾向玫瑰花图之上[图 1-53(C)]。按上述节理倾

向方位角的分组(表1-5),计算每一组的平均倾角。从0°～9°一组开始,在圆周上找到各组倾向方位角的平均值并做记号。半径方向表示倾角,由圆心到圆周依次为0°～90°。在平均倾向线上,可沿半径按比例找出代表节理平均倾角的点。在确定各组的点后,从圆心开始,顺时针依次将相邻组的点进行连线。如果其中某组的节理数目为零,则连线回到圆心,然后再从圆心引出并与下一组的点进行连线。最后整饰图面,补充图名、图例和比例尺。

表1-5　天平山8号观察点节理倾向与倾角统计表

倾向分组	节理数目	平均倾向	平均倾角	倾向分组	节理数目	平均倾向	平均倾角
0°～9°				180°～189°			
10°～19°	2条	11.5°	72.5°	190°～199°	1条	195°	75°
20°～29°				200°～209°			
30°～39°				210°～219°			
40°～49°				220°～229°			
50°～59°				230°～239°			
60°～69°				240°～249°			
70°～79°				250°～259°			
80°～89°				260°～269°			
90°～99°	4条	94.5°	72.8°	270°～279°	8条	275.3°	80.4°
100°～109°				280°～289°			
110°～119°				290°～299°			
120°～129°				300°～309°			
130°～139°				310°～319°			
140°～149°				320°～329°			
150°～159°				330°～339°			
160°～169°				340°～349°			
170°～179°				350°～359°			

4. 构造分析

玫瑰花图是进行节理统计的方式之一,做法简便,形象醒目,能清楚地反映出主要节理的方位,有助于分析区域构造。最常用的玫瑰花图是节理走向玫瑰花图。分析节理玫瑰花图,应与区域地质构造结合起来。因此,常把节理玫瑰花图按测点位置标绘在地质图上,这样能清楚地反映出节理与构造(如褶皱和断层)的关系。只要综合分析不同构造部位节理玫瑰花图的特征,就能得出局部应力状态,甚至可以大致地确定主应力轴的性质和方向。

节理走向玫瑰花图多应用于节理产状比较陡立的情况,而节理倾向玫瑰花图和节理倾角玫瑰花图多用于产状变化较大的情况。

(二)节理极点图

节理极点即为节理面法线的赤平投影。节理极点图(pole diagram)通常是在施密特网上编制的[图 1-54(A)]。网的圆周方位表示倾向,为 0°～360°。半径方向表示倾角,由圆周到圆心为 0°～90°。投影方法可参考本书第一篇实习六。作图时,应把透明纸蒙在施密特网上,并标明正北方位。当确定某一节理倾向后,转动透明纸至东西向或南北向直径上,然后再沿直径从圆心向倾向相反方向数倾角度数定点,该点为极点,代表这条节理的产状。为了避免投点时转动透明纸,可用与施密特网投影原理相同的极等面积投影网[赖特网,图 1-54(B)]。图中放射线表示倾向(0°～360°),同心圆表示倾角(由圆心到圆周为 0°～90°)。作图时,用透明纸蒙在该网上,投影出相应的极点。如一节理产状为 20°∠70°,则以北为 0°,顺时针数 20°即为倾向,再由圆心到圆周数 70°(倾角)定点,该点为节理法线的投影,代表这条节理的产状。若产状相同的节理有多条,则在点旁注明条数。把观察点上的所有节理都分别投影成极点,便构成了该观察点的节理极点图。

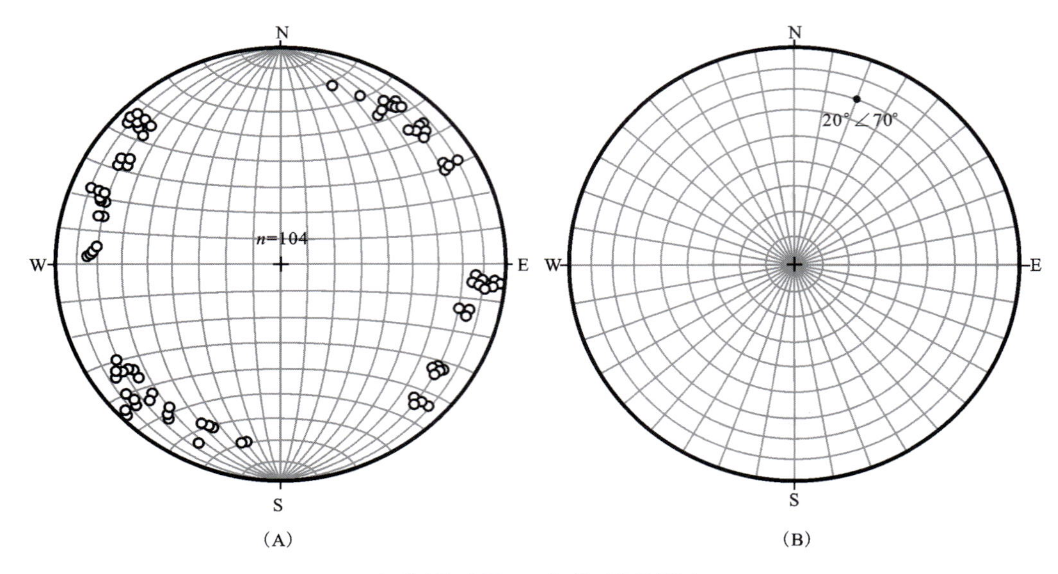

(A)节理极点图;(B)极等面积投影网。

图 1-54　在施密特网上投影的节理极点图、极等面积投影网

(三)节理极点等密图

节理极点等密图(equal-area projection of pole)是在极点图的基础上进行编制的。节理极点等密图的优点是所表现的对象比较客观和全面,节理的走向、倾向、倾角和数目都能得到反映,尤其是能反映出节理的优势方位。其编制步骤如下。

1. 准备方格纸和透明纸

在透明纸极点图上作方格网(或在透明纸极点图下垫一张方格纸),平行 E-W、N-S 线,间距等于大圆半径的 1/10。

2. 用密度计统计节理数

(1)密度计工具。密度计工具有两种[图 1-55(A)],一是中心密度计,它是中间有一小圆的四方形胶板,小圆半径是大圆半径的 1/10,用来统计圆内节理密度。二是边缘密度计,它是两端有两个小圆的长条胶板,小圆半径也是大圆半径的 1/10,用来统计圆周上的节理密度。将两个小圆圆心连线,其长度等于大圆半径。密度计的中间有一条纵向窄缝,便于转动和来回移动。

(2)统计。先用中心密度计从左到右,由上到下,依次统计小圆内的节理极点数,并标记在每个方格"+"中心,即小圆中心上。边缘密度计用于统计圆周附近残缺小圆内的节理数,将两段加起来(正好是小圆面积内极点数),记在有"+"中心的那个残缺小圆内,当小圆圆心不能与"+"中心重合时,可沿窄缝稍作移动和转动。如果两个小圆中心均在圆周处,则在圆周的两个圆心上都标记相加的节理数。

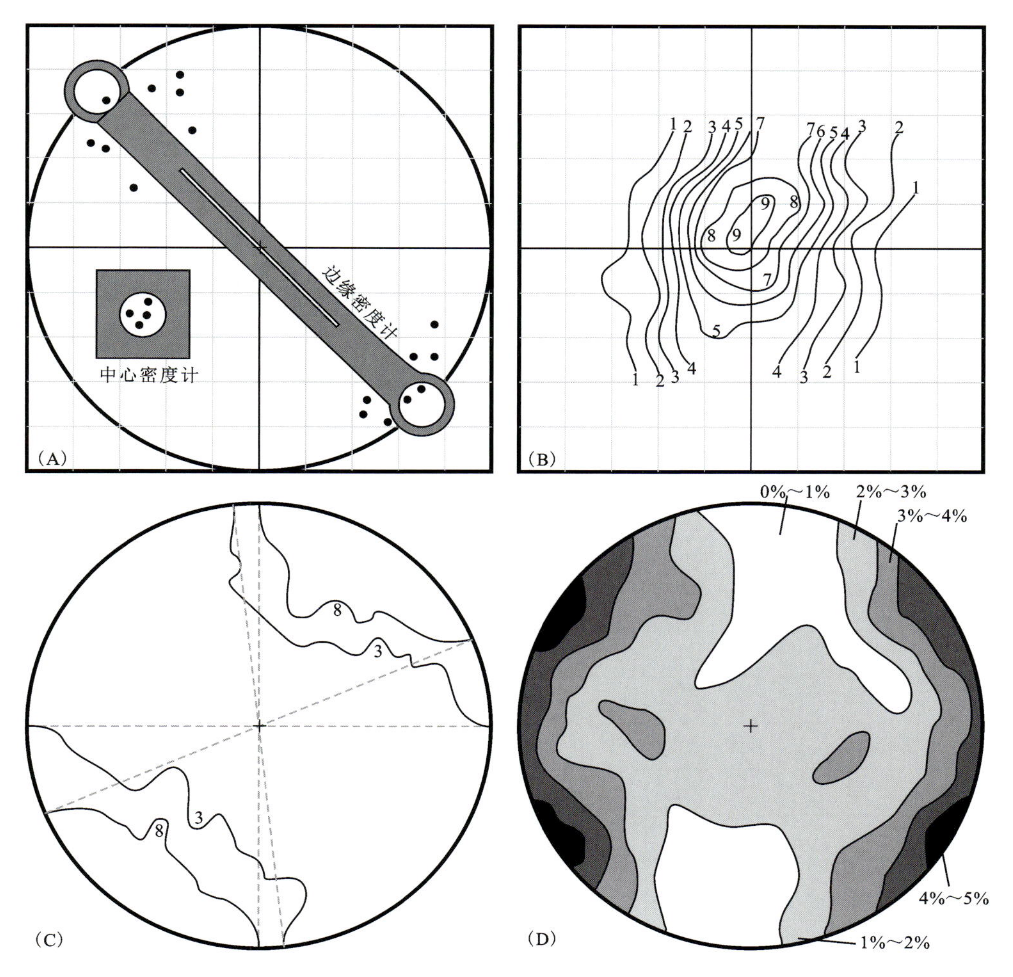

(A)中心密度计和边缘密度计;(B)节理极点等值线连接方法;(C)圆周上节理极点等值线连接方法;(D)节理等密图。

图 1-55 节理等密图的编制方法

(3)连线。统计后,大圆内每一小格“+”中心上都标注了节理极点数目,把数目相同的点连成曲线(其连接方法与连等高线一致),即绘成节理极点等值线图[contour diagram of pole,图1-55(B)]。一般用节理极点的百分比来表示,即把小圆面积内的节理极点数与大圆面积内的节理极点数换算成百分比。由于小圆面积是大圆面积的1/100,因此,其节理极点数亦成比例。如大圆内的节理极点数为60条,某一小圆的节理极点数为6条,则该小圆内的节理比值相当于10%。在连节理极点等值线时,需要注意圆周上的等值线,两端具有对称性[图1-55(C)]。

(4)整饰图面。为了使图件醒目清晰,在相邻等值线之间可以涂上颜色或填充花纹[图1-55(D)]。最后写上图名、图例和方位。

3. 构造分析

在节理极点等密图上,等值线间距为1/100。图上可以清楚地看出有两组节理:第一组节理走向NW-SE(120°),倾角近直立;第二组节理走向NE-SW(60°),倾角近直立。然后进一步结合节理的交切关系和其所处的构造部位,分析节理与有关构造之间的关系及其形成时的主应力状态。

上述节理玫瑰花图、节理极点图、节理极点等密图都可以在计算机上用赤平投影软件进行制图。投影方法可参考本书第一篇实习七中的内容。

五、作业

整理表1-6中100组节理数据并投影节理走向玫瑰花图、节理倾向玫瑰花图、节理倾角玫瑰花图、节理极点图以及节理极点等密图,进行构造分析。

表1-6　某观察点节理测量记录表

序号	倾向	倾角	走向	序号	倾向	倾角	走向	序号	倾向	倾角	走向	序号	倾向	倾角	走向
1	13°	61°		26	196°	69°		51	104°	52°		76	340°	60°	
2	19°	76°		27	196°	74°		52	105°	56°		77	352°	71°	
3	20°	71°		28	201°	60°		53	106°	69°		78	302°	82°	
4	5°	81°		29	202°	66°		54	107°	61°		79	304°	76°	
5	22°	78°		30	206°	85°		55	108°	76°		80	305°	60°	
6	24°	73°		31	208°	62°		56	10°	68°		81	307°	68°	
7	46°	66°		32	212°	72°		57	111°	67°		82	308°	78°	
8	26°	81°		33	216°	64°		58	112°	63°		83	310°	62°	
9	27°	74°		34	218°	60°		59	113°	81°		84	310°	72°	
10	28°	78°		35	220°	70°		60	114°	74°		85	306°	62°	
11	30°	69°		36	200°	70°		61	115°	58°		86	310°	79°	

续表 1－6

序号	倾向	倾角	走向	序号	倾向	倾角	走向	序号	倾向	倾角	走向	序号	倾向	倾角	走向
12	16°	78°		37	279°	72°		62	116°	68°		87	321°	78°	
13	14°	64°		38	285°	70°		63	117°	64°		88	324°	60°	
14	12°	70°		39	286°	78°		64	118°	79°		89	201°	76°	
15	20°	80°		40	288°	74°		65	119°	54°		90	204°	73°	
16	18°	66°		41	290°	60°		66	120°	74°		91	206°	76°	
17	24°	66°		42	291°	61°		67	121°	60°		92	207°	79°	
18	22°	63°		43	292°	80°		68	122°	73°		93	205°	69°	
19	32°	74°		44	293°	70°		69	123°	78°		94	208°	66°	
20	36°	66°		45	296°	57°		70	125°	62°		95	191°	61°	
21	38°	76°		46	297°	76°		71	126°	74°		96	199°	78°	
22	38°	70°		47	298°	64°		72	128°	68°		97	198°	69°	
23	36°	60°		48	300°	59°		73	130°	62°		98	196°	81°	
24	21°	68°		49	301°	72°		74	144°	66°		99	192°	85°	
25	22°	57°		50	302°	68°		75	143°	64°		100	195°	78°	

实习九　读断层地区地质图并编制图切地质剖面图

一、目的要求

1. 分析地质图上的断层产状、性质和断距。
2. 绘制横切断层的地质剖面图。

二、预习内容

1.《构造地质学》教材中的断层章节。
2. 本次实习说明。

三、实习图件与用具

1. 望洋岗地质图(附图Ⅰ-4)、陈蔡地区地质图(附图Ⅰ-12)、风明峪地区地质图(附图Ⅰ-13)。

2. 透明纸、方格纸、三角板、量角器、H 铅笔、橡皮。

四、说明

(一)阅读断层地区地质图

1. 阅读地质图

阅读内容:①分析图内地形特征;②分析地质图中出露的地层及其产状;③厘定角度不整合的形成时代;④分析地质图内褶皱形态、褶皱轴向以及断层发育情况。

2. 分析断层特征

(1)分析和计算断层产状。断层线是断层面在地面的出露线。它与倾斜地层的露头地质界线相似,可根据"V"字形法则判断断层面的倾向、断层面倾角与坡角的关系,也可利用平行等高线法,计算断层面的倾向和倾角。具体操作方法可参考本书第一篇实习二中的倾斜地层产状求法。

(2)厘定断层性质。断层两盘相对升降、平移并经侵蚀夷平后,如两盘处于高度相等的平面上,则露头和地质图上一般表现出以下规律。

a. 走向断层或纵断层,一般是地层较老的一盘为上升盘。但当断层倾向与岩层倾向一

致，且断层倾角小于岩层倾角或地层倒转时，则上升盘为新地层。

b. 横向或倾向正（或逆）断层切过褶皱时，背斜核部变宽或向斜核部变窄的一盘为上升盘。如为平移断层，则两盘核部宽窄基本不变。

c. 倾斜地层或斜歪褶皱被横断层切断时，如果地质图上地层界线或褶皱轴线发生错动，则它既可以是由正（或逆）断层造成的，也可以是由平移断层造成的。这时应参考其他地质特征来确定其相对位移方向。若是由正（或逆）断层造成的地质界线错移，则地层界线向该地层倾向方向移动的一盘为上升盘。若是褶皱，则向轴面倾斜方向移动的一盘为上升盘。

确定了断层面的产状和断层两盘的相对运动方向，就可以确定断层的性质。

（二）测定地层断距

在大比例尺地质图上，如果断层两盘地层产状稳定，则在垂直地层走向方向剖面上可以测定断层的地层断距（stratigraphic separation）。

1. 铅直地层断距的测定

铅直地层断距（vertical stratigraphic separation）为断层两盘同一层面的铅直距离。在地质图上测定铅直地层断距时，只要在断层任一断盘上作某一层面某一高程的走向线，延长穿过的断层线并与另一断盘的同一层面相交，此交点的高程与走向线之间的高程差，即为铅直地层断距（图 1－56 中的 gh）。

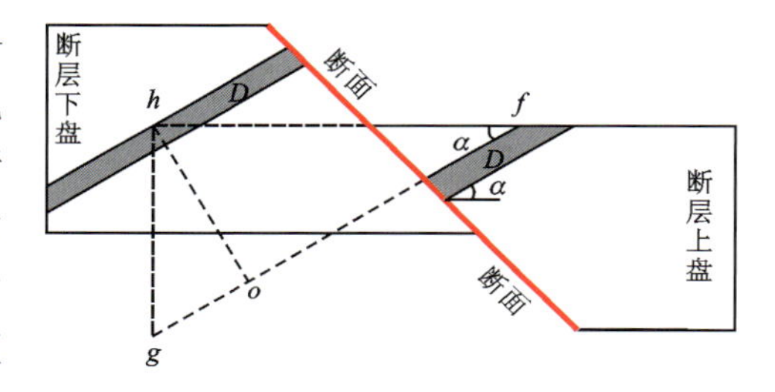

图 1－56　垂直地层走向剖面图

如图 1－57 所示，在断层南东盘泥盆系顶面作 300m 高程的走向线 ab。延长 ab 线过断层线，使之与断层另一盘的同一层面相交于 g 点，g 点高程为 250m。线 ag 代表断层北西盘泥盆系顶面 250m 高程走向线，与南东盘 300m 走向线 ab 之间的高差即断层的铅直地层断距，为 50m。

2. 测定水平地层断距

在垂直地层走向的剖面上，断层两盘同一层面上等高两点间的水平距离，即为水平地层断距（horizontal stratigraphic separation）。在地质图上的断层两盘，绘出同一层面等高的走向线，两条走向线之间的垂直距离，即为水平地层断距（图 1－56 中的 hf）。

如图 1－57 所示，断层线两盘泥盆系顶面两条 300m 高程走向线（ab 和 mn）之间的垂直距离（hf）为 1cm。按该地质图的比例尺（1∶50 000）可计算得出该断层的水平地层断距为 500m。

3. 计算地层断距

如图 1－56 所示，地层断距 $ho=hg\times\cos\alpha$ 或 $ho=hf\times\sin\alpha$，用作图法求出 hg 和 hf 之后，可按上式计算地层断距。利用该种方法计算地层断距，是以地层被错断后两盘地层产状未变为前提条件的，即沿断层面没有发生旋转。

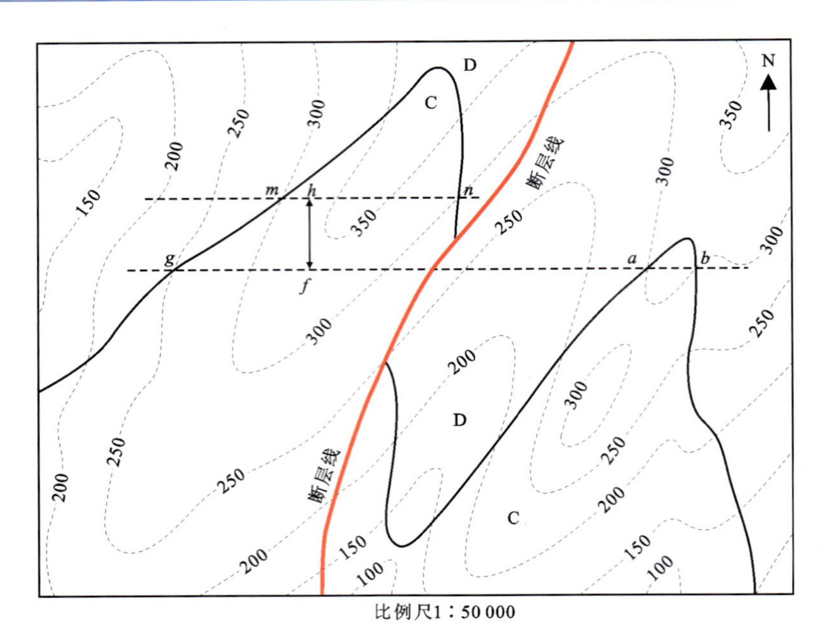

图 1－57　在地质图上求地层断距(单位:m)

(三)限定断层时代

1. 根据角度不整合限定断层时代

断层一般发生在被其错断的最新地层之后,而在未被错断的上覆不整合面之上的最老地层之前。

2. 根据交切关系限定断层时代

根据断层与岩体或其他构造之间的切割关系可判定断层形成与岩体或其他构造之间的新老关系,被切割者的时代相对较老。

(四)断层的描述

断层的描述内容一般包括:断层名称(地名＋断层类型或用断层编号)、展布位置、延伸方向、通过的主要地点、延伸长度、断面产状、两盘出露地层及其产状、断层效应(地层重复、地层缺失、地质界线错开等特征)、两盘相对位移方向、断距大小、断层与其他构造的关系、断层的形成时代以及力学成因等。

本书以金山镇地区地质图(附图Ⅰ－15)中雨峰-奇峰-妙峰逆冲断层为例加以说明,其描述如下。

雨峰-奇峰-妙峰逆冲断层位于奇峰-雨峰-妙峰之东侧近山脊处,断层走向 NE－SW。断层两端分别延出图外,在图内全长约 18km。断面倾向 NW,倾角 20°～30°。断层上盘为由石炭系组成的 NE－SW 向倒转背斜,下盘为由下二叠统和上石炭统组成的不完整向斜。断层上盘的石炭系逆冲于断层下盘的下二叠统和上石炭统之上,地层断距约 800m。断层走

向与褶皱走向一致，属于纵断层。断层中部被两个晚期的平移断层（横断层）所错断，错动方向不一致，位移量较小。该逆冲断层形成时代与东、西两侧同方向、同性质的两条逆冲断层相同，即晚三叠世之后、早白垩世之前。三条逆冲断层构成叠瓦式逆冲断层组合，可根据逆冲断层组合运动方向，分析晚三叠～早白垩世期间，该区域的最大主应力方向为 NW－SE。

（五）编制断层发育地区图切地质剖面图

断层地区图切地质剖面的编制方法如下：

（1）选择剖面线。剖面线应尽量垂直断层走向，并通过全区主要构造。

（2）绘制地形线。其方法与本书第一篇实习三中的地形线绘制方法一致。

（3）绘制断层和岩层。将剖面线上的地质界线和断层的交点投影到地形线上。在投影地质界线点和断层时要注意以下三点：①剖面切过不整合面和第四系时，先画不整合面以上的地层和构造，再画不整合面以下的地质界线；②剖面线切过断层时，先画断层，再画断层两侧的地层和构造；③剖面线和地层或断层走向斜交时，应将岩层或断层倾角换算成视倾角。

（4）绘制断层形态。根据断层产状延长断层线。如果剖面深度较大，断层向下产状要变缓，使断层呈铲形。

（5）整饰图面。补充图名、比例尺、剖面方向、地形地物标志、断层性质、产状、岩性花纹、地层代号、图例以及责任表等。

五、作业

1. 根据望洋岗地质图（附图Ⅰ－4），分析断层性质，计算断层面产状和地层断距及其形成时代。

2. 绘制陈蔡地区地质图（附图Ⅰ－12）或风明峪地区地质图（附图Ⅰ－13）中的 $A-B$ 地质剖面图。根据剖面图中的断层产出特征，分析该区域断层的特点及其形成的区域地质背景。

实习十　典型构造标本的观察与分析

一、目的要求

1.认识各种小型构造的形态特征。

2.学习小型构造的观察和描述方法。

二、预习内容

1.《构造地质学》教材中有关面理和线理的知识。

2.《构造地质学》教材中有关褶皱和断层的知识。

3.本次实习说明。

三、实习用具

1.中国地质大学(武汉)构造园陈列室中的构造标本。

2.笔记本、方格纸、直尺、H 铅笔、橡皮。

四、说明

本次实习主要观察以下四类构造标本。

(一)褶皱构造标本

在褶皱观察中,需要注意以下几点:

(1)观察褶皱的主要几何要素,如翼、转折端、枢纽和轴面及不同部位岩层厚度。

(2)观察不同类型的褶皱形态特征,熟悉褶皱形态命名原则。

(3)褶皱中伴生和派生的构造现象及其形态特征。

现以构造园陈列的部分褶皱构造标本为例描述如下(图 1-58)。

(二)断裂构造标本

断裂构造主要包括断层和节理两种类型,需要注意以下几点:

(1)观察断层的几何要素以及不同力学性质断层中的构造岩。

(2)观察节理形态特征、排列方式和岩脉充填情况,分析其受力方式。

(3)观察各种构造岩的特征,画构造岩特征素描。

现以构造园陈列的部分断层和节理构造标本为例描述如下(图 1-59、图 1-60)。

B-3-14　平行褶皱(parallel fold)

注：岩层发生弯曲变形而形成褶皱，同一褶皱层的厚度保持不变，也称为等厚褶皱(isopach fold)。从转折端的形态来看，为圆弧褶皱；两翼倾向相反、倾角近似相等，轴面近乎直立，也可称为直立褶皱。

B-3-27　相似褶皱(similar fold)

注：褶皱中各岩层相似弯曲，没有共同的曲率中心，同一岩层的真厚度在翼部变薄、在转折端加厚，也称为顶厚褶皱(top thick fold)。由于强烈褶皱变形，两翼薄岩层的产状近乎一致，也可称为等斜(同斜)褶皱。

图 1-58　构造园中的褶皱标本

B-5-2　小型正断层(small-scale normal fault)

注：断层面平直，从错断的标志层(黑色岩层)来看，为一小型正断层，即上盘相对下降，下盘相对上升。

B-5-11　断层面(fault plane)

注：断层面上发育擦痕线理和阶步，纤维状矿物指示磨擦生长线理，结合阶步的陡坎方向，可判别两盘相对运动方向。

图 1-59　构造园中的断层标本

B-4-1　火炬状节理(torch-shaped joints)

注：节理呈雁行式斜列排列，称为雁列节理，若被岩脉或矿脉所充填，则称为雁列脉(图为白色的方解石脉)。图中的两列雁列节理(图中表现为雁列脉)呈火炬状分布，构成火炬状节理。

B-4-4　S型雁列节理(S-type en echelon joints)

注：在递进剪切变形过程中，岩石形成“S”形雁列张节理(图中表现为白色雁列脉)。早期形成的张节理在非共轴递进变形作用下，最终呈“S”形，“S”形节理两端端部的方位与雁列轴所夹的锐角指示所在盘运动方向(图为左行剪切)。

图 1-60　构造园中的节理标本

(三)面理和线理标本

面理和线理都是岩石中广泛发育的重要构造现象。在观察面理和线理的过程中,需要注意以下几点:

(1)注意区分原生线理和次生线理、原生面理和次生面理,确定所观察线理和面理的对应类型。

(2)观察劈理的结构及其几何形态。注意观察劈理与寄主岩石能干性之间的关系、连续劈理(如流劈理)与不连续劈理(如破劈理、滑劈理)的结构特征及差异性、劈理之间相对发育序次、劈理与岩石类型和变质条件的关系、劈理与层理的结构特征及可能存在的层劈置换标志。

(3)分析判断面理、线理的成因,推断不同面理和线理形成的可能的构造背景,分析面理、线理在构造变形过程中对岩石物质运动方向的指示意义。

以下是构造园陈列的部分典型面理和线理构造标本(图 1-61、图 1-62)。

Z-5-54a 褶劈理(crenulation cleavage)

注:褶劈理是一种典型的劈理构造,图中岩石受挤压作用使早期形成的次生面状构造(S_1流劈理)发生变形,形成切过先存面理的差异性平行滑动面,也称滑劈理或应变滑劈理(S_2)。图中先存面理呈"S"形弯曲或褶皱,故称褶劈理。

B-5-26 糜棱面理(mylonite foliation)

注:糜棱面理是糜棱岩中发育的典型面理。图中的岩石为花岗质糜棱岩,糜棱面理主要表现为暗色矿物黑云母和细粒化的长英质矿物(石英+钾长石)定向排列。图中大的钾长石斑晶表现为眼球结构和旋转碎斑等特征,有的颗粒可用于判别剪切运动方向。

图 1-61 构造园中的面理构造标本

B-6-20 矿物生长线理(growth mineral lineation)

注:矿物生长线理在变质岩(如片岩或片麻岩)中广泛发育,是由矿物重结晶或者变质结晶顺应力方向生长而定向排列形成的,属于A型线理。图中的岩石是蓝闪石片岩,柱状矿物蓝闪石呈长条状定向排列,显示出线理构造。

B-6-26 石香肠构造(boudinage)

注:石香肠构造,又称为布丁构造,是因不同力学性质互层的岩系受垂直或近垂直于岩层方向的挤压或者顺层拉伸而形成的。图中暗色强硬岩层(硅质岩)在平行层理方向的拉伸作用下,形成垂直层面的张裂,并被周围浅色的软弱层塑性岩石(大理岩)呈褶皱楔入充填,形成石香肠构造,属B型线理。

图 1-62 构造园中的线理构造标本

(四)构造叠加的标本

在观察构造叠加标本过程中,需要注意以下几点:

(1)观察构造标本中叠加变形标志,分析不同期次的变形特征。

(2)叠加变形构造标本的素描和特征描述(图 1-63)。

Z-5-62　叠加褶皱(superposed fold)

注:以变形岩石中的劈理面为标志层,显示岩石早期发生明显褶皱变形,后期叠加变形使得早期褶皱形态进一步复杂化。根据现今叠加褶皱的形态特征,推测它具有共轴叠加变形特点。

Z-5-68　褶皱化的石香肠(folded-boudinage)

注:浅色岩层为大理岩,深色条带为角岩。在早期变形过程中,能干性相对较强的角岩在褶皱转折端部位被加厚,在翼部被拉断而形成石香肠。在后期叠加褶皱变形过程中,石香肠形态发生变化。

图 1-63　构造园中的叠加变形构造标本

五、作业

1. 分组观察、描述、讨论、总结上述四类构造标本的特征及其形成条件。
2. 选择构造园中的 1～2 组构造标本进行观察,并进行描述、分析和素描。

实习十一　认识板块运动和古大陆重建原理及应用

一、目的要求

1. 认识板块运动(即大陆漂移)并初步理解古大陆重建原理、方法及意义。
2. 初步掌握 GPlates 软件在古大陆重建中的应用。

二、预习内容

1. 板块与板块运动相关内容。
2. 本次实习说明。

三、实习用具

1. 冈瓦纳大陆主要板块的轮廓图(包含动植物化石带,附图Ⅰ-14)、剪刀、染色笔及胶水等。

2. 用电脑下载并安装 GPlates 软件(https://www.gplates.org/)。

四、说明

(一)大陆漂移及冈瓦纳大陆重建

在地质历史时期,地球表面的大陆板块做大规模水平运动。根据著名的大陆漂移学说可知,如果大陆板块运动相背,就会造成大陆的裂解和分离;而相向运动则造成不同板块的聚集。大陆漂移的实质就是岩石圈分裂形成的巨大块体——板块,因为漂浮在软流圈之上被动地随地幔对流而进行水平运动,这就是板块构造理论的主要内容。最著名的实例就是距今约 2.5 亿年前的盘古超大陆(Pangea)在中生代时期发生裂解,形成位于北半球的劳亚大陆(Laurasia)和南半球的冈瓦纳大陆(Gondwanaland)(图 1-64),直至南大西洋打开才形成现今全球的海陆基本格局。本次实习内容就是对这一地质历史时期南半球的冈瓦纳大陆进行原位古地理恢复再现,即古大陆重建。

在 1915 年的《海陆起源》中,德国气象学家魏格纳(A. L. Wegener)根据大西洋两岸的大陆轮廓、古生物化石、岩石、构造和冰川等证据的对比,对冈瓦纳大陆进行了古地理恢复。本实习针对这一经典古大陆进行重建练习,便于学习者初步了解古大陆重建的基本原理和方法,增强对板块构造理论的理解。具体步骤如下:

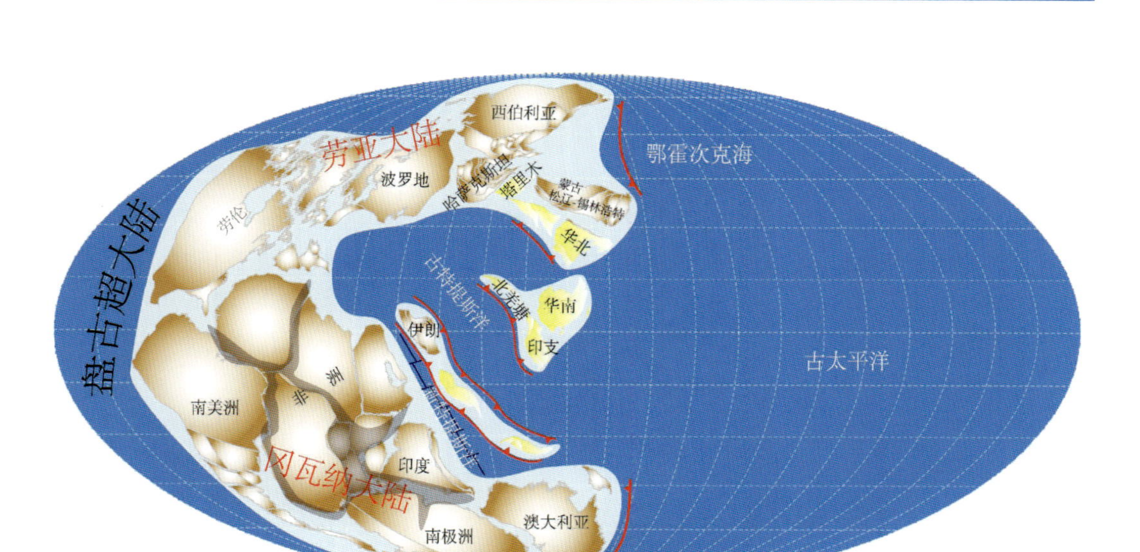

图 1-64　2.5 亿～2 亿年前盘古超大陆复原图(据 Zhao 等,2018,有修改)

(1)根据图 1-65 示例将附图Ⅰ-14 中不同板块的生物带染上相应的颜色,随后将各板块用剪刀裁剪下来。

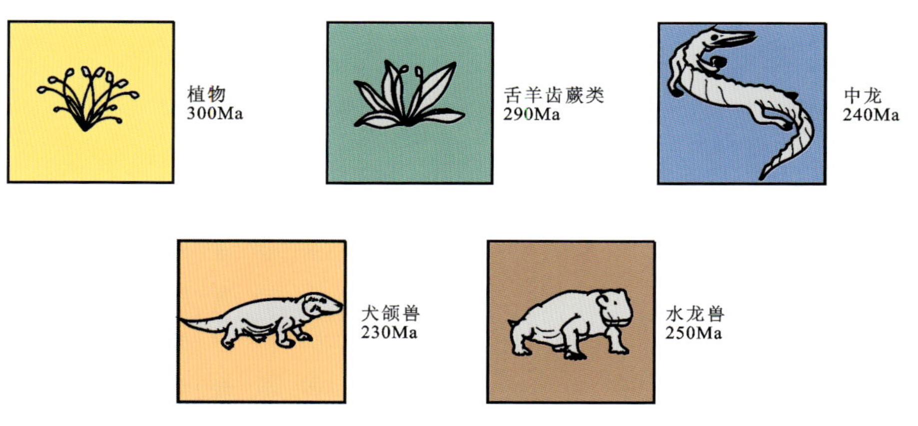

图 1-65　冈瓦纳大陆各组成大陆板块化石证据及染色

(2)在 A4 纸板上,根据大陆轮廓和生物带(颜色)对比及延伸将不同板块依次进行拼接,使它们形成统一的完整大陆。

(3)检查生物带拼接的合理性,再把拼接完成的完整统一的大陆纸板用胶水粘在 A4 纸板上,即完成冈瓦纳大陆重建。

(二)利用 GPlates 软件进行古大陆重建

GPlates 是一款开源且专门用于古大陆重建研究的软件(Williams 等,2012)。该软件结合了部分 GIS 的功能并增加了地质时间维度,实现了与矢量、栅格及体积数据的交互可视化。支持的数据类型包括:PLATES4 line (*. dat *. pla)、GPlates Markup Language (*. gpml)、ESRI shape files (*. shp)以及 GMT xy (*. xy)等格式。更多信息请关注网站 https://www. gplates. org/。本实习主要利用该软件初步实现古大陆重建的可视化学习。以重建 260Ma 时期的盘古超大陆为例,具体步骤如下:

(1)打开 GPlates 软件,并在时间框 Time 中输入 260(Ma)(图 1-66)。

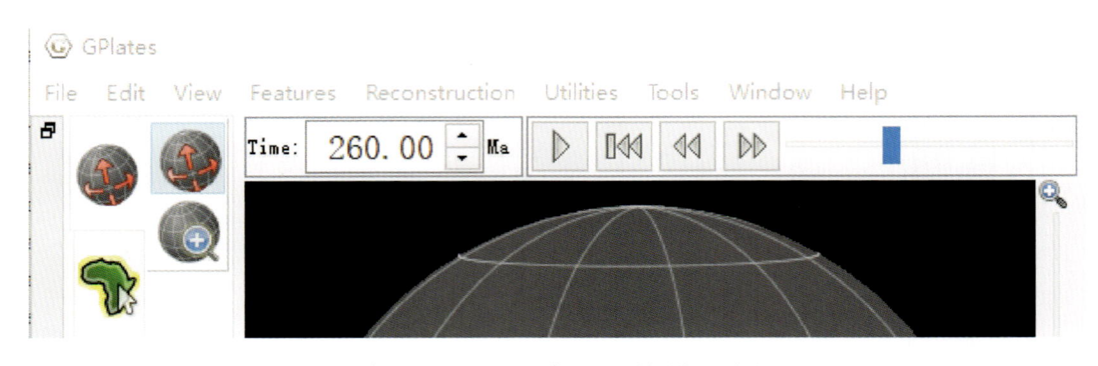

图 1-66　GPlates 打开及时间设置图示

(2)加载文件(包括“. dat”“. gpml”和“. rot”文件)。如下图所示:File→Open Feature Collection→文件路径→选中目标文件(图 1-67),然后点击“打开”。

(3)进行 260Ma 时期的盘古超大陆重建操作(确保时间框中为 260Ma)。为了将不同大陆板块进行移动,第一步点击左侧功能图标,再点击目标板块,如图 1-68 中“1”位置所选印度板块,同时在右边可见板块更多特征信息,如 Plate ID:501;第二步点击功能图标,再对所选(印度)板块进行拖拽,直至“2”所示重建位置。

(4)保存重建后的旋转文件“. rot”:File→Manage Feature Collection 即可出现橙色行(图 1-69),然后进行保存或另存为。如此重复完成对所有板块的重建。

(5)“. rot”文件的读取与备注添加。使用记事本 text 打开文件(可在 text 中修改,但要注意保存和备份原始文件),如图 1-70 所示:第 1 列为板块代码(ID),第 2 列为重建时间,第3～5列分别为重建板块旋转欧拉极的纬度(北纬和南纬分别用“+”和“-”号)、经度(东经和西经分别用“+”和“-”号)和旋转角度数(顺时针和逆时针旋转度数分别用“+”和“-”号),第 6 列为相对旋转板块的代码,最后一列为备注列。

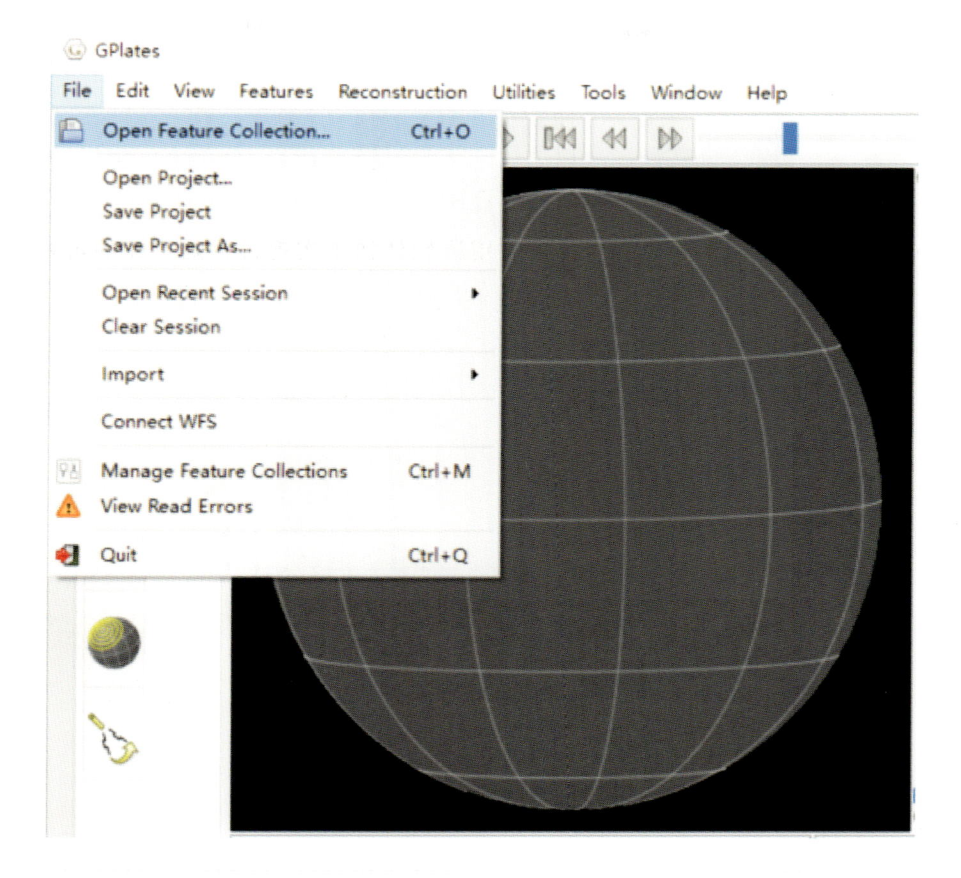

我的电脑 › 下载 › 实习教材编写 › 相关材料 › Pangea reconstruction

名称	修改日期	类型
101_North_America.dat	2021/6/9 18:56	DAT 文件
102_Greenland.dat	2021/6/9 18:56	DAT 文件
201-South America.dat	2021/6/9 18:56	DAT 文件
302_Balticat.dat	2021/6/9 18:56	DAT 文件
501-India.dat	2021/6/9 18:56	DAT 文件
701-Africa.dat	2021/6/9 18:56	DAT 文件
801-Australia.dat	2021/6/9 18:56	DAT 文件
802-East Antarctica.dat	2021/6/9 18:56	DAT 文件
Baltica 260 P-B.gpml	2021/6/9 18:56	GPML 文件
NorthAmerica2004_RM_Npoles.vgp.g...	2021/6/9 18:56	GPML 文件
Pangea Reconstruction	2021/6/9 18:56	ROT 文件

图 1－67　打开文件示意图

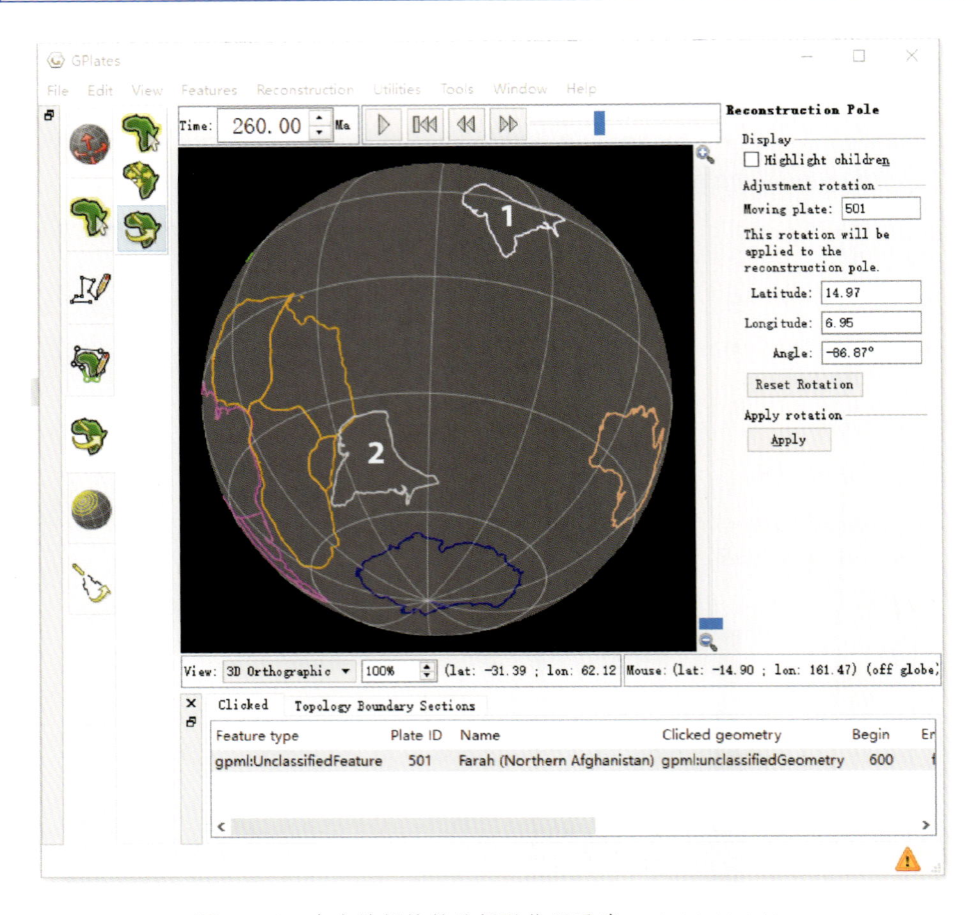

图 1－68　古大陆板块的选择及位置重建(以印度板块为例)

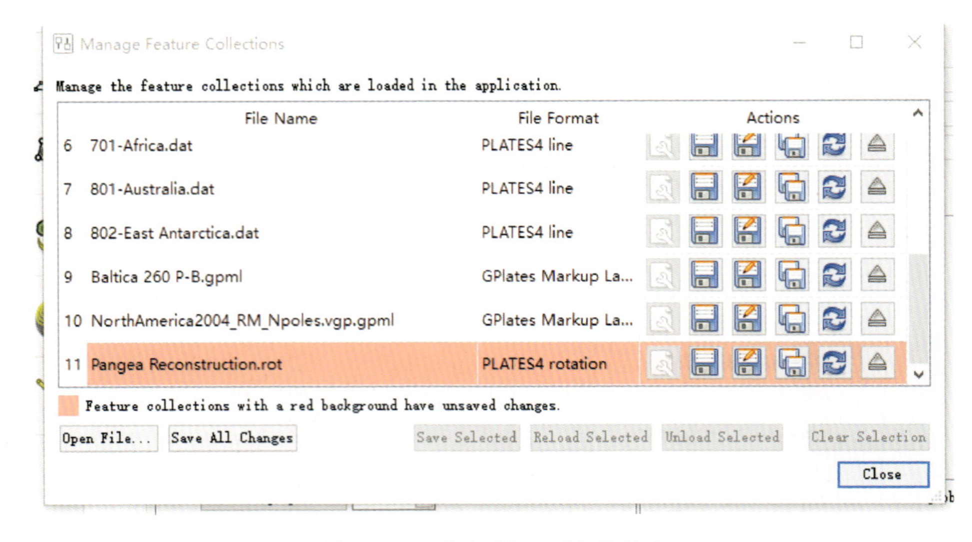

图 1－69　重建后“.rot”文件保存

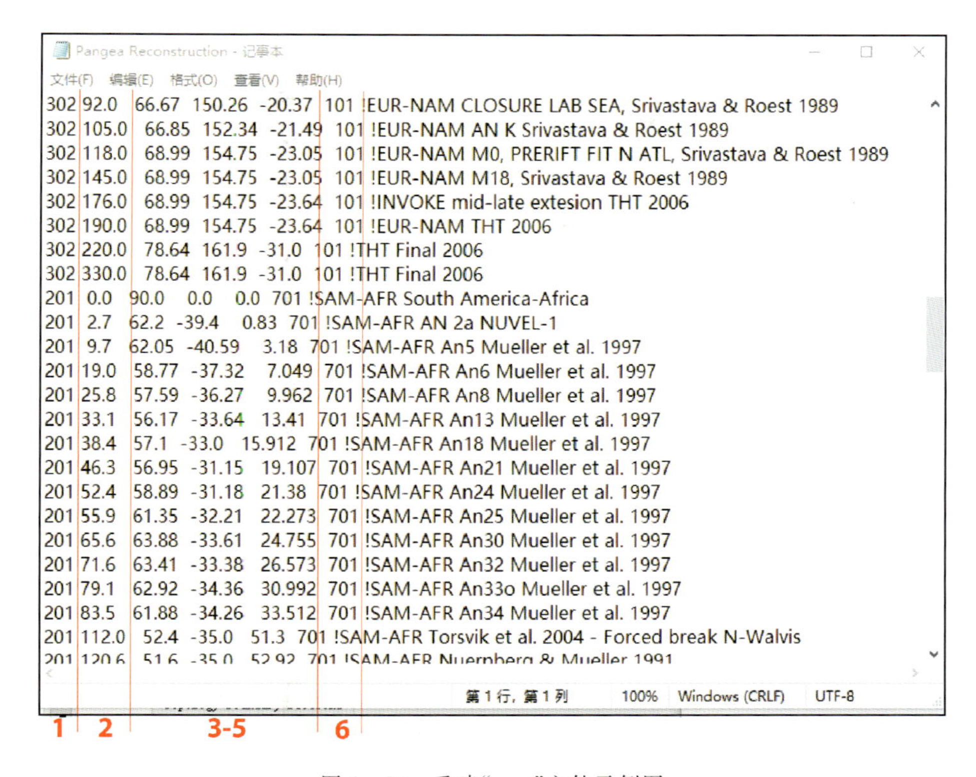

Pangea Reconstruction - 记事本

文件(F) 编辑(E) 格式(O) 查看(V) 帮助(H)

```
302 92.0  66.67 150.26 -20.37 101 !EUR-NAM CLOSURE LAB SEA, Srivastava & Roest 1989
302 105.0  66.85 152.34 -21.49 101 !EUR-NAM AN K Srivastava & Roest 1989
302 118.0  68.99 154.75 -23.05 101 !EUR-NAM M0, PRERIFT FIT N ATL, Srivastava & Roest 1989
302 145.0  68.99 154.75 -23.05 101 !EUR-NAM M18, Srivastava & Roest 1989
302 176.0  68.99 154.75 -23.64 101 !INVOKE mid-late extesion THT 2006
302 190.0  68.99 154.75 -23.64 101 !EUR-NAM THT 2006
302 220.0  78.64 161.9 -31.0 101 !THT Final 2006
302 330.0  78.64 161.9 -31.0 101 !THT Final 2006
201 0.0  90.0  0.0  0.0 701 !SAM-AFR South America-Africa
201 2.7  62.2 -39.4  0.83 701 !SAM-AFR AN 2a NUVEL-1
201 9.7  62.05 -40.59  3.18 701 !SAM-AFR An5 Mueller et al. 1997
201 19.0  58.77 -37.32  7.049 701 !SAM-AFR An6 Mueller et al. 1997
201 25.8  57.59 -36.27  9.962 701 !SAM-AFR An8 Mueller et al. 1997
201 33.1  56.17 -33.64  13.41 701 !SAM-AFR An13 Mueller et al. 1997
201 38.4  57.1 -33.0  15.912 701 !SAM-AFR An18 Mueller et al. 1997
201 46.3  56.95 -31.15  19.107 701 !SAM-AFR An21 Mueller et al. 1997
201 52.4  58.89 -31.18  21.38 701 !SAM-AFR An24 Mueller et al. 1997
201 55.9  61.35 -32.21  22.273 701 !SAM-AFR An25 Mueller et al. 1997
201 65.6  63.88 -33.61  24.755 701 !SAM-AFR An30 Mueller et al. 1997
201 71.6  63.41 -33.38  26.573 701 !SAM-AFR An32 Mueller et al. 1997
201 79.1  62.92 -34.36  30.992 701 !SAM-AFR An33o Mueller et al. 1997
201 83.5  61.88 -34.26  33.512 701 !SAM-AFR An34 Mueller et al. 1997
201 112.0  52.4 -35.0  51.3 701 !SAM-AFR Torsvik et al. 2004 - Forced break N-Walvis
201 120.6  51.6 -35.0  52.92 701 !SAM-AFR Nuernberg & Mueller 1991
```

第 1 行，第 1 列 100% Windows (CRLF) UTF-8

图 1-70 重建“.rot”文件示例图

五、作业

1. 从 GPlates 中导出完成重建的 260Ma 时期冈瓦纳大陆重建图，并列出各板块的旋转欧拉极坐标及旋转角度数。

2. 查阅相关文献，在自己重建的冈瓦纳大陆中分别标识出石炭～二叠纪古冰川分布范围、大西洋两侧中～新生代大火成岩省位置以及北大西洋两岸早古生代加里东造山带延伸位置，以便进一步验证该古大陆重建的正确性。请附上参考文献。

实习十二　构造地质综合作业

一、目的要求

1. 综合分析地质图，学会构造层划分和编制构造纲要图。
2. 绘制图切地质剖面，编写区域地质构造及地质演化报告。

二、预习内容

1.《构造地质学》教科书中褶皱、断层等章节。
2. 本书中第一篇实习三、实习四和实习九中的内容。
3. 本次实习说明。

三、实习图件及用具

1. 金山镇地质图（附图Ⅰ-15）、莲塘地区地质图（附图Ⅰ-16）、秋古峰地区地质图（附图Ⅰ-17）。
2. 透明纸、方格纸、报告纸、刻度尺、量角器、H铅笔、彩色铅笔、橡皮等。

四、说明

（一）阅读地质图

在全面阅读和分析地质图的基础上，分析褶皱、断层等构造特征。

（1）分析地层。分析地层层序和地层之间的接触关系，尤其是角度不整合接触关系。

（2）划分构造层。根据角度不整合划分构造层。构造层（structural stage）是20世纪40年代苏联地质学家提出来的，反映以角度不整合为界的不同地层序列（unconformity-bounded stratigraphic sequences）及相关地质特征，是指一定的构造单元在一定的构造发展阶段中形成的一套沉积组合（建造）及其构造组合，并常包含一定的岩浆岩组合、变质岩系列及变质特征。

一个构造层因在沉积相、构造特征、岩浆活动等方面具有独有的特征而区别于其他构造层。在时间上，构造层代表地壳发展历史的一定构造阶段。在空间上，构造层代表构造运动所影响的范围。通过构造层的建造特点和构造形迹可以认识和恢复一个地区的大地构造性质和演化历史。

(3)分析褶皱。分析图幅内所有褶皱的几何形态、分类、组合类型以及形成时代,并将褶皱进行命名和编号。

(4)分析断层。分析和计算图幅内所有断层的产状、运动学性质、断距以及形成时代,并将断层进行命名和编号。根据断层产状、性质进行组合归类,尤其要对控制全区构造特征的断层组合进行详细分析。

(5)分析岩浆岩体。分析不同产状、不同类型岩浆岩体的分布及其与褶皱和断层的关系,并厘定其形成时代。

(6)分析构造演化史。根据图幅内地层之间、岩体之间、褶皱之间、断层之间的接触关系以及它们之间的相互关系,排列沉积地层、不整合、褶皱、断层、岩浆活动等地质事件发生的顺序,建立构造变形序列,分析构造演化史。

(二)编制构造纲要图

构造纲要图(structural outline map)是用不同的线条、符号(附录Ⅱ)、色调来表示一个地区主要构造特征的图件。构造纲要图是根据地质图编制的,主要表示填图区各类构造如褶皱、断层、岩体等的特征(图 1-71),在图上无需绘出所有地质界线,只要表示出反映构造运动的角度不整合面、平行不整合面以及以此为依据所划分的构造层等。图上也可标注褶皱枢纽、面理、线理等反映中小构造信息的资料。

绘制构造纲要图的目的是突出一个地区的主要构造特点,使之能够鲜明、概括地反映出构造复杂地区的主要构造特征及其构造发展史。

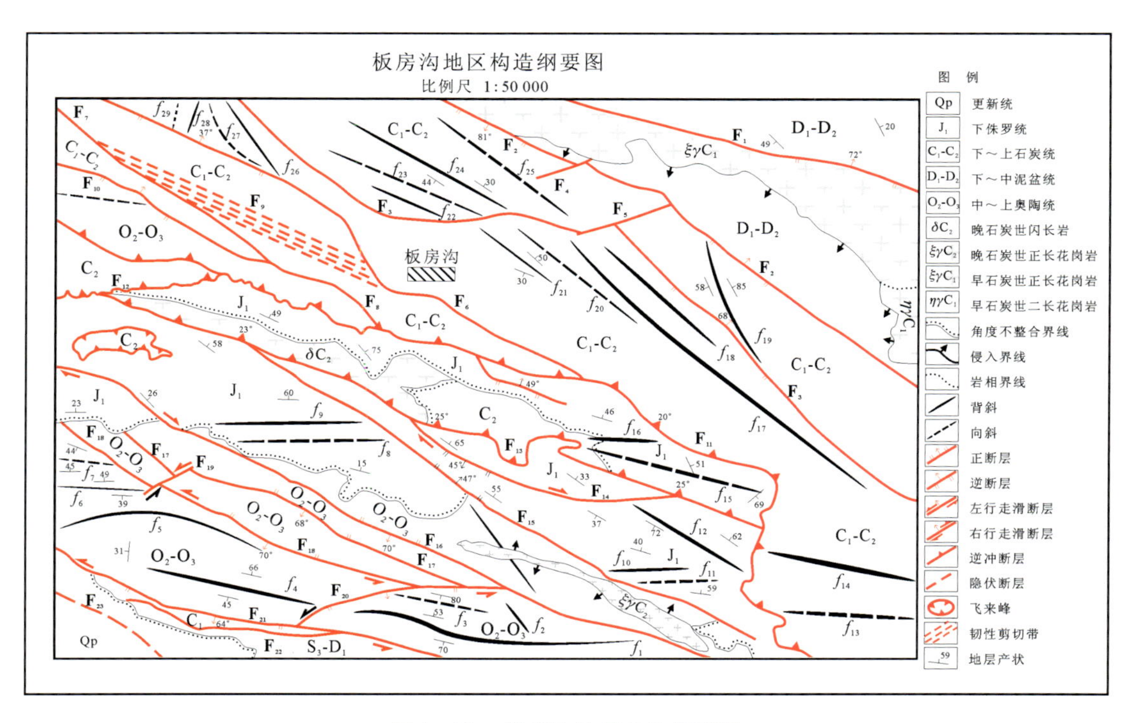

图 1-71　板房沟地区构造纲要图

编制构造纲要图的步骤如下：

(1)划分构造层。将透明纸蒙在地质图上，绘制图框，然后绘制不同构造层的分层界线。要把角度不整合和平行不整合界线绘制在透明纸上，区分出不同构造层。构造层以地层时代代号(或时代区间代号)来表示。

(2)绘制断层。将所有断层用规定的符号标示在透明纸上，注明名称和编号。一般情况下，用红色线条表示断层。如果区域范围很大，断层发育，不同时代的断层可用不同颜色的符号来表示。断层编号一般用F_1、F_2……表示。

(3)绘制褶皱轴迹。将所有褶皱轴迹用规定的符号标示在透明纸上(附录Ⅱ)，注明枢纽产状、褶皱名称和编号。一般用f_1、f_2……表示褶皱编号。对于倒转褶皱，要求在轴迹上标明倒转产状。

(4)绘制岩体。绘制岩体界线和内部岩相带界线，注明岩浆岩代号和时代，标注原生面理、线理及其产状。

(5)整饰图面。补充图名、比例尺、地形地物标志、代表性地层产状、节理、面理和线理的产状、颜色、花纹、图例以及责任表等。

(三)编制图切地质剖面

编制1～2幅反映全区构造特点的图切地质剖面图。

(四)编写地质报告

在编写地质构造报告的过程中，地质图、剖面图、构造纲要图与文字报告内容必须相互吻合、互相印证、相互补充。地质构造报告主要包括以下章节：

(1)第一章引言。简述读图的目的和要求，图幅名称、比例尺、图区地形地貌特征以及工作完成情况。

(2)第二章地质构造。简述图区内地层分布及其接触关系，重点描述构造变形。要概括图区内构造的总体特征，也要对具有代表性的构造进行详细描述，列表介绍图幅内所有褶皱和断层的主要特征。岩体是构造活动的一种表现，也可以在该章加入岩体描述的内容，包括岩体的名称(如×××花岗岩体)、产出构造部位、平面形态和规模、与围岩的接触关系、围岩的时代、岩浆活动的时代等。

(3)第三章构造演化史。按照地质事件发生顺序，建立构造变形序列，划分构造运动阶段并简述各构造阶段的地质作用，如沉积作用、岩浆作用、变质作用、构造变形特征。在此基础上，分析构造动力学成因并建立大地构造演化模式。

在以上章节中，可以绘制一些辅助插图，如剖面图、联合剖面图和立体图，以便更形象地说明其构造特点。

五、作业

在金山镇地质图(附图Ⅰ-15)、莲塘地区地质图(附图Ⅰ-16)或秋古峰地区地质图(附图Ⅰ-17)中任选一幅图为底图，制作构造纲要图和构造剖面图，简要编写地质报告。

第二篇

实验室实习

实习一　构造定向标本处理与岩石薄片制作

一、目的要求

1. 了解构造定向标本的采集方法与处理程序。
2. 了解制作岩石薄片的工艺流程。
3. 掌握构造定向薄片的切制方法。
4. 练习磨制标准岩石薄片。

二、预习内容

1.《构造地质学》教材中应变分析的章节内容。
2. 薄片鉴定相关内容。
3. 本次实习说明。

三、实验室及实习用具

1. 岩石样品处理实验室。
2. 岩石切割机、抛光机等岩石处理设备。
3. 不同粒级抛光粉、标准岩石薄片、环氧树脂等薄片磨制用品。
4. 台式放大镜、显微镜等观测设备。
5. 常见的构造标本(如糜棱岩等)或典型的岩石样品(如花岗岩等)。

四、说明

(一)定向标本的采集

为了研究构造岩的变形特征及分析变形机制,通常需要在野外条件下系统采集构造定向标本(oriented sample)。构造定向标本的采集不同于普通岩石标本,而是需要在标本上做好定向标记。一般做法是,在样品的天然产出状态下,选择岩石表面任一平整面(如原生面理或次生面理),测量该面产状,在该面上以"┬"标识产状特征(长横线:走向;短竖线:倾向),而后再采集标本。

在室内,我们可以根据所采集定向面的产状,在沙盘中恢复岩石天然产出特征。在此基础上,可以系统测量定向标本的应变主平面(如 XY 面、XZ 面等)及应变主轴(如 X 轴、Y 轴

和 Z 轴)产状,利用赤平投影方法进行统计分析,能够获得构造岩的应变主平面、应变主轴方位及所对应的主应力轴方位(杨坤光等,2003)。

(二)定向标本的处理

根据应变分析知识可知,对于面理(S 型)或线理(L 型)发育的构造岩,其次生面理(如劈理或糜棱面理)平行于有限应变椭球的最大压扁面(XY 面),矿物拉伸线理方向则一般平行于 X 轴(图 2-1)。在实践过程中,首先使用放大镜观察构造岩手标本,通过宏观上面理和线理的发育程度来确定构造岩的面理面(XY 面)和线理方位(X 轴)。例如,在面理面(XY 面)中,矿物线理平行 X 轴,面理面(XY 面)的法线方向为 Z 轴。在确定上述主应变面方位后,即可切制平行应变主平面的岩石薄片,可以分别切制 XY 面、XZ 面和 YZ 面。在此基础上,利用长短轴法、中心对中心法、Fry 法等有限应变测量方法,可以在岩石薄片中分别求出 X/Y、X/Z 及 Y/Z(图 2-1)。根据上述结果,使用 Flinn 图解方法,即可以确定构造岩所对应的主要应变类型(杨坤光等,2003)。

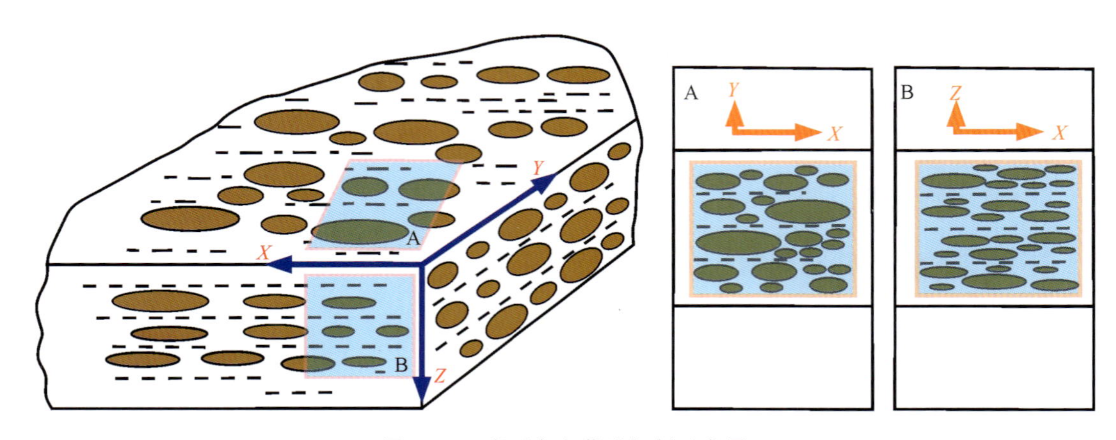

图 2-1 岩石定向薄片切制示意图

对于需要进行组构学研究(如 BESD 分析)的岩石标本,其制样方法与上述程序相同,即根据岩石中的矿物线理与面理严格定向,一般是通过切制沿垂直面理和平行线理的 XZ 面来制作光学薄片。对于磨制好的定向薄片样品,需要在光学显微镜下检查薄片定向的准确度,判断宏观定向与薄片中矿物的拉长方向是否一致,如不一致则需要调整初始定向。

在不能明确观察三个主轴的情况下,我们可以在岩石标本三个互相垂直面上进行测量,然后根据二维测量结果计算三维应变。在这种情况下,需要借助不同切面的测量结果进行相互验证。

(三)岩石薄片的制作流程

岩石薄片制作是一个循序渐进的工作,需要制作者耐心细致。根据不同需求(岩石光片、探针片、红外测水片、EBSD 等),岩石薄片制作要求有所差别,总体上遵循以下步骤:切片→粗磨→细磨→粗抛→粘片→磨(切)片→粗抛→精抛。

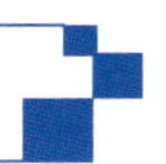

(1)切片。在野外采集的岩石样品形态通常为不规则状。首先,需要使用岩石切割机将感兴趣的岩石样品切割为呈长方体(不超过60mm×60mm)的小岩块,而后使用小型切割机将岩块切割成两面平整的长方体岩片,大小尺寸一般不要超过载玻片。

在岩片处理过程中,要注意保持所观察岩片面朝上(一般用"+"标识),用"→"标记 X、Y、Z 方向,将其反面粘合在标准薄片上,防止岩片贴反而获得相反的运动学信息,然后再磨制定向薄片样品。

(2)粗磨。使用湿润的砂纸或者调制不同粒级的砂浆研磨岩片,去除岩片的表面划痕和机械损伤层。主要遵循由粗到细的原则,如180目砂纸→240目砂纸→320目→400目→600目砂纸。粗磨后的岩片表面应当光滑、无明显划痕,略具反光效果。

(3)细磨。使用氧化铝粉在玻璃板上进行研磨。需要注意:①不同粒度的抛光粉对应固定的玻璃板,不能混用;如果出现不同抛光粉混合的问题,应该停止磨片,清洗玻璃板。②抛光粉用量不宜太多,适量即可。③使用完毕后,要及时清洗玻璃盘。细磨后的岩片表面更加光滑,反光效果更加明显。

(4)粗抛。将抛光绒布固定在抛光机上,用水湿润抛光绒布,在绒布中心均匀涂抹少许抛光液(1.0μm氧化铝粉与水的混合液)。调整抛光机运转参数(如转速等),待抛光机运转后,手持岩片在抛光机上进行抛光。一般情况下,粗抛5min后,岩片中矿物颗粒可以达到清晰明亮的反光效果。需要注意:①混合液用量不要太多,过多抛光液会产生适得其反的效果;②抛光力度不能过大;③不能在同一块抛光绒布上使用不同粒级的抛光液;④尽量节约抛光液,爱惜抛光布。

(5)粘片。粘片之前,需要用超声波清洗岩片,而后将岩片和玻璃片放在热台上短时间加热。在玻璃片和岩片表面上均匀涂抹少量粘合剂(如环氧树脂等),轻按使岩片粘合在玻璃片上并慢慢移动岩片,使得粘合剂逐步扩散均匀并排除气泡。粘合后,采用固定台将岩片固定12h。对于光片和探针片,一般使用环氧树脂粘合剂;对于红外测水薄片,需要使用热熔胶,便于后期将岩石薄片与玻璃片分离。

(6)磨(切)片。使用高精度岩石切割机(如标乐 Petrothin)切割粘好的岩片,根据研究目来控制薄片厚度。切割后岩片厚度不宜过薄,一般控制在1mm左右。使用砂轮初步打磨切割厚岩片,然后进行粗磨和细磨,其过程与上面第(2)步和第(3)步相同。

(7)粗抛。粗抛过程与第(4)步相同。所不同的是,在该阶段中,要采用不同粒级抛光液抛光来控制岩片厚度,使岩片厚度接近标准薄片厚度。一般情况下,标准岩石薄片厚度为30μm左右。需要注意:①粒度粗的抛光液(如14~32μm)可使薄片很快减薄,因此,需要使用测厚仪或螺旋测微器不断测量岩片厚度;②抛光力度不能过大,防止薄片厚度过薄;③粒度较细的抛光液(如1~3μm)用于提高岩石薄片表面光滑程度,要通过显微镜不断检查抛光面的光滑程度。对于一般的岩石薄片或者光片,粗抛结束后,岩石薄片的制作步骤完成。

(8)精抛。对于颗粒边界要求非常高的样品,如研究细小出溶体或背散射电子衍射分析(EBSD)样品,需要增加一个精抛步骤,即使用0.05μm氧化铝悬浮液进行精细抛光,抛光时间控制在1~2h。需要注意:①抛光悬浮液价格非常昂贵,需要特别节约使用;②对于精细抛光后的抛光绒布,使用后不要丢弃,可以重复使用。

五、作业

1. 根据实验室提供的构造岩样品或个人选择感兴趣的构造岩样品（如房山岩体糜棱岩），确定应变主轴（如 X 轴、Y 轴和 Z 轴）和应变主平面（如 XY 面、XZ 面、YZ 面等）方位，测量其产状。

2. 在老师指导下，使用岩石切割机来切制平行三个应变主平面（如 XZ 面）的岩片。

3. 选择 1～2 个切制好的岩片，磨制标准岩石薄片。

4. 使用显微镜观察岩石薄片，拍摄显微照片，并进行观察描述。

实习二　构造砂箱物理模拟实验

一、目的要求

1. 了解构造物理模拟实验的主要方法及其应用。
2. 了解砂箱物理模拟实验设备的功能和常用实验材料。
3. 观测造山楔收缩构造变形砂箱物理模拟的实验过程。
4. 了解砂箱物理模拟实验结果的观测和分析方法。

二、预习内容

1. 构造物理模拟相关文献资料的检索和阅读。
2.《构造地质学》教材中逆冲推覆构造章节内容。
3. 本次实习说明。

三、实验室及实习用具

1. 构造模拟实验室。
2. 砂箱物理模拟实验平台。
3. 照相机等观测设备。
4. 直尺、量角器及观测记录用具。

四、说明

(一)基本原理介绍

构造模拟是定量研究构造变形过程的重要方法和手段，可分为物理模拟（analogue modeling）和数值模拟（numerical modeling）。物理模拟实验始于苏格兰地质学家 James Hall（1812）对褶皱构造的模拟，至今已有二百多年的历史。模拟实验主要在室内开展，将现实中的实际地质模型等比例缩小至实验室模型，尺寸通常为数十厘米及数米。实验方法主要有影像云纹法、网格法、光弹性法等。目前，最常用的方法为砂箱物理模拟实验。该方法采用石英砂、黏土和硅胶等材料来模拟造山带、裂谷盆地、盐底辟等构造变形过程。物理模拟实验须遵循相似性原理，即几何学相似性、运动学相似性和动力学相似性。

(二)实验设备

物理模拟实验设备通常包括砂箱、动力加载装置、实验观测装置等几个部分。本实验使用中国地质大学(武汉)构造模拟实验室设备“构造物理模拟综合实验平台”开展(图2-2)。该实验平台可进行伸展、挤压、走滑、底辟和反转构造的物理模拟,对盆地、造山带和盐构造的演化过程和动力学机制进行实验对比研究。实验装置可根据需要调整实验模型尺寸和边界条件。边界运动最低速率为0.000 1mm/s,可通过计算软件参数控制,实现实验材料的均匀自动添加和布设。在实验过程中可进行同步材料添加,用于模拟同沉积构造过程。

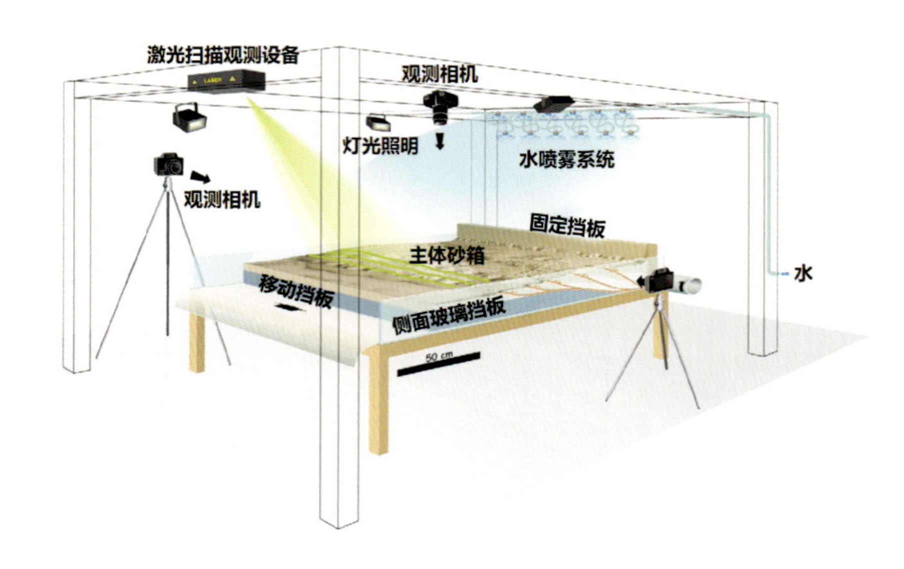

图2-2 常见砂箱物理模拟实验装置示意图

(三)实验材料

目前,用于砂箱物理模拟实验的材料较为丰富,有石英砂、黏土、玻璃珠、石蜡、矿物粉末、糖浆、凡士林、油灰混合物、高分子材料等。其中,不同粒度的彩色石英砂、湿黏土、硅胶和微玻璃珠等材料最为常用(图2-3)。

干燥的彩色石英砂力学性质遵循摩尔-库仑屈服准则,内摩擦角$\theta \approx 30° \sim 35°$,其变形行为与上地壳岩石脆性变形一致,是模拟上地壳脆性变形及断层发育过程的理想材料。黏土和硅胶常用于模拟中下地壳的塑性变形和膏盐等软弱岩层的塑性流动。

(四)观测方法

实验结果的传统观测方法主要为照相和手工几何测量。近十年来,新的观测技术和手段也被用于实验结果的观测,可对整个实验过程进行动态定量观测。通过立体照相测量和

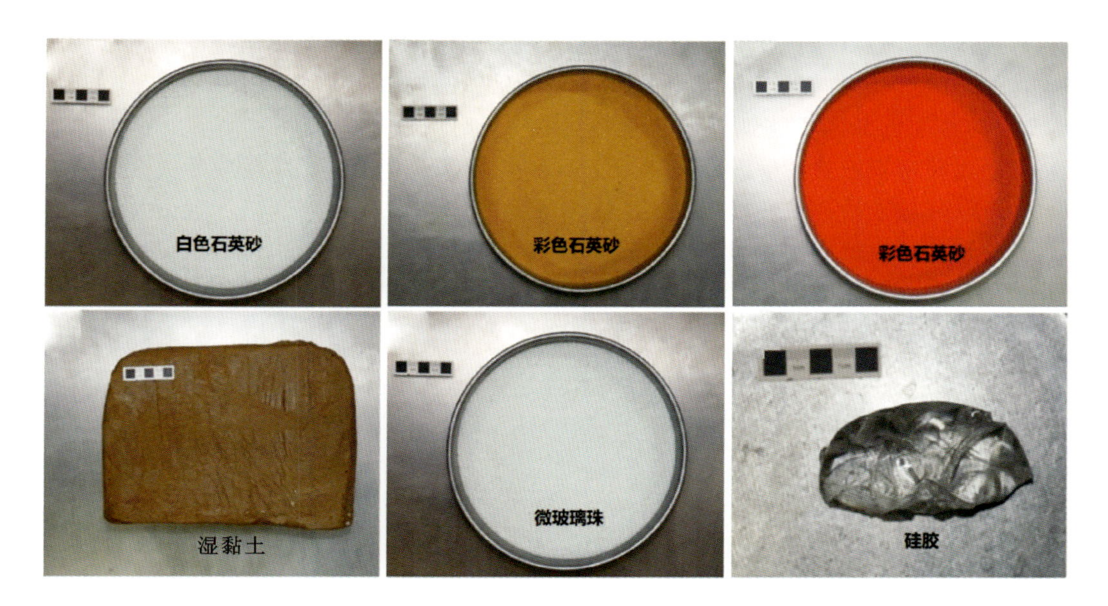

图 2-3　常用物理模拟实验材料

CT 扫描可获得实验结果的三维结构。通过粒子成像测速(particle image velocimetry,简称 PIV)分析,可实时获得构造变形场数据。应力与应变传感器和激光测距系统也被用于实验模型的观测。

(五)实验过程

1. 设计实验模型

设计一组受单侧挤压作用的造山楔收缩构造变形实验模型,模型尺寸为 50cm×30cm;前侧挡板为活动挡板,通过施力电机施加水平方向的挤压位移荷载,后侧挡板为固定挡板;两侧为玻璃挡板,用于观测侧面构造变形过程。

2. 铺设实验材料

使用彩色石英砂模拟上地壳沉积地层的脆性变形,不同颜色的石英砂以 2～5mm 厚度交替铺设。可在模型基底和模型中部铺设厚 2～5mm 的硅胶,模拟软弱的泥岩或膏盐岩层的滑脱变形。

3. 实验加载

在实验平台软件控制系统中,设置活动挡板的位移速率和位移量等参数,通过电机驱动活动挡板运动,模拟地层遭受的单侧挤压收缩变形。

(六)实验结果观测和分析

(1)在实验过程中进行固定机位的连续照相观测。在模型侧面架设固定相机 1 部,对模型侧面进行连续照相观测。在模型顶部架设 1～2 部相机,对模型顶面进行照相观测。

(2)通过模型两侧透明玻璃挡板观测垂向剖面上的构造变形和演化特征。重点观测基底的滑脱变形特征及扩展的距离,逆冲断层的初始化、发育先后次序及其扩展规律,断层的倾角及位移量变化,地层的弯曲褶皱变形,构造隆升部位等。

(3)通过模型顶面观测平面构造变形特征和演化规律。重点观测逆冲断层在地表的发育和展布规律,与逆冲褶皱变形相关的地表隆升特征。

(4)使用粒子成像测速对砂箱物理模拟垂直剖面和模型表面的位移场进行分析,获得构造变形典型阶段的位移速率分布结果(图 2-4)。

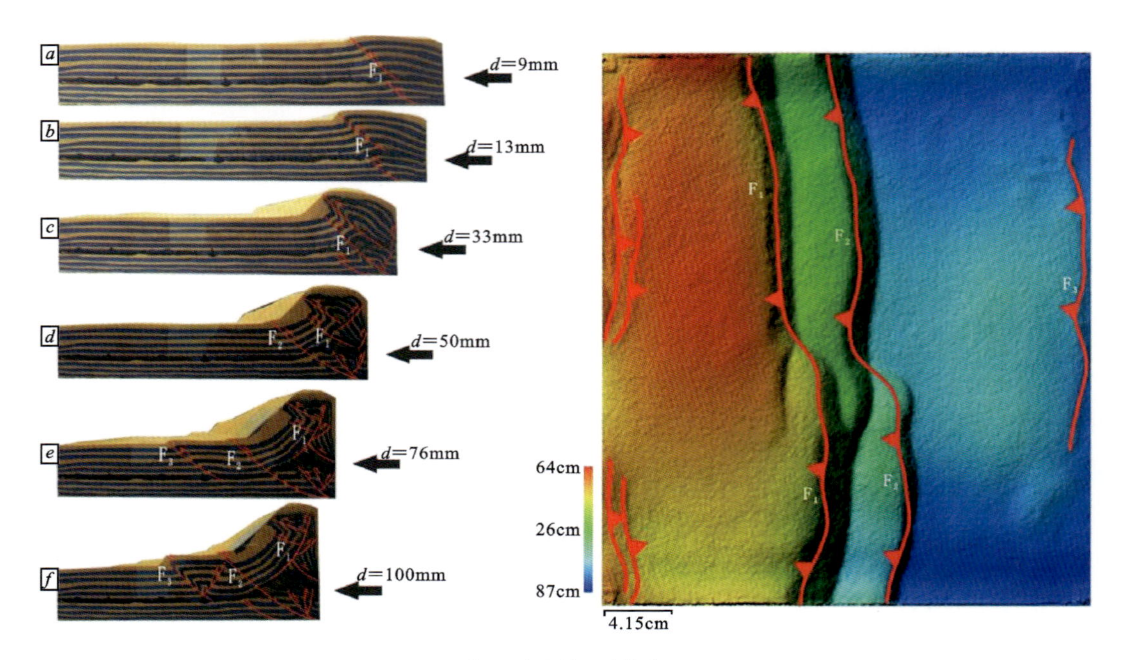

注:d 为边界运动位移。

图 2-4 逆冲推覆构造砂箱物理模拟试验典型阶段变形特征

五、作业

1. 根据教师要求,以小组为单位,开展相关物理模拟实验。

2. 编写实验报告,内容包括实验模型介绍、实验过程概况、典型阶段的构造发育特征描述及观测数据(如地层倾角、断层位移量和地表隆升量等)(1000~2000 字)。

3. 在报告中附相应的实验结果照片、图件和观测数据表格。

实习三　岩石有限应变测量

一、目的要求

1. 初步掌握岩石有限应变测量的原理、步骤和方法。
2. 学会使用 Straindesk 软件测量岩石有限应变。

二、预习内容

1.《构造地质学》教材中的变形与应变章节。
2. 本次实习说明。

三、实验室及实习用具

1. 可用于拍摄变形岩石的正交偏光照片(*XZ* 面、*XY* 面或 *YZ* 面)或变形的古生物化石(三叶虫、腕足)照片的显微镜室。

2. 安装有有限应变测量分析软件(Straindesk)的电脑。

四、说明

(一)岩石有限应变测量方法

有限应变测量(finite strain measure)是理解地壳从微观到宏观整个变形过程和变形结果的有用方法。现有有限应变测量方法都是基于变形标志体的形态特征进行应用的,下文将介绍五种截面的有限应变测量方法。利用相同位置的两个或多个截面的定向薄片应变数据可以计算三维应变。

在二维应变分析中,一般寻找在未变形状态下具有近似球状、椭球状或线性的物体作为应变标志体,并利用其截面开展岩石有限应变测量。常用的应变标志体包括板岩中发育的球形还原斑、具有圆形或椭圆形截面的物体(如砾岩、角砾岩、珊瑚、鲕粒、眼球状片麻岩、囊泡、杏仁体、枕状熔岩以及柱状玄武岩)、同一截面中发育不同方位的线性标志物(如石香肠、岩脉、拉长的箭石或角石)等。

如果知道线与线之间的原始角度,则可以进行剪应变分析。例如在未变形状态下,两条线的夹角为 90°,则可以根据变形后角度的变化确定剪切角 ψ。如果两条原始正交的线在变形后仍保持正交,则两条正交线代表应变椭球的两个主轴方向。因此,通过观察不同方向的线对,可以求解应变椭圆的长短轴之比 R。

1. 威尔曼法(Wellman's method)

威尔曼法是一种几何作图法,它的研究对象是在未变形状态下具有正交线对的化石,可以用来计算应变椭圆的长短轴之比 R。研究者使用腕足动物的绞合线和对称轴作为正交线对,其原始夹角为 90°。首先绘制参考线(可以是任意方向的直线),并找到化石中可以识别的在未应变状态下的正交线对,参考线必须具有两个定义的端点,在图 2-5(B)中分别命名为 A 和 B。然后为每个化石绘制一条平行于绞合线和对称轴的线,延长并使它们的一端与参考线的两个端点分别相交,平行于绞合线和对称轴的线的另外一端会交于其他两个点,将它们标示序号。按此方法标记其他化石相交点。如果岩石没有应变,则线条将构成矩形;如果岩石有应变,线条将构成平行四边形。要找到应变椭圆,只需将椭圆拟合到平行四边形的四个角即可[图 2-5(B)]。如果没有椭圆可以拟合到平行四边形的四个角,则指示应变是非均匀的,或者线对的初始正交性假设是错误的。这种方法使用的前提条件是:需要在同一个平面内找到足够多的具有初始正交线特征的化石或其他对象,一般需要 6~10 个。

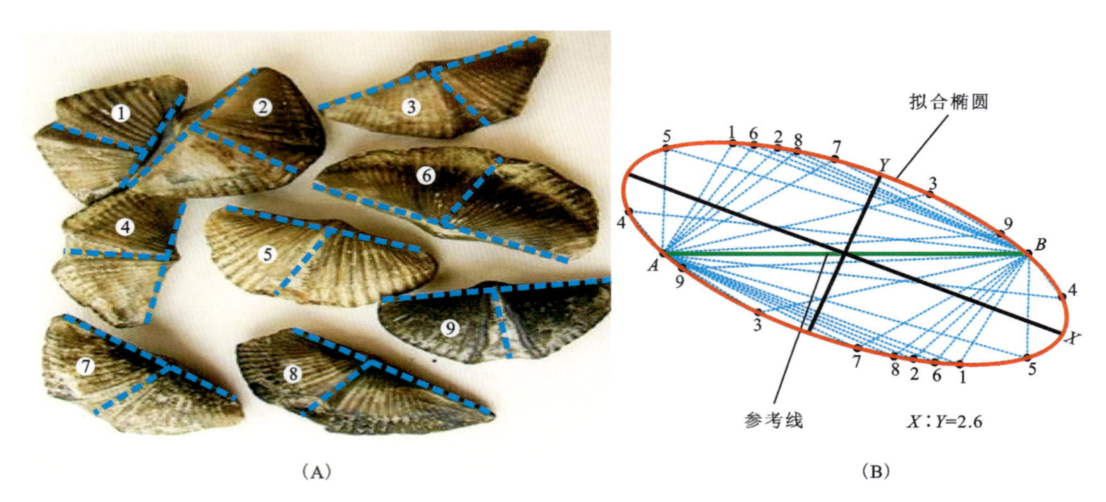

(A)标记腕足化石正交线;(B)构建平行四边形并拟合椭圆。

图 2-5 利用威尔曼法对腕足化石进行有限应变测量

2. 布雷丁图解(Breddin graph)

如果已知剪切角和/或剪切线对相对于主应变轴的方位,则可以使用布雷丁法求解应变椭圆的长短轴之比 R。剪切角取决于主应变轴的方向,即变形的正交线越接近主应变,剪切角就越小。布雷丁图解是基于图 2-6(A)中所示的曲线图,其中剪切角随方向和应变幅度 R 的变化而变化。布雷丁图解的使用方法:测量剪切角和剪切线对相对于主应变轴的方位[图 2-6(B)],将数据绘制在布雷丁曲线图中,并在图中查找 R 值[图 2-6(A)]。即使只有一组或两组测量值,也可以应用该方法。

许多情况下,主应变轴的方位是未知的[图 2-6(C)]。在这种情况下,数据是相对于任意参考线绘制的,可将数据在布雷丁图上水平移动,直至所有数据拟合到图中的一条曲线之

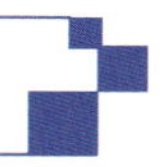

上，再在与水平轴的交点处找到应变轴的方向[图 2－6(A)]。在这种情况下，需要收集大量数据才能获得较好的结果。

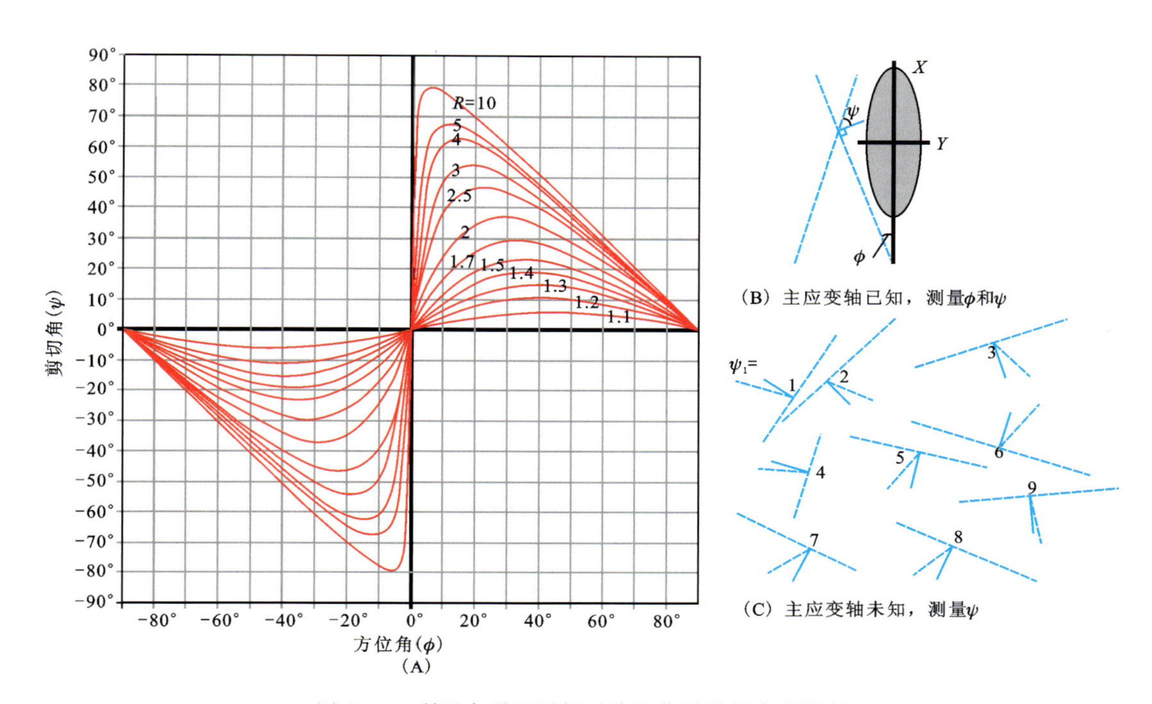

图 2－6　利用布雷丁图解对腕足化石进行应变测量

3. 椭圆状应变标志和 R_f/ϕ 方法(R_f/ϕ method)

使用 R_f/ϕ 方法的前提条件是假定应变标志在变形和未变形状态下均具有近似椭圆的形状，且变形必须显示出明显的定向[图 2－7(A)]。

假设应变标志在未变形(初始)状态下的椭圆率(X/Y)称为 R_i[图 2－7(A)]。在经历应变 R_s之后，应变标志呈现出新的形状。应变标志变形后的形状与初始形状不相同，且其变形后的形状取决于椭圆标志的初始方位。每个变形标志的新(最终)椭圆率称为 R_f，其方位角为 ϕ'(椭圆的长轴与参考线之间的夹角)。以椭圆率 R_f为横坐标，方位角 ϕ'为纵坐标进行散点投图[图 2－7(B)]，方位角上的散射称为涨落，用 F 表示。为了计算 R_s，可分为 $R_s>R_i$ 和 $R_s<R_i$ 的两种情况进行处理。

(1)$R_s<R_i$。如果 $R_s<R_i$，R_f的最大值和最小值分别为：

$$R_{f\max} = R_sR_i \tag{2-1}$$

$$R_{f\mathrm{mim}} = \frac{R_i}{R_s} \tag{2-2}$$

利用式(2－1)和(2－2)求解 R_s和 R_i，则与变形有关的应变和初始椭圆率分别为：

$$R_s = \sqrt[2]{R_{f\max}/R_{f\min}} \tag{2-3}$$

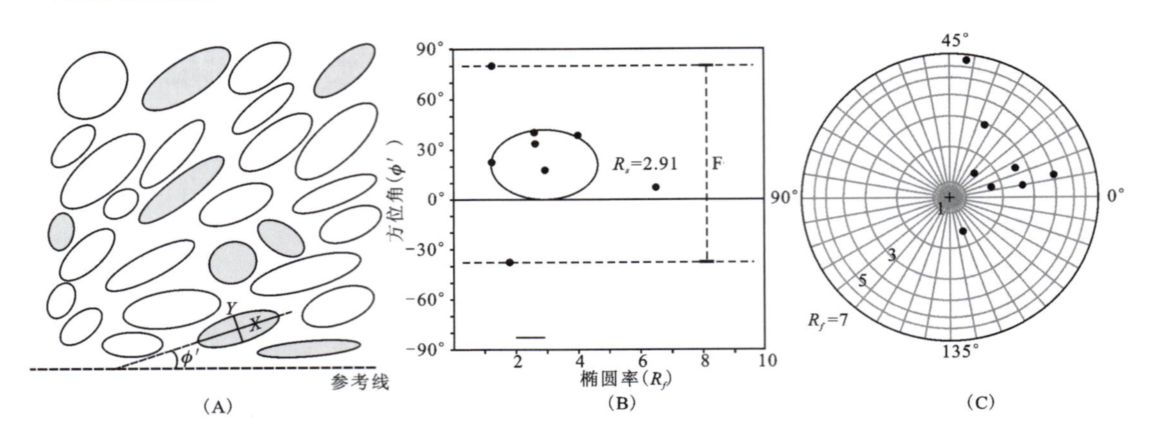

注：X. 椭圆长轴；Y. 椭圆短轴；φ'. 单个应变标志的方位角。

图 2－7　有限应变测量的应变标志(A)、R_f/ϕ'散点图(B)与艾略特极图解($R_f/2\phi'$)(C)

$$R_i = \sqrt[2]{R_{f\max}/R_{f\min}} \tag{2-4}$$

(2)$R_s > R_i$。如果 $R_s > R_i$，R_f的最大值和最小值分别为：

$$R_{f\max} = R_s R_i \tag{2-5}$$

$$R_{f\min} = \frac{R_s}{R_i} \tag{2-6}$$

利用式(2－5)和式(2－6)求解 R_s和 R_i，则：

$$R_s = \sqrt[2]{R_{f\max}/R_{f\min}} \tag{2-7}$$

$$R_i = \sqrt[2]{R_{f\max}/R_{f\min}} \tag{2-8}$$

在这两种情况下，应变椭圆的长轴(X)的方位都是由 R_f最大值的位置确定。也可以通过将数据拟合为针对 R_i和 R_s的各种值的预先计算的曲线来寻找应变值 R_s。实际上，这种操作一般是通过计算机程序完成的。

我们也可以使用艾略特极图来绘制 R_f/ϕ 数据[图 2－7(C)]，即沿该图径向绘制 R_f(从中心的 $R_f=1$ 到沿原始圆的指定值)和 2ϕ 的对应点。艾略特极图极大地减少了由规则的 R_f/ϕ 图产生的失真，这在低应变下尤为明显。

上述计算都是假设所有未变形的椭圆标志都具有相同的椭圆率的理想状态。如果不是这种情况，即某些标志比其他标记更接近椭圆，这样数据将不会拟合出一条漂亮的曲线，而是在 R_f/ϕ 图中形成点云。此时仍然可以找到 R_f的最大值和最小值，并且使用上述公式计算应变。方程中的唯一变化是 R_i代表未变形状态下应变标志的最大椭圆率。

还可能出现一种复杂情况，即初始应变标志可能具有有限的方位范围。在理想情况下，R_f/ϕ 方法要求椭圆形应变标志在变形之前可或多或少地随机取向。砾岩是该方法的常用对象，但砾石一般具有优选定向，这可能导致仅有一部分的曲线或云数据描绘在 R_f/ϕ 图上。在这种情况下，R_f的最大值和最小值都可能不具有代表性，并且上面的公式可能无法给出正确的 R_s和 R_i值，而必须使用输入 X 的基于计算机的迭代反变形方法代替。但许多砾岩中的砾石一般最初都具有一些异常取向，因此可以使用 R_f/ϕ 方法分析三维应变。

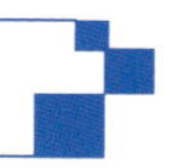

4. 中心对中心方法(center - to - center method)

中心对中心方法是基于以下假设：圆形应变标志在截面中的分布从统计学上来说几乎是均匀的。这意味着在变形之前，相邻应变标志的中心之间的距离相对恒定。应变标志可以是鹅卵石、鲕粒、枕状熔岩、分选良好的砂岩中的砂粒，或其他大小相似且易于确定中心的物体。

中心对中心方法一般用于测量从椭圆(应变标志)中心到其相邻椭圆(应变标志)中心的距离和方位[图 2 - 8(A)]。操作方法：对所有应变标志重复此操作，并绘制中心之间的距离 d' 与中心连接线和参考线之间的角度 α' 的散点图[图 2 - 8(B)]。如果截面未变形，则会出现一条直线。变形的截面会产生具有最大值(d'_{max})和最小值(d'_{min})的曲线[图 2 - 8(B)]。应变椭圆的椭圆率可以通过比率 $R_s = d'_{max}/d'_{min}$ 求解[图 2 - 8(B)]。

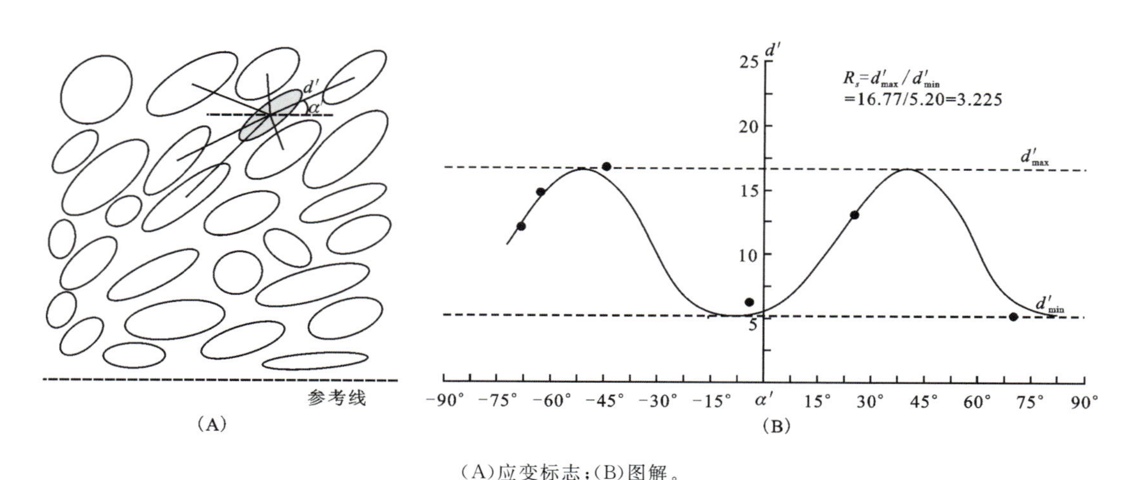

(A)应变标志；(B)图解。

图 2 - 8　有限应变分析应变标志的中心对中心方法图解

5. 弗莱法(Fry method)

弗莱法是基于中心到中心的方法，其研究对象是圆形标志体，一般使用电脑程序或手工方法操作。手工操作步骤：在显微照片上放置一张透明纸并在其顶部绘制一个坐标原点和一对参考轴；先找到一个应变标志体，将原点放在其中心，并将所有其他应变标志(不仅是相邻应变标志)的中心都标记在透明纸上[图 2 - 9(A)]；然后移动透明纸，以使原点位于第二个应变标志中心，并在透明纸上再次标记所有其他应变标志的中心[图 2 - 9(B)]；重复此过程，直到覆盖所有研究区域。对于具有大致均匀应变分布的研究对象，其结果将是应变椭圆的直观表现。应变椭圆是中间的空白区域，由其周围的点云定义[图 2 - 9(C)]，可以直接测量其长短轴并求解 R。

(二)利用 Straindesk 软件进行有限应变测量

Ramsay (1967)最早提出了基于椭圆标志体的应变分析方法 R_f/ϕ 方法。李志勇等(2006，2008)认为在均匀的递进变形过程中，惯量投影椭球的变形与有限应变椭球保持一

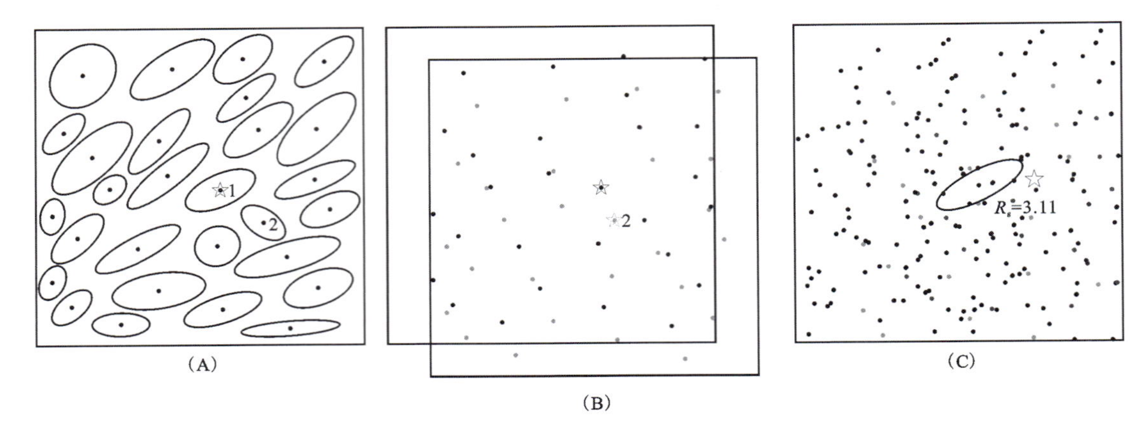

(A)确定原点并在透明纸上描绘所有应变椭圆的中心点;(B)移动原点至下一椭圆的中心点并再次描绘中心点;(C)依次移动原点并描绘所有椭圆的中心点,叠加后可见空心应变椭圆。

图 2-9 有限应变测量的弗莱法(Fry 法)图解(R_s,有限应变)

致。基于惯量矩的物理定义,惯量投影椭球本质上描述了任意形状的介质在空间中的相对分布特性。在均匀变形过程中,惯量投影椭圆的变形也遵循同样的均匀变形方程。因此,惯量投影椭圆可以用来描述任意形状构造标志体的变形,并可以替代具有任意形状的构造标志体进行变形分析。先前适用于椭圆形标志体变形分析的方法均可应用于具有任意形状的构造标志体。此外,在进行构造变形描述和分析时,构造标志体形状与其惯量投影椭圆是等效的。

1. Straindesk 软件简介

Straindesk 软件是基于惯量椭球理论设计的,通过该软件可得到每一矿物颗粒的等效椭圆。当假设变形前矿物颗粒等效椭圆的初始形状和方位随机分布时,利用椭圆的矩阵参数形式进行统计分析,可获得岩石的有限应变。该方法可以克服目前有限应变测量中的局限性,尤其是在岩石薄片中矿物颗粒数目比较少或者分布不均匀的情况下,该方法更为有效和适用。

Straindesk 软件具有以下功能:①通过定向薄片的显微照片提取变形矿物颗粒边界;②由任意形状矿物颗粒边界得到单个颗粒的应变椭圆以及有限应变值;③统计分析矿物颗粒,得到岩石的三维有限应变;④对矿物颗粒进行数学描述,计算矿物颗粒粒径、面积、边界形状、孔隙度等参数;⑤利用鼠标操作功能全面的软件界面;⑥支持常用图像格式的导入、输出和打印。

2. Straindesk 软件使用方法

(1)打开图像文件。

点击软件菜单 Graph→Load Image,装载岩石显微照片。支持的图像格式有*.JPG、*.BMP、*.PCX、*.TIF、*.TGA。

(2)拾取颗粒边界。

a. 增加颗粒边界:点击软件菜单 Edit→Add Grains,在图像窗口中点击鼠标左键,拾取颗

粒边界。利用鼠标依次按颗粒边界逆时针方向拾取，点击初始点，完成单一颗粒边界的拾取。

b. 删除颗粒边界：点击软件菜单 Edit→Select Grains，在图像窗口中点击鼠标左键，拾取已获取的多边形颗粒边界，当前拾取的颗粒边界多边形填充颜色会发生改变。点击菜单 Edit→Delete Grains，则删除当前拾取的颗粒边界。

(3)颗粒参数数据统计。

a. 颗粒应变参数计算：点击软件菜单 Strain Analysis→Strain Data List，弹出颗粒应变参数数据对话框。在该对话框中通过列表形式列出所有颗粒的应变参数，包括：长短轴比(R_s)、长轴方位角(azimuth)、颗粒几何中心坐标(cx/cy)、长轴尺寸(2a)、短轴尺寸(2b)、颗粒面积(area)、颗粒边界周长(grith)(图 2－10)。

Strain data

Data　Help

id	name	Rs (strain)	Azimuth	cx (cm)	cy (cm)	2a	2b	Area (cm2)	Grith(cm)
1	e1	1.483	-23.12	-8.02	6.04	3.43	2.32	6.10	9.64
2	e2	2.678	-14.21	-4.68	7.33	3.72	1.39	3.76	8.82
3	e3	1.699	-10.51	0.50	4.15	2.80	1.65	3.57	7.56
4	e4	1.922	-15.33	5.33	1.92	2.71	1.41	2.73	7.14
5	e5	2.528	-28.60	-3.08	3.75	4.41	1.74	5.26	11.76
6	e6	1.913	-21.42	-9.33	-5.66	5.31	2.78	11.25	14.91
7	e7	2.215	-28.43	4.66	-0.70	4.61	2.08	7.37	11.67
8	e8	2.300	-10.88	4.08	-3.12	5.08	2.21	7.74	13.20
9	e9	2.059	-8.02	-1.56	-2.66	2.99	1.45	3.02	7.59
10	e10	1.786	-25.46	-8.23	2.25	4.79	2.68	9.04	15.28
11	e11	2.187	0.93	-3.33	1.45	2.72	1.24	2.61	6.70
12	e12	3.817	-27.93	-0.77	1.44	4.35	1.14	3.64	9.98
13	e13	2.631	8.50	0.94	2.79	3.15	1.20	2.73	8.10
14	e14	2.575	-24.03	2.54	1.42	2.92	1.14	2.52	7.09
15	e15	[illegible]	[illegible]	[illegible]	[illegible]	[illegible]	[illegible]	[illegible]	[illegible]

图 2－10　颗粒分析得到的颗粒参数数据表

再点击该对话框菜单 Data→Save，可将该对话框数据保存至文本文件。

当前所获得的颗粒编号以及颗粒集合体有限应变值和主轴方位于软件左侧窗口中实时显示(图 2－11)。

b. 颗粒形状参数统计：点击软件菜单 Stat Granularity→Static Granularity，弹出颗粒统计结果的对话框。对话框中显示对颗粒集合体的统计结果，包括颗粒数、平均粒度、标准差、偏度、尖度(图 2－12)。

(4)分析结果图形绘制。该软件可以分别用于绘制颗粒边界结果、单颗粒等效椭圆、总应变椭圆结果图像。点击菜单 Strain Analysis→Grains，在图形窗口绘制颗粒集合体几何边界(图 2－13)。再点击菜单 Strain Analysis→Grain and Ellipse，在图形窗口同时绘制颗粒集合体几何边界和对应的等效椭圆几何体(图 2－14)。再点击菜单 Strain Analysis→Strain and Ellipse，在图形窗口绘制颗粒集合体对应的等效椭圆(图 2－15)。再点击菜单 Strain Analysis→Total Strain，在图形窗口绘制总应变椭圆，该椭圆代表总的应变椭圆形态、长短轴比和主轴方位(图 2－16)。

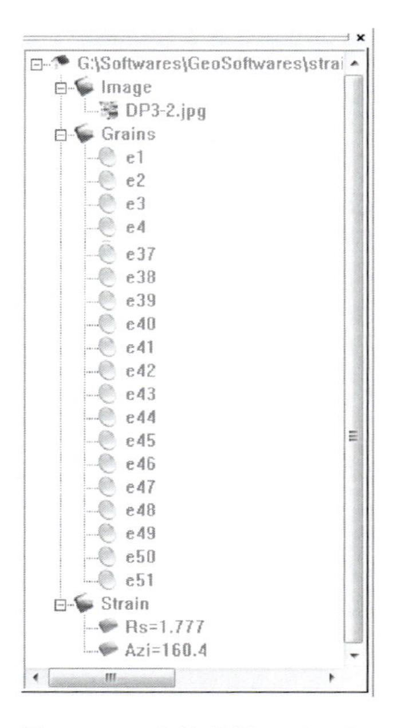

图 2-11　文档数据显示面板

图 2-12　颗粒统计结果

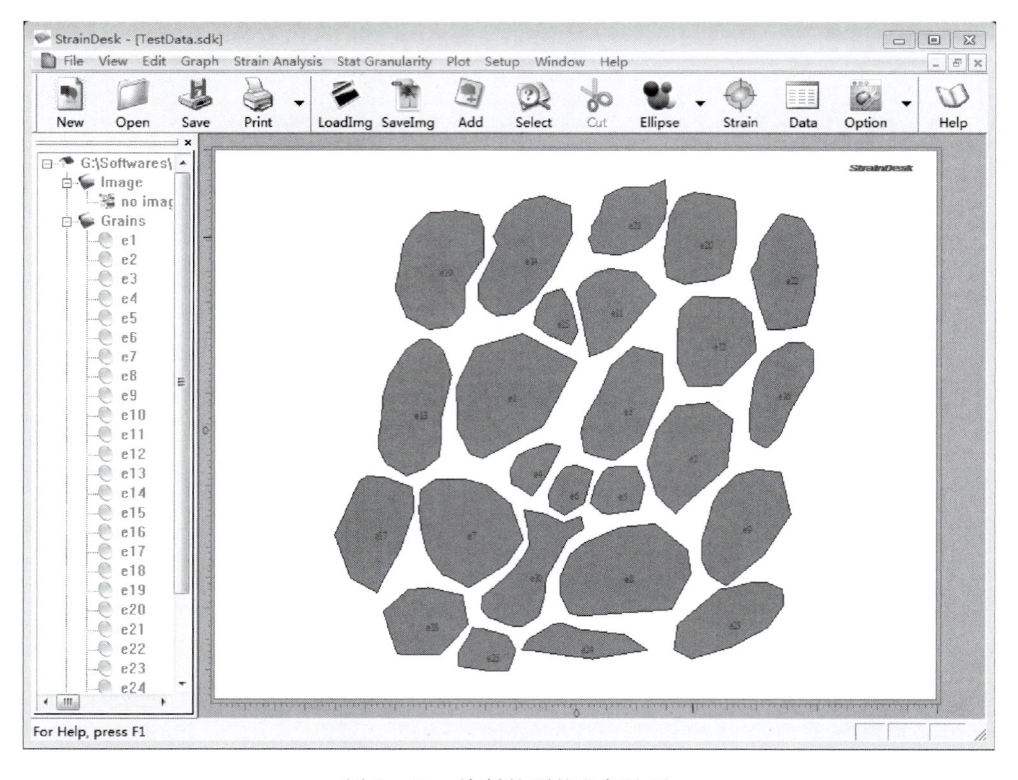

图 2-13　绘制的颗粒几何边界

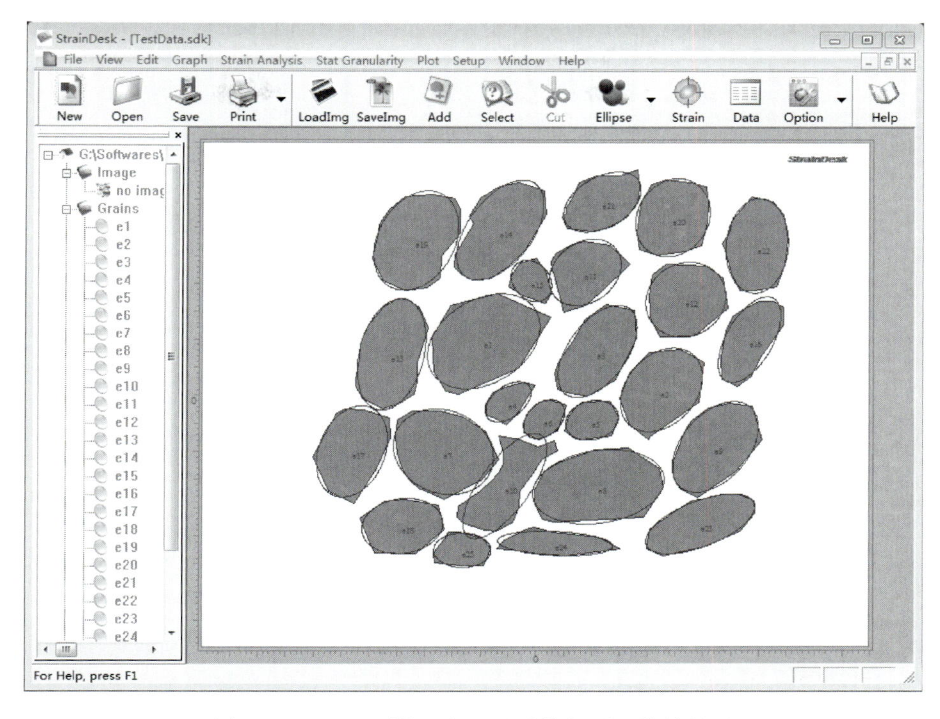

图 2-14　通过颗粒几何边界计算得到的等效椭圆

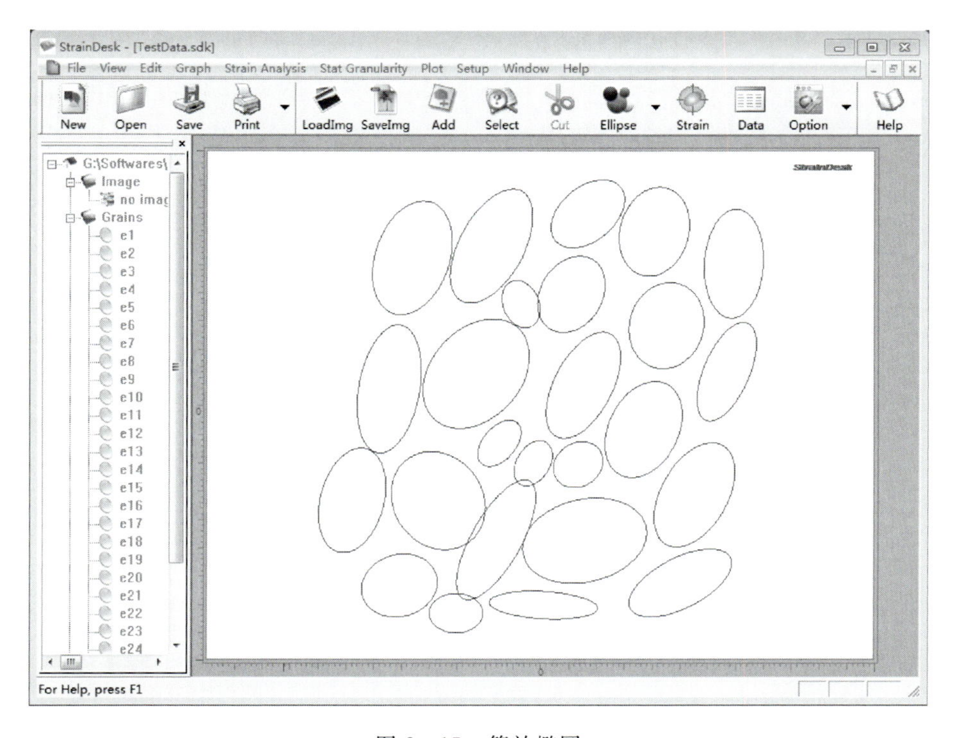

图 2-15　等效椭圆

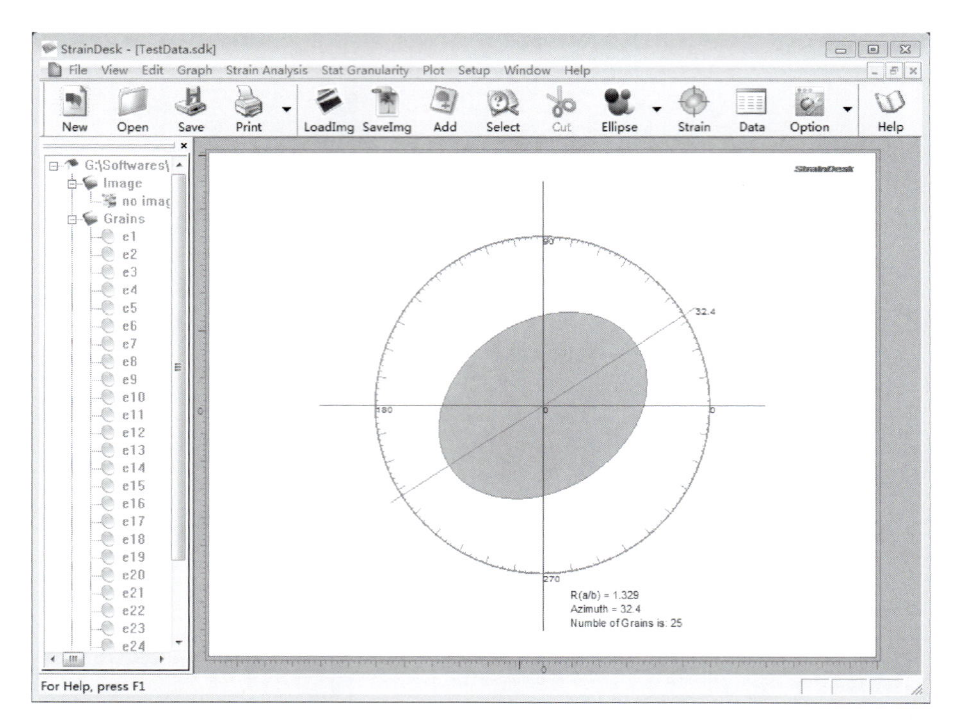

图 2-16 计算得到的总应变椭圆

五、作业

选取一张定向显微薄片的照片，使用 Straindesk 软件进行有限应变测量，尝试获取以下结果：①矿物集合体的等效应变椭圆；②矿物集合体的优选方位；③矿物集合体的形态参数数据；④有限应变长短轴比和主轴方位；⑤矿物集合体的几何形态统计结果：颗粒数、平均粒度、标准差、偏度、尖度。

实习四　EBSD组构测量

一、目的要求

1. 了解电子背散射衍射(EBSD)方法的基本原理、数据采集和分析流程。
2. 练习利用 EBSD 测量数据进行岩石组构分析。

二、预习内容

1. 电子背散射衍射(EBSD)方法及其在地质学中的应用。
2.《结晶学及矿物学》教材中的晶体内部结构及优选方位。

三、实验室及实习用具

1. 安装有 EBSD 的扫描电镜实验室。
2. 可用于 EBSD 测量的长英质糜棱岩、橄榄岩探针片。
3. EBSD 测量数据 Channel 5 分析软件包。

四、说明

(一)晶体结构、晶体衍射和结晶学优选方位

原子、分子和离子都是构成物质的基本粒子,是物质的内部质点。物质有固体、液体和气体三种形态,其中固体可分为晶体、非晶体和准晶体三大类。晶体(crystal)是内部质点在三维空间周期性重复排列构成的固体物质。质点在三维空间周期性的重复排列也称为格子构造,所以晶体是具有格子构造的固体[图 2-17(A)]。非晶体(non-crystal)是组成物质的内部质点在空间上呈不规则排列的固体物质,因此非晶体不具有格子构造。准晶体(quasicrystal)是一种介于晶体和非晶体之间的固体,准晶体具有与晶体相似的长程有序的原子排列,但是准晶体不具备晶体的平移对称性,因此准晶体也不具格子构造。

高能射线(光子、中子和电子)与具有格子构造的晶体相互作用,在某些特殊方向高速运动的入射粒子将满足布拉格衍射条件,产生晶体衍射[图 2-17(B)]。布拉格衍射方程的表达式为:

$$n\lambda = 2d_{hkl}\sin\theta \tag{2-9}$$

式中:n 为整数(衍射级);λ 为波长;d_{hkl} 为晶面网格间距;θ 为衍射角。

对于电子衍射，在三维空间中满足布拉格衍射方程的电子轨迹可形成两个圆锥体，并产生两个衍射电子锥形体。衍射电子一般要经过几十到几百千电子伏(keV，1000 电子伏特)的加速，其所产生的布拉格衍射角 θ 很小(通常只有 0.5°)，相应的衍射锥面开角近 180°，因此当它们被荧光屏或胶卷截获就会形成近似直线的两条平行条带，这些条带就是所谓的菊池条带(Kikuchi band)。菊池条带具有相同的平分线，其宽度取决于晶面间距。晶体内部有多个晶面，会产生一系列不同宽度、不同亮度和不同角度的菊池衍射条带，构成特征衍射花样[图 2-17(C)]。这些衍射花样本质上包含晶体的所有角度关系(包括晶带间夹角和晶面间夹角)，反映晶体的对称性。因此，可以直接通过衍射条带的相对位置和亮点确定晶体的对称要素和晶体取向[图 2-17(C)]。

天然岩石通常都是由多种矿物组成的，内部包含不同矿物相的多种晶粒。这些矿物的结晶学要素(晶面、晶棱、晶轴和光率体主轴等)通常不是随机排列的，一般会在特定方向形成优选取向，被称为结晶学优选方位(crystallographic preferred orientation，简称 CPO)或者晶格优选方位(lattice preferred orientation，简称 LPO)。不同矿物的结晶学优选方位不仅与晶体对称性、生长习性和变形机制有关，而且受环境条件(如温度、压力、差异应力、水逸度等)的影响。因此，可以通过测量岩石中某些矿物的结晶学取向分布特征来研究它所经历的环境条件、变形机制及其过程。例如，橄榄石是地球上地幔的主要成分，其结晶学优选方位记录有上地幔变形机制、流变学状态和动力学过程等信息，可以反演温度、压力、差应力、水含量、熔体和应变状态等上地幔物理化学信息，也是解译上地幔物理性质不均匀性的重要依据。地幔橄榄岩中 140 个橄榄石晶体显示结晶学优选方位：a[100]轴在线理附近形成点极密；b[010]轴形成垂直线理分布的大圆环带，最大极密近似垂直面理；c[001]轴取向相对分散，形成近似垂直线理的大圆环带[图 2-17(D)]。这种结晶学优选方位属于橄榄石 A 型组构，在玄武岩的上地幔包体中比较常见，记录了上地幔环境中的塑性变形，其所代表的主滑移系为(010)[100]，即位错在(010)晶面上沿[100]晶轴方向滑移。

(二)EBSD 基本原理介绍

电子背散射衍射(electron backscatter diffraction，简称 EBSD)系统通常作为附件安装在扫描电镜上，是利用不同晶体结构或方位的电子背散射衍射花样(electron backscatter diffraction pattern，简称 EBSP)来测量晶体或矿物取向等显微构造和结构的分析技术。它借助荧光屏和 CCD 相机采集样品在高能电子束轰击下产生的电子背散射衍射花样，然后将之与数据库中不同晶体的 EBSP 模拟结果进行匹配，并对匹配结果进行指标化和标定，从而计算出样品中晶体的相分布特征及其三维取向关系等显微构造信息。理论上，EBSD 可以对所有对称晶系(11 种劳厄群和 230 种空间群)的晶体进行测量分析，测量数据的角度分辨率优于 0.5°、空间分辨率优于 1μm、测量面积最大可达几个平方厘米。

通过 EBSD 测量分析，可以获得大量结晶学和拓扑结构信息，如矿物相比例及其空间分布、晶粒大小和形态分布、晶界-亚晶界和孪晶界性质、结晶学优选方位和形态优选方位、应变和重结晶程度。此外，利用岩石 EBSD 测量数据、矿物组分、体积含量和单晶矿物物理性质，可以模拟计算岩石物理性质，如磁化率、热导率和地震波速等。因此，EBSD 技术拓展了

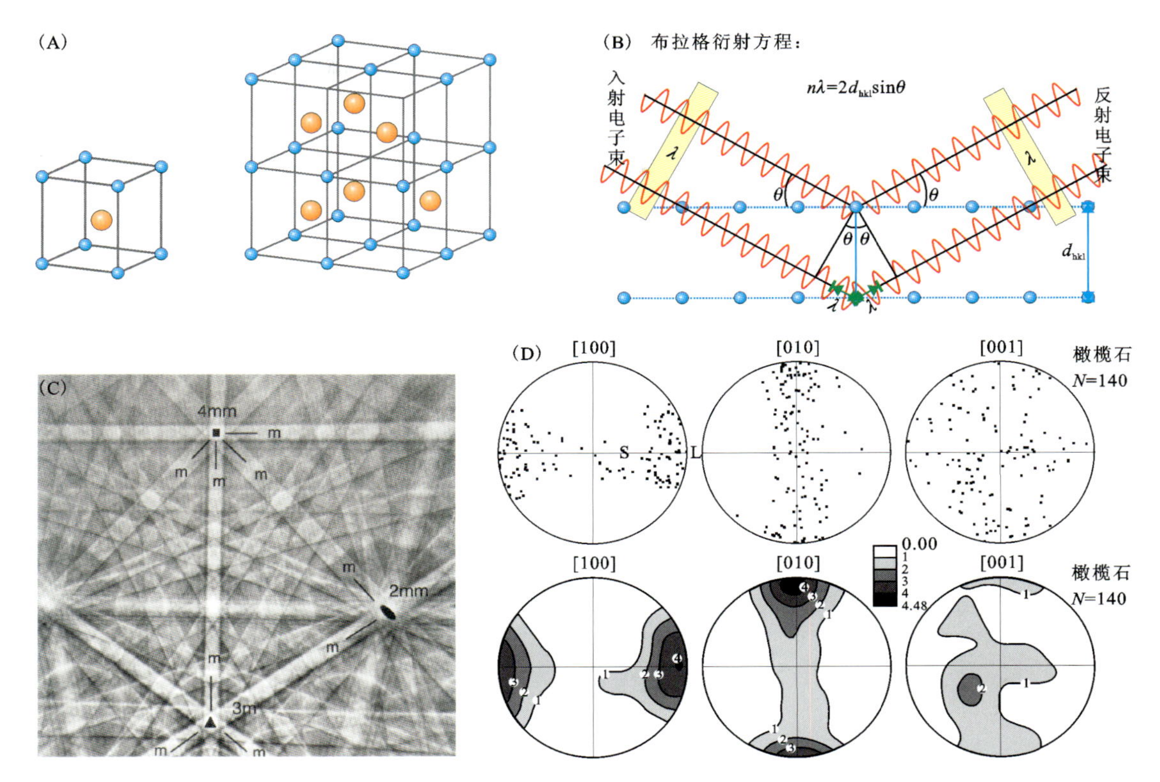

(A)晶体点阵示意图；(B)晶体衍射示意图；(C)单晶硅的电子背散射衍射花样；(D)橄榄石 a[100]、b[010]、c[001]轴取向的散点图和极密图(施密特网)。

图 2－17　晶体结构、晶体衍射和晶体取向

扫描电镜的应用范围，使它不仅能对材料进行形貌观察和成分分析，而且能够对材料进行晶体结构、晶粒取向等晶体学特征的分析，实现以下目标：鉴定未知矿物相、研究变形机制、确定位错滑移系、实验定量研究显微构造、研究变质过程、研究岩浆作用过程、分析地球化学微区成分和解释约束地球物理数据等。

(三)实验设备和测试分析流程

目前，主要有三家公司开发生产 EBSD：英国牛津仪器(Oxford Instruments)、德国布鲁克(Bruker)和美国伊达克斯有限公司(EDAX Inc.)。虽然不同仪器厂家的 EBSD 系统有所差异，但是其基本的组成是一样的，即一台扫描电镜和一套电子背散射衍射仪。扫描电镜是 EBSD 仪器的寄主设备，为它提供样品室和高能电子束，与 EBSD 一起实现对样品台和电子束以及图像采集的控制功能。EBSD 系统主要由硬件和软件两大部分组成(图 2－18、图 2－19)：硬件系统通常包括一台高灵敏度的 CCD 相机和一套用来进行电子背散射衍射花样平均化和背景校正的图像处理系统；软件系统则主要用于自动控制 EBSD 数据的采集、处理衍射花样和数据存储，以及进一步的数据分析、处理和展示。

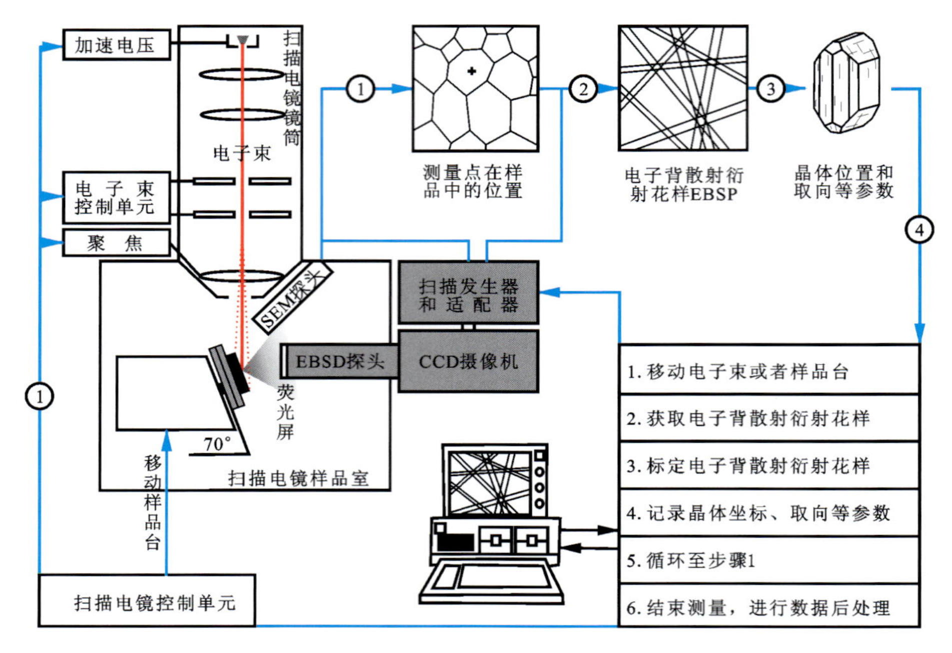

图 2-18　电子背散射衍射(EBSD)系统组成和测试流程示意图

下面以英国牛津仪器为例，介绍 EBSD 测试分析流程(具体测试分析流程以实验室操作说明为准)：

(1)放置样品和设置测量参数。首先，将测量样品放进扫描电镜样品室，抽真空，一般采用低真空模式(20～40 Pa)；然后，根据扫描电镜和 EBSD 型号设置测量参数，包括加速电压(15～20 kV)、工作距离(20～25 mm)和倾斜角度(70°)等。最后，伸进 EBSD 探测器，并设定好荧光屏与电子束在样品上的聚焦点之间的距离。

(2)背景校正和原点校正。背景校正和原点校正的目的在于提高 EBSP 的质量及其晶体测量数据的精度。背景校正就是获取测量区域的背景信号，然后通过软件加以消除。原点校正通常用已知定向的单晶硅进行，即借助单晶硅的衍射花样精确校准 EBSP 图像中心 PC 到荧光屏的距离 DD。

(3)电子背散射衍射花样采集和标定。完成以上参数的设置后，通过 EBSD 图像采集系统采集测量区域的背散射扫描图像或者取向衬度像。将电子束定位在研究样品某一晶粒上，就会产生相应的衍射花样，并被荧光屏接收。计算机对这些衍射花样进行 Hough 转化处理，根据菊池线的位置、宽度、强度、对称性和晶带间的角度关系，将之与数据库中已知晶体取向的菊池花样进行对比标定，从而确定测量晶粒的晶体相及其所对应的三维取向，并存储该数据。同一矿物相多个颗粒的测量数据，可以投影在吴氏网或施密特网上，作出组构图。

(4)自动面扫描测量。以上步骤是采集单个点数据的基本操作。如果要测量较大范围(几个平方厘米)的数据，就要利用 Aztec 软件建立测试项目，设定测量范围和步长等参数，让软件系统控制电子束或者样品台的移动，完成大范围的数据采集工作。

(A)扫描电镜实验室仪器硬件配置；(B)EBSD测量晶体取向的具体过程；(C)橄榄石结晶学优选方位测量结果；(D)EBSD测量软件Aztec的用户界面。

图2-19　电子背散射衍射(EBSD)的硬件和软件系统

(四)数据分析和成图

EBSD测量数据文件一般都包含四种信息：矿物相、空间位置、晶体取向和数据质量评估参数。基于这些测量数据，可以通过专业软件进行对比和统计分析，并结合研究需要绘制成各种图件。目前，国内地质行业主要采用牛津仪器公司的EBSD开展测量分析工作，常用数据分析软件有Channel 5和Aztec Crystal。此外基于MATLAB运行的MTEX Toolbox是一款免费软件，也被广泛采用。常见的成果图件有极图(pole figure)、反极图(inverse pole figure)、取向分布函数(orientation distribution function)和各种面分布图。

下面以 Channel 5 软件为例介绍晶体取向数据和极图的产生步骤：

(1)打开 Channel 5 软件包的项目管理器 Project Manager，导入数据文件*.cpr，查看仪器参数和测量数据[图 2-20(A)]。

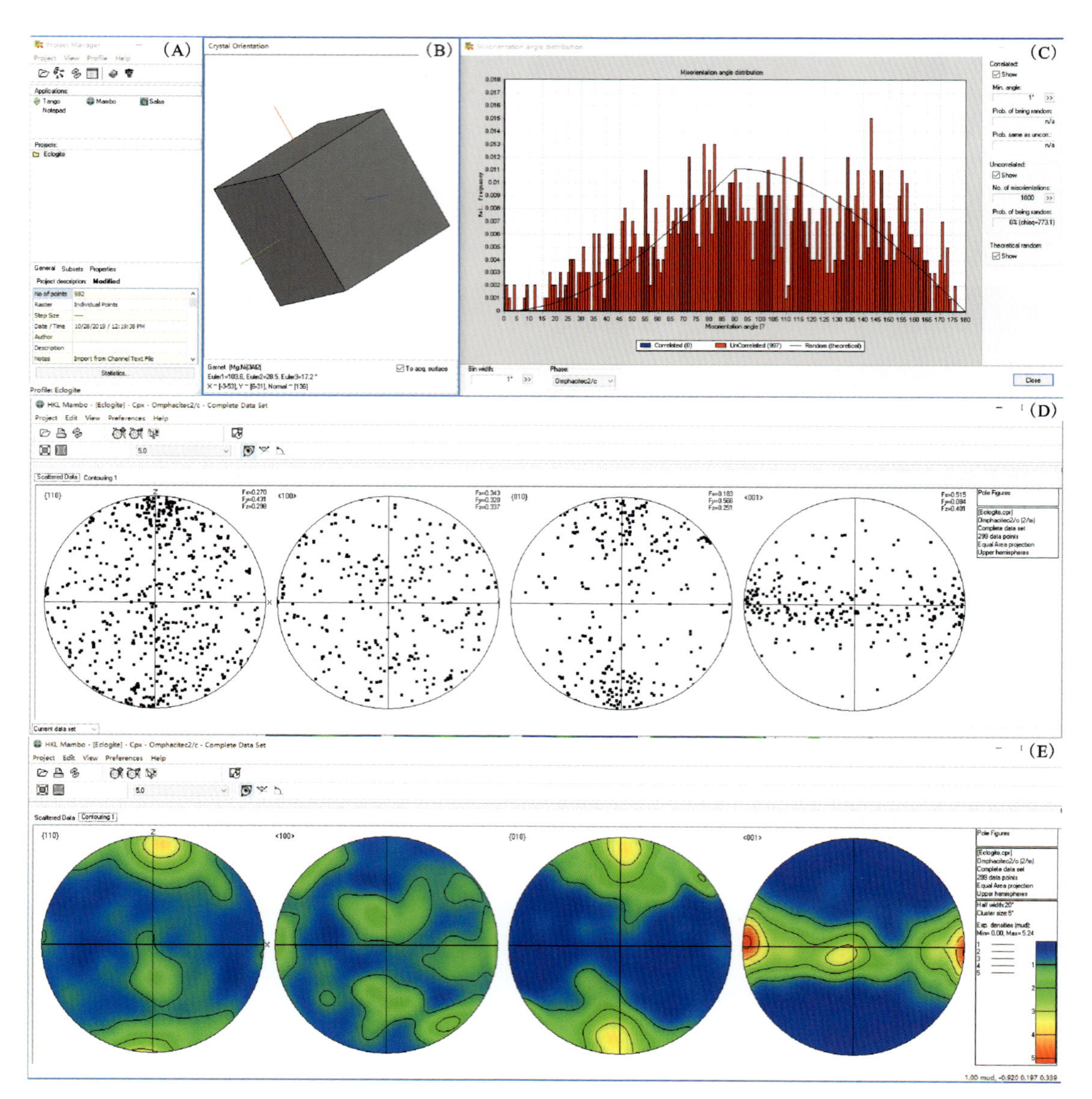

(A)Channel 5 主软件——Manager 界面；(B)晶体取向示意图；(C)晶体取向差频率分布图；(D)榴辉岩中绿辉石的晶体取向散点图；(E)榴辉岩中绿辉石的晶体取向密度图——极图。

图 2-20　Channel 5 软件

(2)在 Project Manager 下拉菜单 View 中单击 3D Crystal Orientation，观看每一个测量数据对应的矿物相及其晶体取向[图 2-20(B)]。

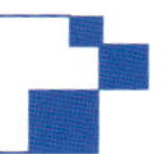

(3)在 Project Manager 下拉菜单 View 中单击 Misorientation angle distribution,可以看到测量数据点之间的取向差分布频率图[图 2-20(C)]。

(4)在 Project Manager 中,将数据文件拖入 Mambo 软件,自动打开测量数据文件,可以看到测量数据散点图[图 2-20(D)]。在散点图上单击鼠标右键,在弹出的对话框中选择 New Contouring 设置好参数后,软件自动计算生成晶体取向密度分布图——极图[图 2-20(E)]。

说明:Channel 5 软件包主要由 Project Manager、Mambo、Salsa、Tango 和 MapStitcher 五个部分组成。以上只是最基本的极图分析成图操作,其他数据分析和成图功能的详细操作流程以 Channel 5 操作说明书为准。

五、作业

1. 描述石英[图 2-21(A)]和橄榄石[图 2-21(B)]的组构图,分析其地质意义。

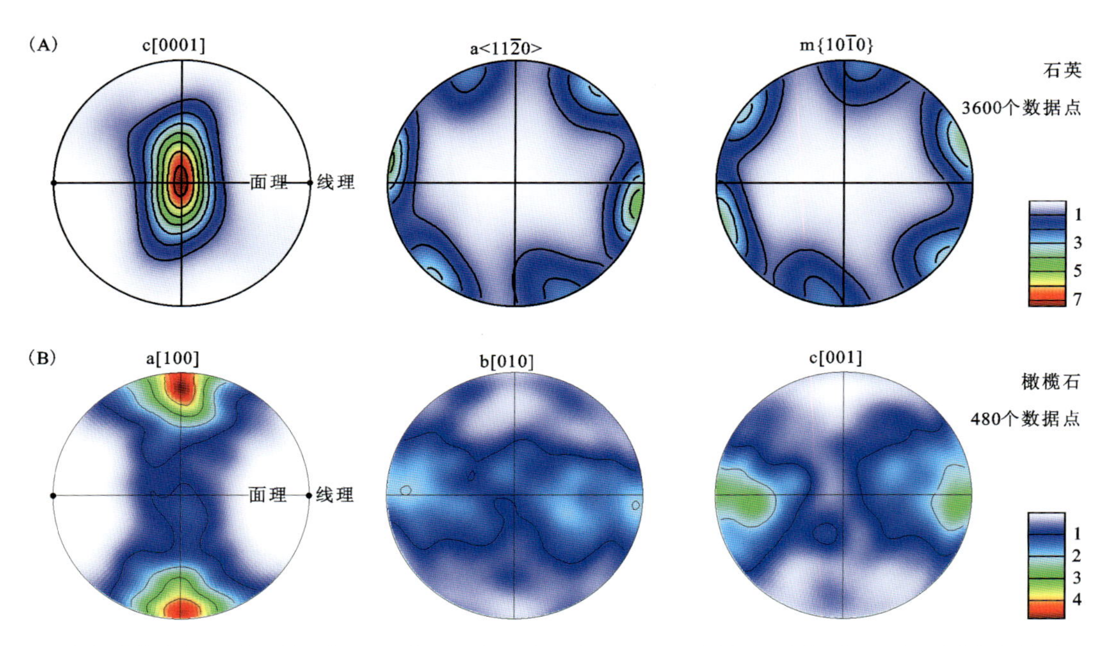

注:组构图是矿物结晶学优选方位(crystallographic preferred orientation,简称 CPO)等面积下半球投影等密图;彩色标尺:随机取向的倍数(multiples of uniform density,简称 MUD)表示取向密度的大小;半宽(half width):20°;类域(data clustering):5°。

图 2-21 石英(A)和橄榄石(B)的组构图

2. 分析长英质糜棱岩的 EBSD 测量数据,绘制石英的组构图,描述测试结果,分析变形指示意义。

3. 分析橄榄岩的 EBSD 测量数据,绘制橄榄石的组构图,描述测试结果,分析变形指示意义。

实习五　构造热年代学基本原理与实践

一、实习目的

1. 了解放射性同位素年代学基本原理。
2. 了解常见构造热年代学原理。
3. 了解裂变径迹热年代学分析工作的一般性方法。

二、预习内容

1. 同位素年代学理论与方法。
2. 构造演化与构造分析的相关知识。

三、实验室及实习用具

1. 构造热年代学实验室。
2. 安装了 Excel 的电脑。

四、说明

(一)同位素年代学基本原理

众所周知，绝大多数地质年代学的理论基础都是基于放射性元素的衰变原理。自然界常见放射性元素有铀(^{238}U，^{235}U)、钾(^{40}K)、钍(^{232}Th)以及碳(^{14}C)等。放射性同位素的衰变不受物理和化学条件的影响，始终是以恒定的比例在衰变，即：

$$\frac{dN}{dt}=\lambda N \tag{2-10}$$

式中：N 为放射性同位素原子数；t 为时间；λ 为衰变常数(yr^{-1})，不同放射性同位素具有不同的衰变常数(表 2-1)。对时间积分可得如下对数关系：

$$t=\frac{1}{\lambda}\ln\frac{N_0}{N} \tag{2-11}$$

式中：N_0 为原始母体同位素原子数；N 为经历时间 t 之后的同位素原子数。鉴于 N_0 通常未知，上述函数可以表达为同位素子体和母体的函数，这就是同位素测年的基本公式：

$$t=\frac{1}{\lambda}\ln\left(\frac{N_d}{N_p}+1\right) \tag{2-12}$$

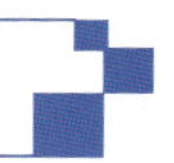

其中，N_d、N_p 分别为经历时间 t 之后同位素子体和母体的原子数。

表 2-1　常见放射性同位素衰变常数

同位素	衰变常数/yr^{-1}	半衰期
^{238}U	$1.551\,25 \times 10^{-10}$	4 468.0 Myr
^{235}U	$9.848\,5 \times 10^{-10}$	703.8 Myr
^{232}Th	$4.947\,5 \times 10^{-11}$	14.01 Byr
$^{40}K(^{40}Ar)$	5.81×10^{-11}	11.93 Byr
$^{40}K(^{40}Ca)$	4.962×10^{-10}	1.397 Byr

(二)热年代学基本原理

同位素年代学正确应用的一个前提是子体和母体同位素在地质过程中没有丢失，即体系维持封闭。但实际上，同位素体系普遍存在热扩散效应，只有在足够低的温度下，同位素体系才能够保持封闭。同位素体系保持封闭的温度通常称为封闭温度，当外界温度低于同位素封闭温度时，同位素“时钟”启动，开始计时；反之，当外界温度高于同位素封闭温度时，“时钟”停止计时。不同的同位素具有不同的封闭温度(表 2-2)。若同位素体系的封闭温度较高并接近于矿物的结晶温度，则测定的同位素年龄可代表矿物的结晶年龄；若同位素体系的封闭温度较低，则所测定的年龄不能代表矿物的结晶年龄，而只代表达到同位素体系封闭温度时至今的时间。因此，具有较高封闭温度的 U-Pb 体系通常用于确定矿物的结晶年代，而具有较低封闭温度的同位素体系则用于确定由热事件引起的矿物的冷却年代。常见中、低温热年代学方法有$^{40}Ar/^{39}Ar$、裂变径迹以及(U-Th)/He。$^{40}Ar/^{39}Ar$ 热年代学的封闭温度一般在 300℃以上，锆石裂变径迹封闭温度为 220～240℃，锆石(U-Th)/He 封闭温度为 180～220℃，磷灰石裂变径迹封闭温度为 60～120℃，磷灰石(U-Th)/He 的封闭温度可以低至 40～80℃。下面将简要介绍裂变径迹热年代学的基本原理和测年方法。

表 2-2　常见中、低温热年代学矿物及封闭温度

年代学(缩写)	封闭温度/℃	年代学(缩写)	封闭温度/℃
磷灰石(U-Th)/He(AHe)	40～80	黑云母$^{40}Ar/^{39}Ar$(BAr)	337～359
磷灰石裂变径迹(AFT)	60～120	白云母$^{40}Ar/^{39}Ar$(MAr)	368～394
锆石(U-Th)/He(ZHe)	180～220	角闪岩$^{40}Ar/^{39}Ar$(HAr)	539～567
锆石裂变径迹(ZFT)	220～240		

注：封闭温度的计算按冷却速率为 5～20℃/Ma。

裂变径迹测年是最常用的低温热年代方法之一。裂变径迹年代学的基本原理与同位素方法类似，但并非基于放射性衰变，而是基于重核的裂变效应。重核元素（如^{238}U）可以通过核裂变方式形成两个质量相当的子体碎片。由于核裂变过程释放的能量巨大（原子弹正是基于核裂变的能量效应），重核沿相反的方向高速抛射，因而在矿物中形成辐射损伤。这种辐射损伤通过化学方法进行蚀刻可以在光学显微镜下观察，这就是所谓的裂变径迹（fission track）。核裂变与同位素衰变类似，可以用于年代学测定。由于受丰度及裂变常数影响，天然矿物中的裂变径迹几乎都由^{238}U自发裂变产生，其他元素的裂变贡献可以忽略不计。假设每个原子裂变仅产生一个径迹，那么同位素^{238}U自发衰变产生的子体的数量N_d则可以通过测量^{238}U自发裂变产生的径迹数量获得，而同位素^{238}U母体的数量可以通过两种方法获得，第一种是传统的外探测器法，第二种是激光剥蚀法。

外探测器法是通过热中子辐照的方法诱发矿物中^{235}U裂变，产生诱发裂变径迹，通过测量诱发裂变径迹密度获得矿物中^{235}U含量，根据自然界中^{235}U和^{238}U的含量比（常数，约为7.2527×10^{-3}），可获得^{238}U的含量。在实际操作过程中，我们测量的往往不是矿物晶体体积内的整体径迹数量，而是矿物晶体内表面上的蚀刻径迹密度（自发裂变径迹密度ρ_s和诱发裂变径迹密度ρ_i）。由于^{238}U的自发裂变参数和热中子通量存在一定不确定性，需要引入参数ζ来标定测年结果。外探测器法裂变径迹测年的公式如下：

$$t=\frac{1}{\lambda_\alpha}\ln\left(\lambda_\alpha\frac{\rho_s}{\rho_i}G\,\zeta\,\rho_d+1\right)$$

$$\zeta=\frac{\exp(\lambda_\alpha t_{std})-1}{\lambda_\alpha\left(\frac{\rho_s}{\rho_i}\right)_{std}G\rho_d} \tag{2-13}$$

式中：λ_α为^{238}U产生α衰变的衰变常数（$1.55125\times10^{-10}/a$）；ρ_s、ρ_i和ρ_d分别为自发裂变径迹密度、诱发裂变径迹密度和标准玻璃的裂变径迹密度；ζ为标定参数，该参数需与每位裂变径迹观测者一一对应；G为几何常数，外探测器法取值0.5；t_{std}为已知标准样品的绝对年龄。

外探测器法的实验流程分为八个步骤[图2-22(A)]：

(1)分选矿物。根据研究需要，选择合适的矿物作为裂变径迹测年对象，最常用的是锆石和磷灰石。

(2)制作薄片。按照矿物类型和实验要求，分别将分选好的单矿物固定在薄片上。

(3)抛光矿物。先后通过粗磨、精磨和抛光，使单矿物颗粒内表面暴露，暴露面没有擦痕且具有较高光洁度。

(4)自发裂变径迹蚀刻。自发裂变径迹蚀刻是整个实验流程中至关重要的一步。将抛光后的薄片置于蚀刻剂中一定的时间，之后在显微镜下检查蚀刻效果，并根据需要判断是否继续蚀刻。

(5)中子辐照。将无铀或低铀白云母探测器紧密覆盖在矿物表面并组装好，送入核反应堆进行热中子辐照。辐照过程中，低能热中子引发矿物上的^{235}U裂变，经过矿物和云母之间的界面在云母上留下原始矿物颗粒的镜像。辐照结束后，将样品“冷却”至辐射剂量达到安全范围内。把经过辐照的组件拆开，在样品薄片和对应的外探测器白云母片三个角上钻三个小孔，便于显微镜下对齐。

(6)诱发裂变径迹蚀刻。将外探测器白云母置于蚀刻剂中蚀刻，揭示诱发裂变径迹，检

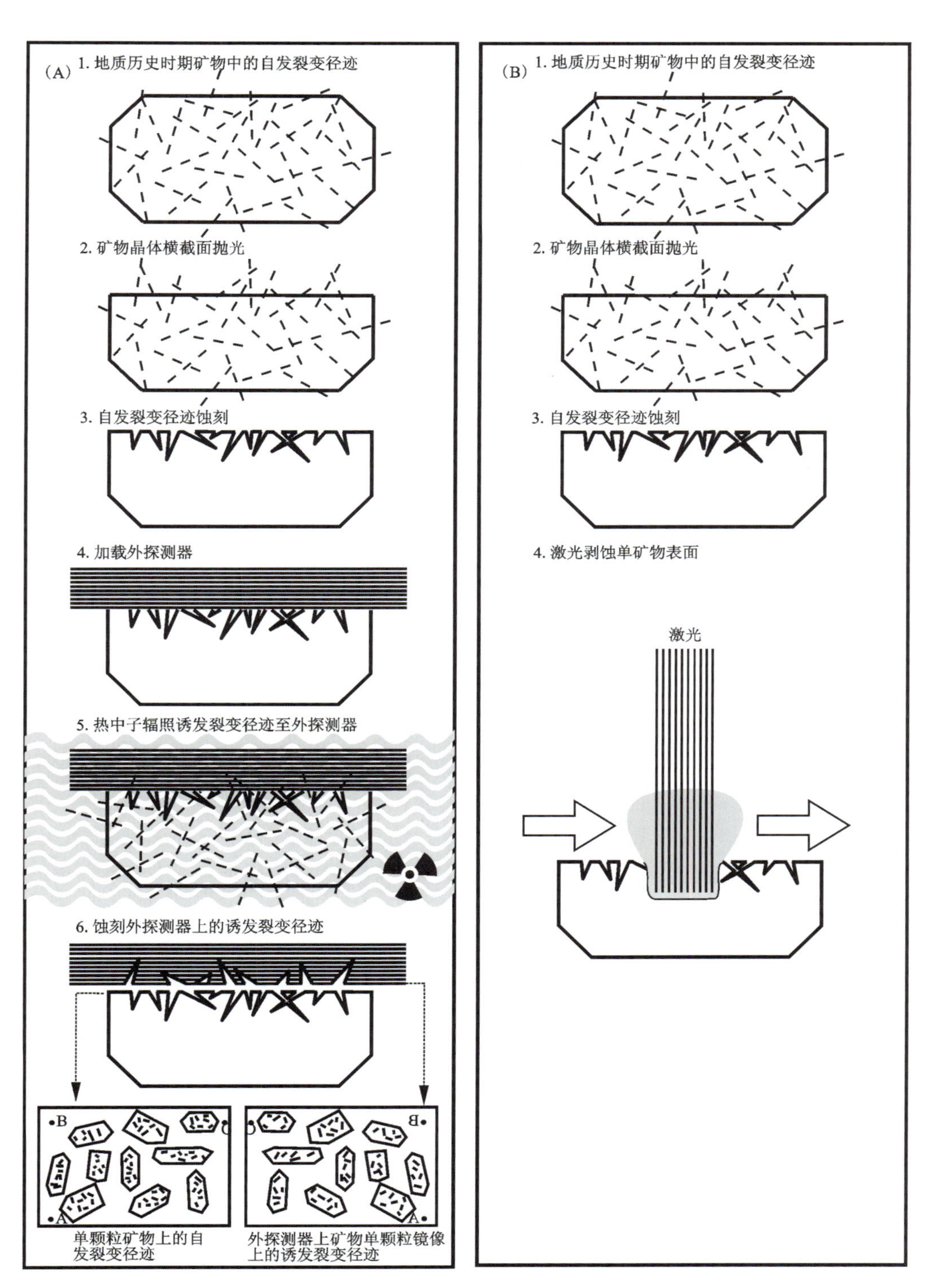

(A)外探测器法(据 Tagami 等 2005,修改);(B)激光剥蚀法。

图 2-22 裂变径迹实验流程图

查蚀刻效果。

(7)制作观测片。将样品薄片和蚀刻好的白云母片镜像对称地粘在载玻片上，以备观测。

(8)镜下观测。使用显微镜测算矿物上的自发裂变径迹数和对应白云母镜像上的诱发裂变径迹数，除以颗粒面积获得自发裂变径迹密度和诱发裂变径迹密度。

激光剥蚀法实验流程分为四个步骤[图 2-22(B)]。自发裂变径迹蚀刻及其之前的步骤与外探测器法相同，不同的是激光剥蚀法利用激光剥蚀等离子体质谱仪(LA-ICP-MS)，通过激光剥蚀方法直接测量矿物中^{238}U 的含量，避免了传统外探测器法需要反应堆热中子辐照的要求，提高了分析的效率。激光剥蚀裂变径迹测年的年龄计算公式如下：

$$t=\frac{1}{\lambda_D}\ln\left(1+\varepsilon\cdot\frac{\rho_s}{^{238}U}\right) \tag{2-14}$$

$$\varepsilon=\frac{\rho_s\lambda_D M}{\lambda_f N_A^{238}U10^{-6}dR_{sp}K} \tag{2-15}$$

式中：λ_D 为^{238}U 总衰变常数；ρ_s 为自发裂变径迹密度(cm^{-2})；^{238}U 为矿物铀含量($\times10^{-6}$)；ε 为标定系数，该参数需与每位观测者一一对应，包含^{238}U 质量数 M(238.051 g/mol)、裂变常数 λ_f(8.52×10^{-17}/yr)、阿伏伽德罗常数 N_A(6.02×10^{23}/mol)、矿物密度 d(磷灰石 3.22g/cm^3)、自发径迹长度因子 R_{sp}(磷灰石 7.5×10^{-5} cm)、径迹揭示效率系数 K(磷灰石 0.96)。

(三)裂变径迹热年代学在构造分析中的应用

裂变径迹热年代学是根据含铀矿物的自发裂变径迹和铀含量测定样品冷却年龄的方法。根据封闭温度理论可以重建岩石所经历的冷却剥露历史，通过分析断裂两盘岩石的差异冷却剥露历史来约束断裂的活动时间、速率和演化历史。确定剥露历史的常用方法是基于裂变径迹热年代学技术获取年龄-高程剖面，构建岩石在垂向上的隆升剥露过程。年龄-高程剖面的斜率可以近似代表岩石垂向上的平均剥露速率。

裂变径迹热年代学年龄-高程剖面分析方法的基本原理是：当岩石在构造抬升或剥露作用下从地表以下一定埋深经垂向运动到达地表的过程中(图 2-23)，剥露至矿物封闭温度等温面时，矿物同位素“时钟”启动，开始计时，直至暴露到地表，裂变径迹年龄计时为 t。理论上，岩石的剥露速率可以用现今高程剖面顶部和底部两个样品的高程差和年龄差的比值求得，用公式可表达为：

$$V_e=(H_t-H_b)/(t_t-t_b) \tag{2-16}$$

式中：H_t 和 H_b 分别为剖面顶部和底部样品的高程；t_t 和 t_b 分别为剖面顶部和底部样品的热年代学年龄；V_e 为从 t_b 到 t_t 时段内岩石的平均剥露速率。

裂变径迹热年代学工作的一般步骤如下：

(1)选择适合热年代学分析的地质体。中酸性侵入岩通常富含锆石、磷灰石、云母、角闪石等，是热年代学研究的良好载体，而碳酸盐岩地层中通常因缺少相应的测年矿物而不适合进行热年代学研究。

(2)覆盖地质体不同高程或针对关键地质体进行热年代学取样，以获取岩石冷却信息。

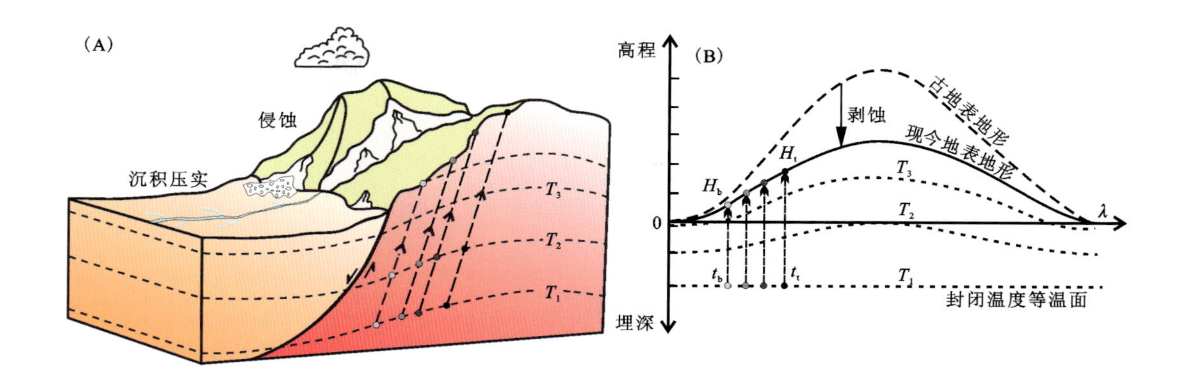

注：T_1、T_2、T_3 分别代表不同深度等温面；λ 为地形波长。

图 2－23　构造抬升/剥露过程(A)和热年代年龄高程剖面分析(B)示意图

(据曹凯等，2011，有修改)

年龄-高程方法能够在垂向上构建岩石的冷却剥露过程，一般大致按等高程间距取样，如高程间距为 100～200m。

(3)开展热年代学测试工作，获取并分析不同高程样品的冷却年龄，或者同一样品不同矿物(不同封闭温度)的年龄，如氩氩、裂变径迹、氦等常见热年代学冷却年龄。

(4)作年龄-高程投图(图 2－24)或年龄-封闭温度投图，构建剥露和冷却曲线，基于实际地质条件，进一步分析热冷却历史与构造事件之间的关系。

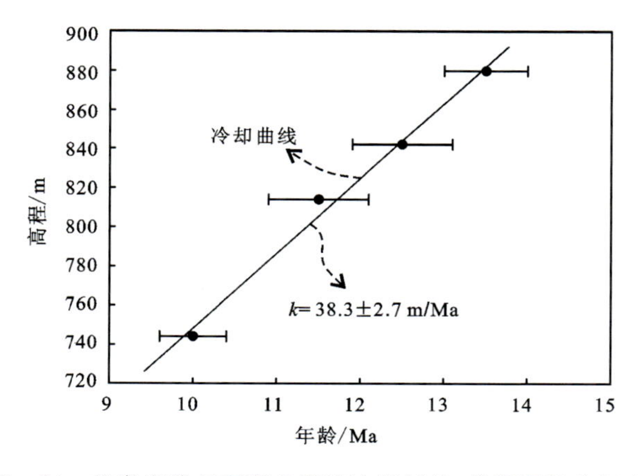

图 2－24　花岗岩磷灰石裂变径迹冷却年龄-高程图及冷却速率

五、作业

1. 已知断层倾角为 45°，上、下盘均为花岗岩侵入体，分别在上盘和下盘不同高程开展热年代学测试分析。请根据裂变径迹年代学方法及测试数据，完成表 2－3 裂变径迹年代学数据计算。

2.请根据断层上、下盘样品信息与年代学数据，结合年龄-高程方法，确定断层运动学性质，并分析断层活动时间，评估断层速率及倾向滑距信息。

表 2-3 磷灰石裂变径迹样品信息与测试数据

样品号	构造位置	高程/m	自发径迹数	统计面积/cm^2	径迹密度/$10^4 cm^{-2}$	$^{238}U/10^{-6}$	年龄/Ma
T1	断层下盘	2310	1105	4.00×10^{-4}		99.65	
T2		2205	311	1.80×10^{-3}		7.66	
T3		2054	453	7.00×10^{-4}		30.14	
T4		1921	362	5.20×10^{-4}		37.63	
T5		1745	1980	1.40×10^{-3}		90.99	
T6		1610	195	6.00×10^{-4}		23.15	
T7	断层上盘	2854	350	5.20×10^{-4}		63.63	
T8		2604	2503	5.60×10^{-4}		446.82	
T9		2347	69	9.60×10^{-4}		7.3	
T10		2098	101	7.80×10^{-4}		14.34	
T11		1875	84	9.00×10^{-4}		10.77	
T12		1655	118	6.60×10^{-4}		23.4	

第三篇

野外观测与实践

第一章　区域地质概况

第一节　实习区自然地理概况[①]

教学实习路线主要分布在湖北省东部武汉市洪山区的中国地质大学(武汉)南望山校区周边和湖北省东南部黄石市市区南部两个区域(图 3-1)。

图 3-1　实习区位置及交通分布区示意图

① 本节所使用的部分资料与数据获取于武汉市和黄石市等相关政府网站。

洪山区位于武汉市东南部，坐落于风景秀丽的东湖之滨，是武汉市的七个中心城区（包括江岸、江汉、硚口、汉阳、武昌、青山、洪山）之一，自西向东呈半圆形，东抵鄂州市，南与江夏区接壤，西与武昌、青山两区相邻，北与黄陂区、新洲区隔江相望，是武汉市的东大门。黄石市是湖北省第二大城市，省辖市，下辖四个区（包括黄石港区、西塞山区、下陆区、铁山区）、一个县级市（大冶市）、一个县（阳新县）和一个国家级开发区（黄石经济技术开发区），长江绕流于北部边境。两个实习区相距仅70km左右，其间由武黄高速公路和武（昌）黄（石）九（江）铁路相连接，交通便利。区、乡、村各级公路在两个实习区内纵横交错，交通十分便利。

两个实习区地理位置处于长江中下游平原、江汉平原东北部、大别山南缘。地貌上以低山丘陵区为主。武汉市洪山区实习区由南望山、喻家山、风筝山、大团山等多个低山丘呈近东西向断续展布组成，北部与东湖等天然湖泊交相呼应。海拔一般为60～100m，最高海拔处为喻家山（149.4m），最低洼处为东湖。黄石实习区位于黄石市南部大冶湖以北地区，自东而西有章山、黄荆山、东方山和四峰山等多个低山丘，山体总体呈NWW向展布，一般海拔为200～400m。城区和大冶湖之间的黄荆山海拔为400～450m，最高峰四峰山海拔为485.8m。

实习区属北亚热带季风性湿润气候。春季气候变化较大，多阴雨，夏季炎热，秋季较凉爽，冬季较干冷。全年平均气温为16.7～17.7℃，一年中7—8月气温最高，最高气温为37.7～40.1℃，12月至翌年2月气温最低，最低气温为－10～－3.9℃，常有霜冻和降雪。全年降水量为974.8～1 722.6mm，年蒸发量为1430～1845mm，年日照时长为1 665.8～2 167.4h，全年无霜期为227～278d。区内江河纵横、湖港交织，构成了极具特色的滨江滨湖水域生态环境。

实习区地处“鱼米之乡”的江汉平原东部，农业较发达，以水田为主。粮食作物以水稻为主，经济作物有油菜、香樟、花生及其他品种多样的蔬菜等。区内水域分布面积较大，水产养殖业发达。

武汉市是中国重要的工业基地，拥有钢铁、汽车、光电子、化工、冶金、纺织、造船、制造、医药等完整的工业体系。黄石市是武汉城市圈副中心城市，华中地区重要的原材料工业基地，全市已形成黑色金属、有色金属、机械制造、建材、能源、食品饮料、纺织服装、化工医药八大产业集群。其中，铁山铁矿和铜绿山铜矿露天开采基地是全国富铁、富铜矿的重要采掘基地。黄石市以铁山铁铜矿床、铜绿山铜铁金矿床等多个大-特大型矿山为依托，以采矿业为龙头，形成了冶炼、机械工业等一系列完整的工业体系。

武汉市是中国重要的科研教育基地。普通高校和本科院校数量仅次于北京，居全国第二，教育部直属全国重点大学数量居全国第三，在校大学生和研究生总数达上百万。武汉市和黄石市均历史悠久、依山环湖、风景秀丽，旅游资源丰富。武汉市洪山区已经形成以东湖九峰城市森林保护区为核心的大东湖自然景观线路，其间东湖绿道、东湖海洋世界、鸟语林、武汉植物园、中南民族大学博物馆、中国地质大学逸夫博物馆、武汉大学樱花景观区等景点构成了完整的科教文化线路。黄石市区三面环山，一面临江，面积为8km^{2}的磁湖镶嵌于市区中心，是闻名的风景旅游地。黄石市还拥有军事古塞西塞山、黄石国家矿山公园、铜绿山

古矿冶遗址、佛家圣地东方山、湘鄂赣边区鄂东南革命烈士陵园、仙岛湖、飞云洞、雷山、"鹿峰朝晖"、黄坪山、七峰山生态旅游区等历史文化和自然风光景区。

第二节　实习区地质概况

实习区大地构造位置处于扬子板块北缘，襄-广断裂以南(图3-2)，主要受印支期、燕山期构造运动影响，发育一系列走向近EW的线型褶皱，NW向、NWW向、NE向和近EW向的正断层、逆断层及走滑断层。其中，褶皱构造占主导地位，构造线表现为近EW向。下面分别介绍武汉市洪山区南望山实习区和黄石市实习区构造、地层、岩浆作用及地质演化历史。

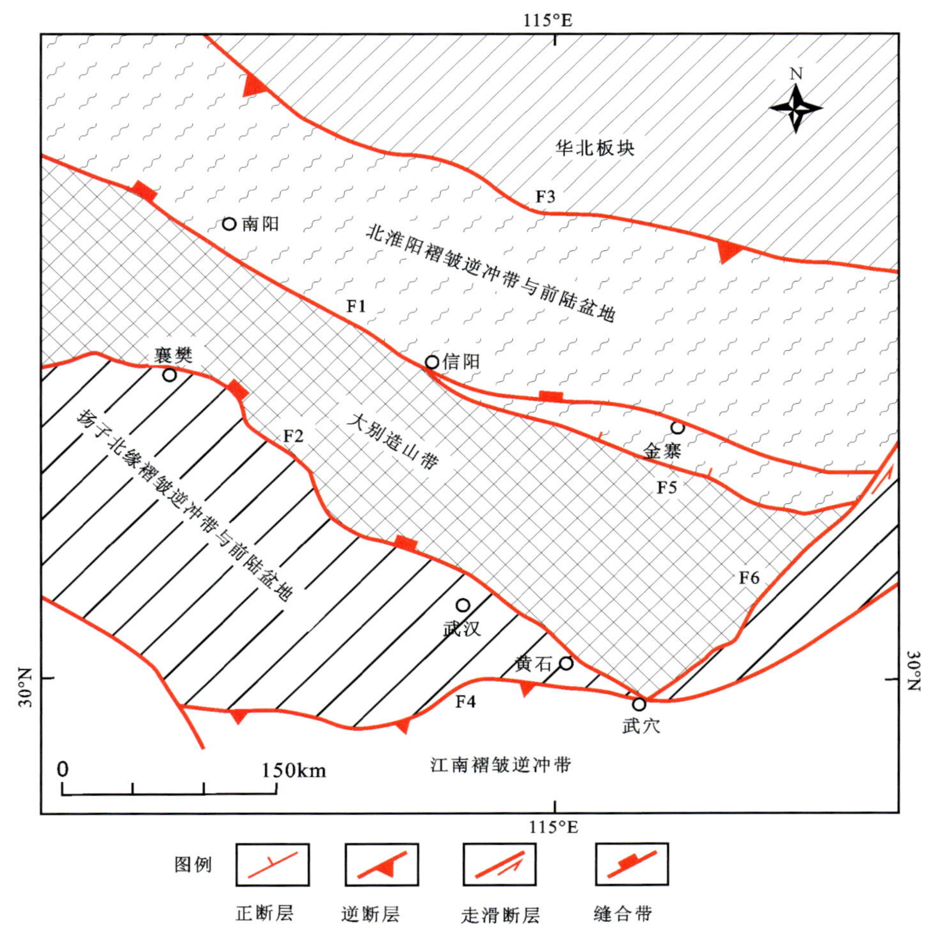

注：F1.信阳-舒城断裂(商丹缝合带在大别造山带北缘的延伸部分)；F2.襄-广断裂(勉略缝合带在大别山南缘的延伸部分)；F3.秦岭北界逆冲断裂；F4.阳新断裂；F5.晓天-磨子潭断裂；F6.郯庐断裂。

图3-2　实习区大地构造位置图(据刘少峰等，2013，有修改)

一、南望山实习区

（一）构造

1. 褶皱

南望山实习区褶皱构造由南向北有：茅屋岭向斜、大李村背斜和磨山向斜（图 3－3）。

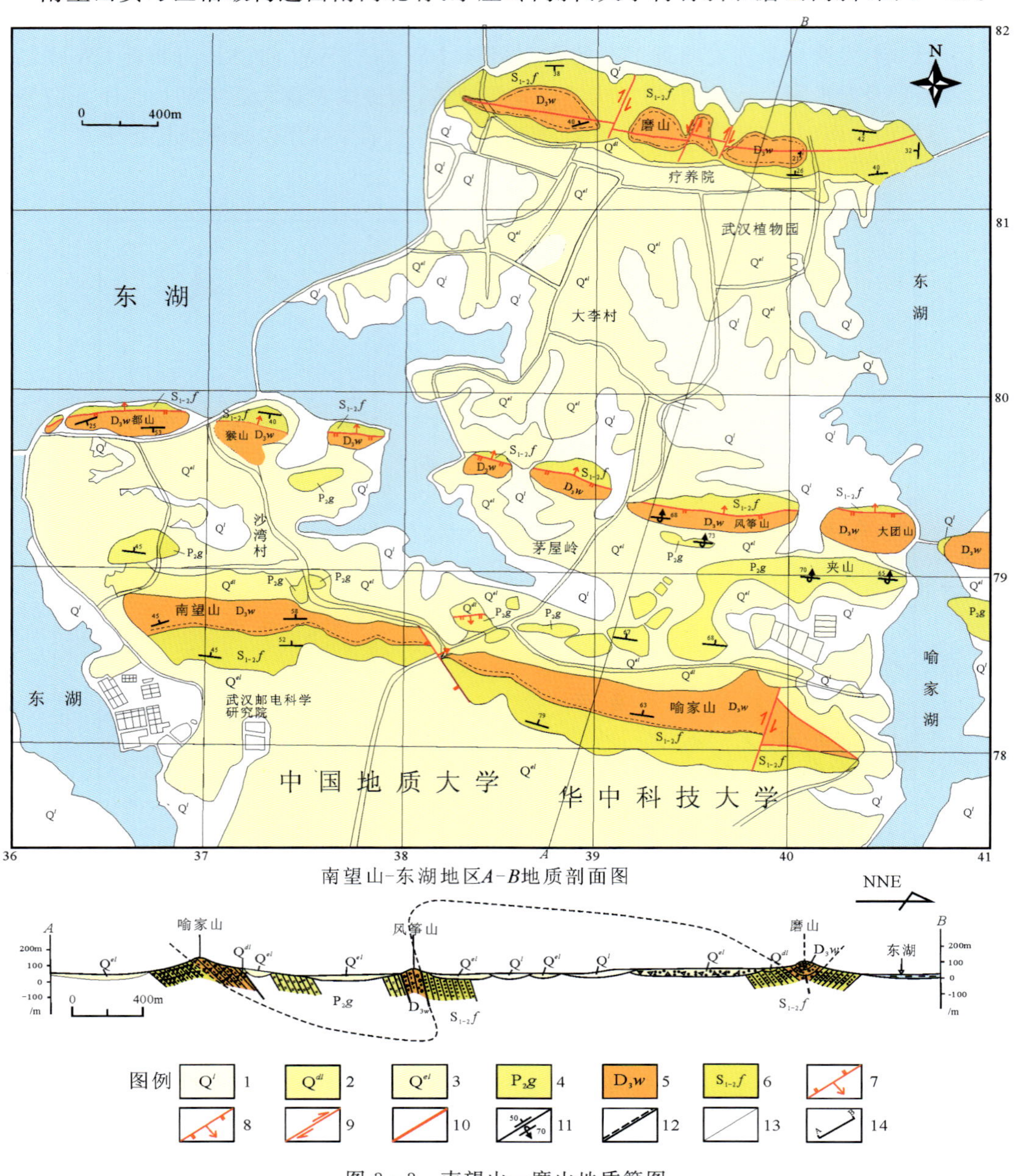

图 3－3　南望山—磨山地质简图

1. 第四系湖积层；2. 第四系坡积层；3. 第四系残积层；4. 中二叠统孤峰组；5. 上泥盆统五通组；6. 下～中志留统坟头组；7. 逆断层；8. 正断层；9. 平移断层；10. 性质不明断层；11. 产状；12. 平行不整合；13. 地层界线；14. 地质剖面位置

(1)茅屋岭向斜。位于风筝山—喻家山之间,与大李村背斜相邻。核部地层被第四系覆盖,北翼与大李村背斜共翼,地层依次由中二叠统孤峰组(P_2g)、石炭系、上泥盆统五通组(D_3w)和下～中志留统坟头组($S_{1-2}f$)组成。地层倒转,向北倾斜,倾角为70°左右。南翼出露在南望山—喻家山一线,地层依次出露中二叠统孤峰组、上泥盆统五通组和下～中志留统坟头组。石炭系未出露。产状为350°～10°∠40°～80°,延伸长40km,宽1.5km。

(2)大李村背斜。位于磨山—风筝山之间,与磨山向斜平行展布。核部被第四系覆盖。南翼与茅屋岭向斜北翼共翼。北翼和磨山向斜的南翼共翼,出露地层为下～中志留统坟头组上部,产状为10°～20°∠30°～50°。

(3)磨山向斜。位于磨山113.9—116.4高地一线,是本区发育较完整的、轴迹近EW向延伸的小型开阔向斜。向斜两翼出露地层由下～中志留统坟头组泥岩、粉砂岩和砂岩组成。北翼产状为170°∠30°～40°。南翼与大李村背斜共翼,产状为10°～20°∠30°～50°。近核部岩层倾角变缓,一般在15°～20°之间,转折端圆滑开阔,轴面近直立。枢纽在东、西两端扬起,在区域上长20km,宽0.8km,属于直立倾伏型褶皱。

2. 断层

本区断层的形成与褶皱作用密切相关。断层共分为EW向和近SN向两组(图3-3)。EW向断层与褶皱延伸方向基本一致,属于纵断层;SN向断层与褶皱延伸方向相交,属于横(斜)断层。EW向断层规模较SN向断层规模大。

EW向纵断层组:已观察到的纵断层有磨山断层,风筝山南、北坡断层,喻家山断层共四条。断层标志为地层缺失、产状突变、岩石破裂、断层面摩擦镜面、擦痕、阶步等。断层面较陡立,微向北倾斜。断层面上发育多组擦痕,反映断层存在多期活动。

SN向横(斜)断层:在磨山南、北坡,喻家山等地可观察到。断层的标志有地层和EW向纵断层沿走向错断,破碎带、向斜核部宽度突变等。断层面较陡,倾向为向东或向西。

(二)地层

实习区的地层属于扬子地层区,第四系沉积物分布最广,基岩仅在南望山、喻家山等低山处有出露,主要为下～中志留统坟头组($S_{1-2}f$)的粉砂岩、泥岩,上泥盆统五通组(D_3w)石英砂岩、石英砾岩以及中二叠统孤峰组(P_2g)硅质岩、硅质泥岩(图3-4)。受第四系覆盖以及断层作用影响,加之河湖众多,实习区地层出露不全,比如区域上分布的石炭系、中二叠统栖霞组(P_2q)和上二叠统龙潭组(P_3l)在实习区被覆盖。

1. 志留系

下～中志留统坟头组($S_{1-2}f$)主要出露在南望山—喻家山南侧、猴山—风筝山—大团山北侧和磨山南、北侧。下部为灰黄色粉砂岩与泥岩互层,中部为灰黄色、黄绿色粉砂岩、粉砂质泥岩夹细砂岩,上部为灰黄色粉砂岩、粉砂质泥岩,厚度大于174m,产三叶虫、腕足类化石:*Coronocephalus* sp.,*Nalivkinia* sp.等。

2. 泥盆系

上泥盆统五通组(D_3w)主要出露在南望山—喻家山北侧、猴山—风筝山—大团山南侧

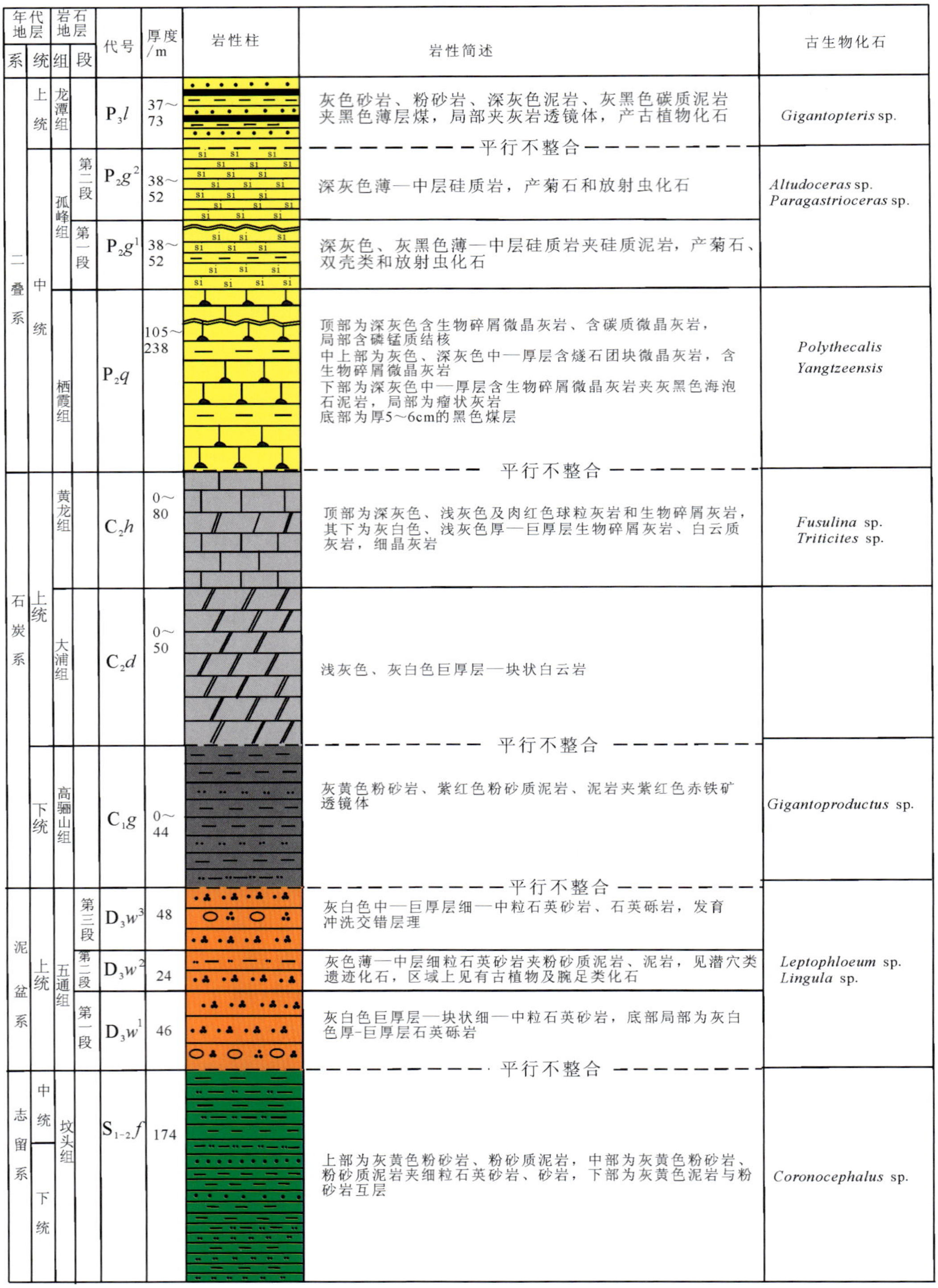

年代地层		岩石地层		代号	厚度/m	岩性柱	岩性简述	古生物化石
系	统	组	段					
二叠系	上统	龙潭组		P_3l	37~73		灰色砂岩、粉砂岩、深灰色泥岩、灰黑色碳质泥岩夹黑色薄层煤，局部夹灰岩透镜体，产古植物化石	*Gigantopteris* sp.
							平行不整合	
二叠系	中统	孤峰组	第二段	P_2g^2	38~52		深灰色薄—中层硅质岩，产菊石和放射虫化石	*Altudoceras* sp. *Paragastrioceras* sp.
二叠系	中统	孤峰组	第一段	P_2g^1	38~52		深灰色、灰黑色薄—中层硅质岩夹硅质泥岩，产菊石、双壳类和放射虫化石	
二叠系	中统	栖霞组		P_2q	105~238		顶部为深灰色含生物碎屑微晶灰岩、含碳质微晶灰岩，局部含磷锰质结核 中上部为灰色、深灰色中—厚层含燧石团块微晶灰岩，含生物碎屑微晶灰岩 下部为深灰色中—厚层含生物碎屑微晶灰岩夹灰黑色海泡石泥岩，局部为瘤状灰岩 底部为厚5~6cm的黑色煤层	*Polythecalis Yangtzeensis*
							平行不整合	
石炭系	上统	黄龙组		C_2h	0~80		顶部为深灰色、浅灰色及肉红色球粒灰岩和生物碎屑灰岩，其下为灰白色、浅灰色厚—巨厚层生物碎屑灰岩、白云质灰岩，细晶灰岩	*Fusulina* sp. *Triticites* sp.
石炭系	上统	大浦组		C_2d	0~50		浅灰色、灰白色巨厚层—块状白云岩	
							平行不整合	
石炭系	下统	高骊山组		C_1g	0~44		灰黄色粉砂岩、紫红色粉砂质泥岩、泥岩夹紫红色赤铁矿透镜体	*Gigantoproductus* sp.
							平行不整合	
泥盆系	上统	五通组	第三段	D_3w^3	48		灰白色中—巨厚层细—中粒石英砂岩、石英砾岩，发育冲洗交错层理	
泥盆系	上统	五通组	第二段	D_3w^2	24		灰色薄—中层细粒石英砂岩夹粉砂质泥岩、泥岩，见潜穴类遗迹化石，区域上见有古植物及腕足类化石	*Leptophloeum* sp. *Lingula* sp.
泥盆系	上统	五通组	第一段	D_3w^1	46		灰白色巨厚层—块状细—中粒石英砂岩，底部局部为灰白色厚-巨厚层石英砾岩	
							平行不整合	
志留系	中统 下统	坟头组		$S_{1-2}f$	174		上部为灰黄色粉砂岩、粉砂质泥岩，中部为灰黄色粉砂岩、粉砂质泥岩夹细粒石英砂岩、砂岩，下部为灰黄色泥岩与粉砂岩互层	*Coronocephalus* sp.

图3-4　中国地质大学(武汉)及周边地层柱状图(据张雄华等，2020，有修改)

和磨山及东湖周缘。厚0～118m。南望山上该组岩性可明显分为三段。

第三段(D_3w^3):灰白色中—巨厚层细—中粒石英砂岩、厚—巨厚层细—中砾石英砾岩,发育平行层理、冲洗交错层理。

第二段(D_3w^2):灰色薄—中层细粒石英砂岩夹灰黄色粉砂质泥岩、泥岩,产潜穴类遗迹化石。区域上见有古植物和腕足类化石:*Leptophloeum* sp.,*Lingula* sp.等。

第一段(D_3w^1):灰白色巨厚层—块状石英砂岩、含石英砾中粒石英砂岩,局部夹有薄—中层细粒石英砂岩,底部局部发育灰白色厚—巨厚层石英砾岩。与下伏下～中志留统坟头组($S_{1-2}f$)呈平行不整合接触,局部接触面之上可见底砾岩,接触面之下见铁铝质古风化壳。

3. 石炭系

石炭系在本区未见出露。但在邻区,比如江夏区白云洞,下部为下石炭统高骊山组(C_1g),岩性为灰黄色粉砂岩,紫红色粉砂质泥岩、泥岩夹紫红色鲕状赤铁矿,厚0～44m,与下伏泥盆系为平行不整合接触。中部为大浦组(C_2d),岩性为灰色、浅红灰色厚层白云岩,含燧石结核,产蜓类化石:*Profusulinella* sp.,*Eofusulina* sp.,厚0～50m。上部为黄龙组(C_2h),岩性为灰白色、微红色厚层灰岩,富含蜓类、腕足类及珊瑚化石,主要分子有*Fusulina* sp.,*Fusulinella* sp.,*Ivanovia* sp.,*Koninckophyllum* sp.,厚0～80m,与上覆中二叠统栖霞组呈平行不整合接触。

4. 二叠系

实习区涉及的二叠系主要是中二叠统孤峰组(P_2g),为了使读者对二叠系有更为全面的了解,本书也介绍了出露在邻区的、位于孤峰组上下的地层单元。

(1)中二叠统栖霞组(P_2q)。该组在实习区未见出露,主要出露在江夏区纸坊乌龙泉及武昌黄金堂一带,岩性为深灰色、灰黑色中—厚层含生屑微晶灰岩,含海泡石微晶灰岩及瘤状灰岩,产腕足类、蜓类、珊瑚及有孔虫化石,主要分子为:*Polythecalis yangtzeensis*,*Hayasakaia elegantula*,*Parafusulina* sp.,*Nankinella* sp.等,厚105～238m,与下伏石炭系呈平行不整合接触。

(2)中二叠统孤峰组(P_2g)。主要出露于南望山、喻家山北坡坡脚处、武汉市工贸职业学院校园以及喻家湖东岸公路边,厚77～104m,与下伏栖霞组呈整合接触,可分为两段。第一段(P_2g^1)为深灰色、灰黑色薄—中层硅质岩夹薄层、微薄层硅质泥岩,产菊石、双壳类及放射虫化石;第二段(P_2g^2)为深灰色薄—中层硅质岩,与下伏栖霞组呈整合接触,分布零星,小褶曲发育。

(3)上二叠统龙潭组(P_3l)。该组仅分布在虎泉街北,与下伏孤峰组呈平行不整合接触,岩性为灰色砂岩、粉砂岩、深灰色泥岩、灰黑色碳质泥岩及数层薄层煤,产古植物及腕足类化石,厚37～73m。

5. 第四系(Q)

第四系在实习区内大面积分布。主要为冲积、湖积、湖冲积层及坡残积成因的砾石、砂黏土等。

二、黄石实习区

(一)构造

1. 褶皱

黄石地区褶皱构造极为发育，褶皱延伸方向以 EW 向为主。因受岩体侵入作用影响和断裂破坏，平面上轴迹多呈弧形弯曲(图 3-5)。实习区内不同构造层的褶皱构造特征有所不同。

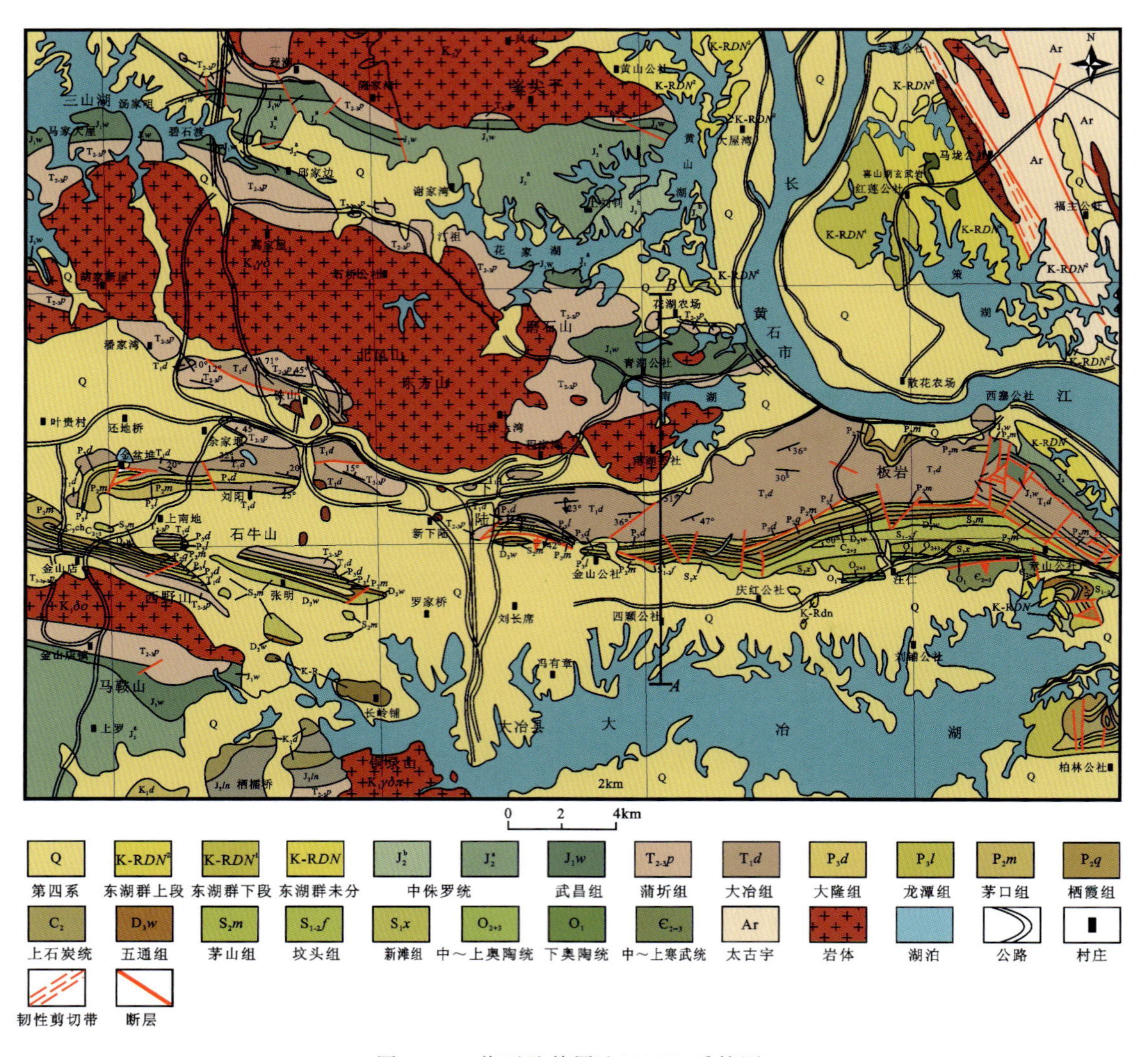

图 3-5　黄石及其周边地区地质简图

(1)下古生界褶皱带(∈-S)。由寒武系、奥陶系和志留系构成，出露面积较小，仅分布在金山店岩体北侧和汪仁一带，褶皱多呈紧闭，翼间角小于 80°，轴面南倾。以汪仁倒转背斜为例，该背斜东起李朝班，西至李氏海，长约 17km，宽度为 1～3km。在汪仁镇至章山一带出露

核部最老地层中～上寒武统($\in_{2-3}$),中～上寒武统产状倒转或陡倾,北翼依次发育奥陶系和志留系,岩层产状近直立甚至倒转;南翼由于受逆冲断层破坏,仅零星出露下志留统高家边组(S_1g),未见奥陶系。褶皱轴面南倾,枢纽向两端倾伏,因南翼遭受破坏而北翼地层完整,因而该背斜是一不完整倒转背斜,并在南翼发育由上泥盆统构成的飞来峰构造(详见观测路线七相关内容)。

(2)晚古生代至三叠系褶皱带(D_3-T)。由泥盆系、石炭系、二叠系和三叠系构成的一系列向斜和背斜,主要分布在铁山岩体外围-黄荆山向斜(图 3-5)。在这些褶皱中,背斜紧闭而向斜开阔。以黄荆山向斜、桐子堡背斜为例,黄荆山向斜位于汪仁背斜之北,东起杨武山,经板岩西延至白塔岩,全长约 20km,宽度在 2～5km 之间变化。核部大面积出露三叠系,南翼依次出露二叠系、石炭系和泥盆系,北翼仅出露二叠系。在垂直枢纽的横剖面上,两翼岩层呈中等角度倾斜,核部宽且岩层平缓,轴面近直立,剖面形态接近于"U"字形,具有从平行(等厚)褶皱向侏罗山式褶皱过渡的特点,因此称之为"类侏罗山式褶皱"(徐开礼等,1989)。桐子堡倒转背斜位于黄荆山向斜之北,东起道士伏煤矿,西止黄石车站,断续出露长度约 5.0km,宽度小于 1.5km。核部由二叠系含煤地层构成(沿背斜核部分布有袁仓、袁华和道士伏煤矿),两翼由三叠系构成,南翼出露完整,北翼零星出露。在垂直枢纽剖面上,轴面南倾 60°～70°,北翼岩层倒转,钻孔资料揭示,在深部局部区段近于同斜褶皱(图 3-6)。在黄荆山(杨武山)向斜翼部、铁山秀山向斜翼部的三叠系中还发育许多层间小褶皱(详见观测路线五、六相关内容)。

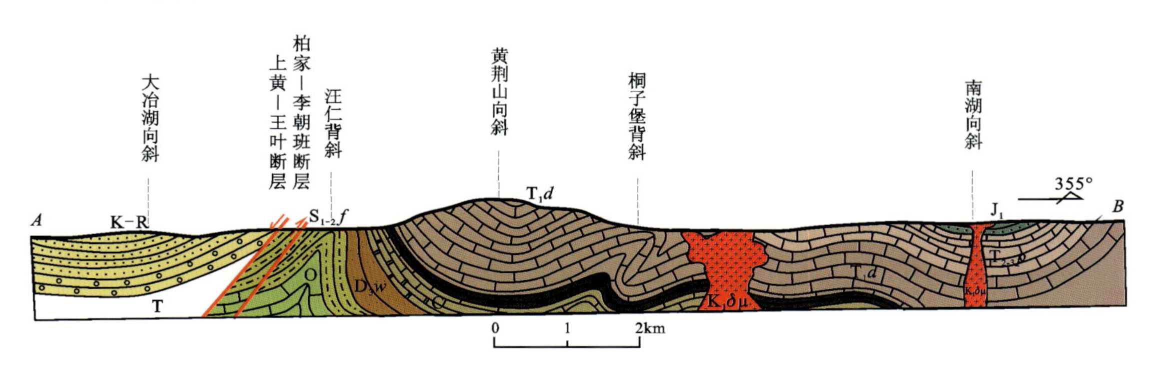

图 3-6　过大冶湖-黄荆山 A-B 构造剖面(剖面位置见图 3-5)

(3)中～下侏罗统褶皱带(J_{1-2})。由下侏罗统武昌组(J_1w)和中侏罗统自流井组(J_2z)构成,主要有碧石渡向斜、南湖向斜等(图 3-5),向斜平缓开阔。以南湖向斜为例,该向斜位于黄石市区西部南湖一带,核部由侏罗系构成,岩层产状平缓(20°～30°),两翼对称出露中～上三叠统和下三叠统,三叠系岩层产状平缓。因岩层产状平缓(褶皱平缓开阔)而出露面积较大(约 70km^2),褶皱东部被第四系覆盖,西部由于燕山期铁山岩体的侵入而遭到破坏。

2. 断层

本区断层的形成与褶皱构造的发育相关,并根据断层与褶皱枢纽之间的交切关系分为纵断层和横(斜)断层两组(图 3-5)。由于本区褶皱构造轴迹走向在章山一带从西向东由 EW

向转变为 NW - SE 向，纵断层也由 EW 向转变为 NW - SE 向，而横(斜)断层则由近 SN 向转变为 NE 向。纵断层规模远大于横(斜)断层，但前者往往被后者切割或限制，表明横(斜)断层形成时间较晚。

纵断层组主要是指一系列向南倾斜的逆冲断层及其相关的向南向北滑覆的正断层，如章山逆冲断层，这些逆冲断层导致褶皱翼部地层倒转以及形成飞来峰构造(详见野外观测路线七)。在 SN 向剖面上这些逆冲断层组成叠瓦状逆冲断层组合。

横(斜)断层组是一系列高角度的平移断层。

(二)地层

实习区主要见有中寒武统覃家庙组($\in_2 q$)，上寒武统娄山关组($\in_{3-4} l$)，下奥陶统南津关组($O_1 n$)、红花园组($O_1 h$)、大湾组($O_{1-2} d$)、牯牛潭组($O_2 g$)，中奥陶统宝塔组($O_{2-3} b$)，上奥陶统临湘组($O_3 l$)及上奥陶统～下志留统龙马溪组($O_3 S_1 l$)，下志留统新滩组($S_1 x$)，下～中志留统坟头组($S_{1-2} f$)，中志留统茅山组($S_2 m$)，上泥盆统五通组($D_3 w$)，上石炭统大埔组($C_2 d$)、黄龙组($C_2 h$)、船山组($C_2 c$)，中二叠统栖霞组($P_2 q$)、茅口组($P_2 m$)，上二叠统龙潭组($P_3 l$)、下窑组($P_3 x$)、大隆组($P_3 d$)，下三叠统大冶组($T_1 d$)，各组特征自下而上分述如下(图 3 - 7)。

1. 寒武系

寒武系仅发育上寒武统覃家庙组($\in_3 q$)和上～顶寒武统娄山关组($\in_3 l$)。

(1)中寒武统覃家庙组($\in_3 q$)。分布在汪仁镇南部，岩性为灰色、浅灰色薄—中层灰质白云岩夹少量灰色、灰黄色泥质白云岩，覆盖严重，厚度大于 100m。

(2)上寒武统娄山关组($\in_{3-4} l$)。分布在汪仁镇南部的几个采场中，出露较好。岩性为灰色厚层—块状细晶白云岩、藻纹层白云岩，夹有少量钙质泥岩，发育较多的古暴露面及古岩溶红土，局部见有古岩溶角砾岩，厚度大于 570m。

2. 奥陶系

奥陶系分布在汪仁镇附近，自下而上描述如下：

(1)下奥陶统南津关组($O_1 n$)。灰色厚层细晶灰岩、白云质灰岩夹钙质白云岩，产三叶虫化石：*Asaphellus inflatus* LU.，*Szechunella szechuanensis* Lu，*Shumaridia* sp. 及笔石 *Dictyonema* sp.，厚度大于 26.9m。

(2)下奥陶统红花园组($O_1 h$)。灰色、深灰色中—厚层细晶灰岩、生物碎屑灰岩，含少量黑色燧石团块，产角石化石：*Hopeioceras* sp.，*Cyriovaginoceras* sp.，*Belemnoceras* sp.，厚 133.9m。

(3)下～中奥陶统大湾组($O_{1-2} d$)。灰色中—厚层泥质灰岩、龟裂纹灰岩夹灰色、灰黄色泥岩及钙质泥岩，产角石化石：*Belemnoceras* sp.，*Protocyeloceras hupeense* (Shimigu et Obuta)，厚 37.2m。

(4)中奥陶统牯牛潭组($O_2 g$)。灰色中—厚层微晶灰岩、龟裂纹灰岩夹少量灰黄色泥岩，产角石化石：*Michelinoceras* sp.，厚 12.4m。

年代地层 系	年代地层 统	岩石地层 组	岩石地层 段	代号	厚度/m	岩性柱	岩性简述	古生物化石
第四系				Q	>70		蠕虫状红土及其上的冲洪积物	
							角度不整合	
白垩－第三系		东湖群		K-ED	>2500		含砾砂岩、砂砾岩、粉砂岩、泥质岩	
							角度不整合	
白垩系	下统	大寺组		K_1d	>275		流纹质火山岩	
							角度不整合	
		灵乡组		K_1l	>135		灰色、紫红色、灰黄色砂砾岩、含砾砂岩、粉砂岩、泥质岩	*Cladophlebis exiliformis* *Nakamuranaia* cf.
							角度不整合	
侏罗系	上统	马架山组		J_3m	350		流纹质火山角砾岩、凝灰岩、霏细岩等，内杏仁构造发育	
							角度不整合	
	中统	花家湖组		J_2h	1000		灰黄色、紫红色石英砂岩， 灰绿色、灰黄色粉砂岩、泥质粉砂岩、泥岩、页岩	
	下统	武昌组		J_1w	400		灰色、灰红色厚层石英砂岩，灰黄色、灰绿色粉砂岩、泥质粉砂岩，灰黑色、深灰色泥岩、页岩	*Cladophlebis* sp., *Taeniopteris* sp.
							平行不整合	
三叠系	上统	鸡公山组		T_3j	20		灰黑色泥岩、粉砂质泥岩、泥质粉砂岩，底部见砂砾岩，内夹煤层	*Neocalamites* sp., *Dictyophyllum* sp.
							平行不整合	
	中统	蒲圻组		$T_{2-3}p$	>766		紫红色、灰黄色夹灰绿色粉砂岩、泥质粉砂岩、粉砂质泥岩、页岩	*Entolium discites*, *Bacevellia* sp., *Modiolus* sp.
	下统	嘉陵江组	三段	T_1j^3	66		暗灰色中厚—厚层白云岩、含石膏假晶的白云岩、膏溶角砾岩	
			二段	T_1j^2	104		灰色中厚层泥晶灰岩、碎屑灰岩	
			一段	T_1j^1	117		灰白色、灰色中厚层白云岩、白云质灰岩、泥晶灰岩、内碎屑和生物碎屑灰岩	
		大冶组	四段	T_1d^4	141		灰白色、浅灰色厚—巨厚层微晶灰岩，鲕粒灰岩及白云质灰岩	
			三段	T_1d^3	212		浅灰色薄层微晶灰岩、蠕虫状灰岩	
			二段	T_1d^2	100		浅灰色中—厚层微晶灰岩、含生物碎屑微晶灰岩	
			一段	T_1d^1	104		黄绿色泥岩夹瘤状泥质灰岩	*Claraia wangi*, *Ophiceras* sp.
二叠系	上统	大隆组		P_3d	3～25		黑色薄层硅质岩、硅质泥岩及炭质泥岩	*Pseudotirolites* sp.
		下窑组		P_3x	17		深灰色中—厚层含燧石团块生物碎屑微晶灰岩	*Dictyoclostus* sp.
		龙潭组		P_3l	20		黑色碳质泥岩、泥岩、灰白色石英砂岩夹薄煤层	*Gigantopteris* sp.
							平行不整合	
	中统	茅口组		P_2m	77～231		浅灰色厚—巨厚层含燧石团块生物碎屑灰岩、含生物碎屑微晶灰岩，局部夹有燧石条带或薄层	*Verbeekina heimi*, *Chusenella sinensis*, *Monticulifera* sp.
		栖霞组		P_2q	53～174		深灰色中—厚层含生物碎屑微晶灰岩，微晶灰岩、瘤状灰岩，夹较多的灰黑色海泡石泥岩，产菊花石	*Polithecalis haohowensis*, *Paracaninia* sp., *Hayasakaia* sp., *Schwagerina* sp.
							平行不整合	
石炭系	上统	船山组		C_2c	12		浅灰色块状生物碎屑灰岩、球粒灰岩、白云质灰岩	*Triticites parvulus*, *Schwangrina* sp. *Fusulina elshanica*, *Ozawainella* sp.
		黄龙组		C_2h	95			
		大埔组		C_2d	30		浅灰色块状白云岩、白云质灰岩	
							平行不整合	
泥盆系	上统	五通组		D_3w	15～68		灰白色厚层—块状石英砂岩、砾岩夹紫红色粉砂质泥岩、粉砂岩	*Leptophloeum rhombicum*
							平行不整合	
志留系	中统	茅山组		S_2m	243		灰白色、紫红色中—厚层长石石英砂岩夹紫红色泥岩、粉砂质泥岩	
	下统	坟头组		$S_{1-2}f$	339		紫红色、黄绿色粉砂质泥岩、泥岩夹灰黄色薄—中层砂岩	*Coronocephalus gaoluoensis*, *Stritispirifer* sp. *Nalivkininia* sp.
		新滩组		S_1x	331		青灰色、灰色泥岩、粉砂质泥岩	*Pristiograptus* sp.
奥陶系	上统	龙马溪组		O_3S_1l	27.4		黑色碳质泥岩、硅质泥岩	*Glyptograptus tortithecalus*, *Climacograptus minutus*, *Dicelograptus ornatus*
		临湘组		O_3l	6.9		灰色中层网纹状灰岩、泥灰岩夹灰黄色泥岩	*Sinoceras cf. chinesee*(Foord), *Michelinoceras elongalum* (Foord)
	中统	宝塔组		O_2b	10.6		青灰色、紫红色中—厚层瘤状灰岩及龟裂纹灰岩，产角石	
		牯牛潭组		O_2g	12.4		灰色中—厚层微晶灰岩、龟裂纹灰岩夹少量灰黄色泥岩，产少量角石	*Michelinoceras* sp.
	下统	大湾组		$O_{1-2}d$	37.2		灰色中—厚层泥质灰岩、龟裂纹灰岩夹灰色、灰黄色泥岩及钙质泥岩，产角石化石	*Belemnoceras* sp.
		红花园组		O_1h	133.9		灰色、深灰色中—厚层细晶灰岩、生物碎屑灰岩	*Hopeioceras* sp., *Cyriovaginoceras* sp.
		南津关组		O_1n	26.9		灰色厚层细晶灰岩、白云质灰岩夹钙质白云岩，产三叶虫化石	*Asaphellus inflatus*
寒武系	顶统	娄山关组		$\in_{3-4}l$	570		灰色厚层—块状细晶白云岩、藻纹层白云岩	
	上统	覃家庙组		$\in_3q$	100		灰色、浅灰色薄—中层灰质白云岩夹少量灰色、灰黄色泥质白云岩	

图 3－7　黄石黄思湾—汪仁地区综合地层柱状图(据张雄华等，2020，有修改)

(5)中～上奥陶统宝塔组($O_{2-3}b$)。紫红色、紫灰色中—厚层瘤状灰岩,产角石化石:*Sinoceras* cf. *chinense* (Foord),*Michelinoceras elongatum* (Foord),*M. regulare* (Schlotheim),厚 10.6m。

(6)上奥陶统临湘组(O_3l)。灰色中层网纹状灰岩、泥灰岩夹灰黄色泥岩,产三叶虫化石:*Nankinolithus* sp.,厚 6.9m。

(7)上奥陶统～下志留统龙马溪组(O_3S_1l)。黑色碳质页岩、硅质碳质页岩夹黑色薄层硅质岩,夹有一层白色斑脱岩,产大量笔石化石:*Orthograptus truncates* (Lapworth),*Pristiograptus* cf. revolutus (Kurck),*Climacograptus* cf. *rectangularis* (Mcoy),*Glyptograptus* sp.,厚度大于 27.4m。

3. 志留系

(1)下志留统新滩组(S_1x)。灰绿色、黄绿色泥岩、粉砂质泥岩夹少量灰黄色粉砂质纹层,水平层理发育,下部产少量笔石化石:*Climacograptus* sp.,*Rastrites* sp., *Pristiograptus* sp.,*Monograptus* sp.,厚 331m。

(2)下～中志留统坟头组($S_{1-2}f$)。灰黄色、浅紫灰色泥岩、粉砂质泥岩夹灰黄色薄层粉砂岩,见大量遗迹化石,厚 338.9m。

(3)中志留统茅山组(S_2m)。底部为紫红色粉砂质泥岩,其上为灰白色中—巨厚层石英砂岩、长石石英砂岩夹紫红色泥岩、粉砂质泥岩,上部产三叶虫及腕足类化石:*Coronocephalus rex* Grabau,*Eospirifer tingi* Grabau,厚 243.5m。

4. 泥盆系

上泥盆统五通组(D_3w):底部为灰白色中—厚层石英砾岩,其上为灰白色中—巨厚层石英砂岩夹灰黄色泥质粉砂岩及泥岩,产古植物化石:*Leptophloeum rhombicum*,厚 15～67.6m。底部见有古风化壳及薄层赤铁矿,与下伏茅山组呈平行不整合接触。

5. 石炭系

石炭系可分为三个组,自下而上为上石炭统大埔组(C_2d)、黄龙组(C_2h)和船山组(C_2c),分述如下:

(1)上石炭统大埔组(C_2d)。与下伏上泥盆统五通组呈平行不整合接触,岩性为浅灰色厚层—块状细晶白云岩、角砾状白云岩,古岩溶发育,具多个古暴露面。厚度大于 29.4m。

(2)上石炭统黄龙组(C_2h)。浅灰色厚层—块状白云质灰岩、生物碎屑砂屑灰岩、生物碎屑灰岩,产有孔虫、蜓类化石:*Fusulina* cf. *elshanica* Putrja et Leobvich,*Fusulinella* cf. *eolania* (Lee et Chen),*Ozawainella* sp.,厚 95.1m。

(3)上石炭统船山组(C_2c)。深灰色中—厚层含生物碎屑微晶灰岩,生物碎屑砂屑灰岩,顶部为深灰色厚层球粒灰岩,产有孔虫、蜓类化石:*Eoparafusulina bella*,*E. minuta*,*E. contracta*,*Schubertella pseudoobscura*,厚 12.4m。

6. 二叠系

二叠系自下而上分为中二叠统栖霞组(P_2q)、茅口组(P_2m)和上二叠统龙潭组(P_3l)、下窑组(P_3x)、大隆组(P_3d),分述如下:

（1）中二叠统栖霞组（P_2q）。与下伏船山组呈平行不整合接触。岩性为灰黑色中—厚层含生物碎屑微晶灰岩夹黑色海泡石泥岩，夹有黑色燧石条带及团块，产大量的有孔虫、蜓类、腕足类及珊瑚化石：*Polythecalis hochowensis*，*P.* sp.，*Paracaninia* cf. *liangshanesis*，*Hayasakaia* sp.，*Chusenella sinensis*，*Schwagerina* sp. *Plicatifera minor*，*Urushtenia crenulata*，厚53.6～173.6m。

（2）中二叠统茅口组（P_2m）。灰色、深灰色厚层—块状含生物碎屑微晶灰岩，含大量燧石条带及团块，局部相变夹有多层黑色薄层硅质岩。产蜓类、有孔虫、腕足类及珊瑚化石：*Verbeekina longissima*，*Neoschwagerina* sp.，*Pseudofusulina* sp.，*Tachylasma* sp.，*Protomichelinia* sp.，厚76.7～230.7m。

（3）上二叠统龙潭组（P_3l）。与下伏茅口组呈平行不整合接触。岩性为灰色、灰黑色泥岩、粉砂质泥岩、碳质泥岩夹灰黄色细砂岩及薄煤层，产古植物化石：*Gigantopteris* sp.，*Sphenophyllum* sp.，厚10.4～20m。

（4）上二叠统下窑组（P_3x）。灰黑色、深灰色中—厚层含生物碎屑微晶灰岩，夹大量黑色碎屑条带及团块，产有孔虫、蜓类及腕足动物化石：*Dictyocloptus* sp.，*Punctospirifera* sp.，厚16.94m。

（5）上二叠统大隆组（P_3d）。黑色薄层含碳质硅质岩、硅质泥岩夹碳质泥岩，产大量菊石、腕足类及双壳类化石：*Pseudotirolites leibiensis*，*Pseudogastrioceras* sp.，*Huananoceras* sp.，*Discotoceras* sp.，*Lingula* sp.，*Hunanopecten* sp.，厚2.4～25.4m。

7.三叠系

三叠系发育完好，由下向上分为下三叠统大冶组（T_1d）、嘉陵江组（T_1j），中上三叠统蒲圻组（$T_{2-3}p$）和上三叠统鸡公山组（T_3j）。其中大冶组和嘉陵江组构成黄荆山向斜核部，蒲圻组和鸡公山组分布于城区一带。各组特征如下：

（1）下三叠统大冶组（T_1d）。可以明显分为四个岩性段，其中，第一段（T_1d^1）为灰黄色、灰色泥岩夹灰色、灰黄色薄—中层泥质灰岩及微晶灰岩，与下伏大隆组界面处夹1～2层白色黏土岩，厚4～5cm，产菊石和双壳类化石：*Claraia wangi*，*C. griesbachi*，*Ophiceras* sp.，*Lytophiceras* sp.，厚104m。第二段（T_1d^2）为浅灰色中—厚层微晶灰岩夹灰色薄层微晶灰岩及泥质灰岩，厚100m。第三段（T_1d^3）为浅灰色薄层微晶灰岩、蠕虫状灰岩，厚212m；第四段（T_1d^4）为浅灰色厚—巨厚层微晶灰岩、白云质灰岩，顶部发育鲕粒灰岩，厚141m。

（2）下三叠统嘉陵江组（T_1j）。其内部可以分为三段。第一段以灰白色、灰色中厚层白云岩、白云质灰岩、泥晶灰岩、内碎屑和生物碎屑灰岩为主。第二段为灰色中厚层泥晶灰岩、碎屑灰岩。第三段为暗灰色中厚—厚层白云岩、含石膏假晶的白云岩、膏溶角砾岩。嘉陵江组化石稀少，在大冶铁山和大冶湖南侧的大王殿一带第六段中获得牙形石化石 *Hindeodella suevica*，*Neospathodus homeri*，*N. Triangularis*，*Neohindeodella suevica*，*N. Triassia*，*Enantiognathus* sp.，*Cypridodella* sp.，*Xaniognatus* sp.。

需要说明的是，黄石地区嘉陵江组发育不全，在阳新龙港、通山、蒲圻一线，嘉陵江组可以分为六个岩性段。1、3、5段为白云岩、含石膏白云岩和膏溶角砾岩段，2、4、6段为灰岩段。黄石地区仅发育下部三个岩性段。

(3)中～上三叠统蒲圻组($T_{2-3}p$)。该组出露不好，在大冶金山店白云寺一带蒲圻组为紫红色、灰黄色夹灰绿色粉砂岩、泥质粉砂岩、粉砂质泥岩、页岩等，厚度在766m以上。蒲圻组与嘉陵江组接触关系不清，与上覆地层鸡公山组呈平行不整合接触。黄石地区蒲圻组化石稀少，在蒲圻一带蒲圻组下部含有腕足类、双壳类、植物化石，如双壳类 *Entolium discites*，*Bacevellia* sp.，*Modiolus* sp.，*Mytilius* cf. *eduliformis*，*Promylina* sp.，*Pleuromya* sp.；植物化石 *Taeniocladopsis*? sp.；腕足类 *Lingula* sp. 等。

(4)上三叠统鸡公山组(T_3j)。该组在实习区出露较差。其厚度在20m左右。主要岩性为灰黑色泥岩、粉砂质泥岩、泥质粉砂岩，底部见砂砾岩，内夹煤层。内含植物化石，如 *Neocalamites* sp.，*Dictyophyllum* sp.，*Clatheopteris* sp.，*Anomozamites* sp.。

8. 侏罗系

侏罗系主要分布于黄石城区与铁山区之间和东部道士伏一带，多为植被覆盖，仅见零星露头。侏罗系自下而上可以分为下侏罗统武昌组、中侏罗统花家湖组和上侏罗统马架山组。武昌组与花家湖组为整合接触，花家湖组与马架山组为平行不整合接触。

(1)下侏罗统武昌组(J_1w)。以灰色、灰红色厚层石英砂岩，灰黄色、灰绿色粉砂岩、泥质粉砂岩，灰黑色、深灰色泥岩、页岩为主，内夹煤层。厚度在400m左右。武昌组内含较多植物、双壳类化石，如双壳类 *Pseudocardinia elliptica*，*P. ventricosa*，*P. ovalis*，*P. tetragonalis*，*Unio yunnanensis*；植物化石 *Cladophlebis* sp.，*Taeniopteris* sp.，*Nilssonia undulata*，*Pterophyllum* sp.，*Neocalamites* sp. 等。

(2)中侏罗统花家湖组(J_2h)。实习区未见，在鄂州朱马湾一带出露较好，主要岩性为灰黄色、紫红色石英砂岩、长石石英砂岩，灰绿色、灰黄色粉砂岩、泥质粉砂岩、泥岩、页岩。厚度达1000余米。

(3)上侏罗统马架山组(J_3m)。在大冶灵乡一带发育较好，主要岩性为流纹质火山角砾岩、凝灰岩、霏细岩等，内杏仁构造发育。厚350m。

9. 白垩～第三系(古近系+新近系)

黄石地区白垩系出露较差，由下向上分为下白垩统灵乡组(K_1l)和大寺组(K_1d)。

(1)下白垩统灵乡组(K_1l)。在大冶灵乡一带为灰色、紫红色、灰黄色砂砾岩、含砾砂岩、粉砂岩、泥质岩。内含双壳类 *Nakamuranaia* cf. *chingshanensis*，*Sphaerium pujiangense*；介形虫 *Cypridea* sp.，*Darwinula yongfuensis*，*Clinocypris lingxiangensis* 等；植物化石 *Cladophlebis exiliformis* 等。

(2)下白垩统大寺组(K_1d)。在大冶盘查湖一带为流纹质火山岩，厚度在275m以上。其上部未见顶，与下伏地层灵乡组呈角度不整合接触。

晚白垩世～早第三纪地层在实习区未见，在长江以北红莲一带发育，主要岩性为含砾砂岩、砂砾岩、粉砂岩、泥质岩。它与上覆第四系和下伏地层大寺组均呈角度不整合接触。

10. 第四系

第四系在汪仁一带有大量分布，主要有晚更新世蠕虫状红土及其上的全新世冲洪积。

(三)岩浆

实习区岩浆岩主要以侵入岩为主，自北向南有鄂城岩体、铁山岩体、金山店岩体三大岩体，岩体形成的年龄主要集中在 145～125 Ma，相当于晚侏罗世至早白垩世(图 3-5)。岩体均为复式岩体，并发育多期不同岩性的脉体。岩体侵入的围岩包括古生界和中生界，在岩体与围岩接触带多发生强烈的接触热变质和接触交代变质作用，形成了鄂城、铁山、金山店、灵乡、铜绿山等大中型矽卡岩型铁铜矿床。

1. 鄂城岩体

鄂城岩体为一多次侵入的复式岩体，出露面积 $83km^2$，早期侵入的程潮岩体分布在岩体南部程潮镇及西部，出露面积仅 $5km^2$，主体岩性为石英闪长岩；晚期有多期侵入活动，主要岩性为闪长岩、石英闪长岩、黑云母花岗岩、石英二长岩和花岗斑岩。通过 K-Ar 法获得石英闪长岩的年龄为 138Ma①(湖北省地矿局，1989；李石等，1991)。高精度 SHRIMP 锆石 U-Pb年代学表明，石英闪长岩的年龄为 143±2Ma，黑云母花岗岩的年龄介于 130～127Ma 之间(Xie 等，2011a)。岩体与围岩(T_2-J_{1-2})主要呈外倾接触，南缘从地表至深处均外倾，北缘在地表北倾，向下又转为南倾，东缘和西缘均有平缓较长的向外隐伏。物探资料和钻孔资料揭示，岩体向深部有扩大趋势，为一上小下大的钟状岩体。据物探资料推断，该岩体属于中等深度侵入体(4～6km)，岩体下延深度为 4～5km，剥蚀程度较浅。

2. 铁山岩体

铁山岩体位于黄石市铁山镇北，岩体出露呈不规则椭圆形，长轴方向 110°～290°，出露面积 $94km^2$。该岩体是由多期次岩浆活动形成的复式岩体，主要岩石类型为闪长岩类，如辉石闪长岩、闪长岩、石英闪长岩和花岗闪长岩；晚期发育不同岩石类型的脉岩，如闪长玢岩和花岗斑岩等。铁山岩体与成矿紧密相关，对此学者们已经进行了大量的年代学、地球化学和同位素等研究。以年代学为例，SHRIMP 和 LA-ICP-MS 锆石 U-Pb 年龄表明，铁山岩体的形成时代主要介于 140～135Ma 之间(Xie 等，2011a；瞿泓滢等，2012)。岩体南缘与大冶组灰岩呈侵入接触，钻孔资料揭示，在近地表接触面倾角约 70°，向下 500m 之后变缓(约 60°)；岩体北缘与蒲圻组砂岩呈侵入接触，接触面向北倾，在地表倾角约 60°，岩体整体上有向下扩大的趋势。根据钙质角闪石压力计计算，岩体结晶深度约 6km。因此，铁山岩体剥蚀程度大于鄂城岩体。

铁山岩体及其成矿作用，是实习区主要的参观和学习对象。铁山矽卡岩型铁矿床是一个以铁为主、铜为辅，伴有多种具有综合利用价值的有益组分且有害杂质含量较低的综合矿床。该铁矿床由六大矿体组成，自西向东为铁门坎、龙洞、尖林山、象鼻山、狮子山和尖山，主要矿体赋存于铁山杂岩体南缘中段闪长岩类与下三叠统灰岩的接触带上，并呈多种构造接触模式，其总体走向 NWW，总长度为 4300m。矿区内出露的地层主要为下三叠统大冶组，其次为上二叠统大隆组和龙潭组。地层岩性以下三叠统大冶组的碳酸盐岩、泥质岩为

① 年龄资料来自《湖北省区域地质志》中的鄂城幅(1∶5 万)、大冶幅(1∶5 万)、铁山幅(1∶5 万)。

主;近接触带主要地层随距岩体远近不同而发生不同程度的蚀变作用,接触热动力构造十分发育。

3. 金山店岩体

金山店岩体位于大冶市西北约 8km 的金山店镇,岩体平面呈纺锤状,长轴走向 110°～290°,与区域构造线方向一致,出露面积 $25km^2$。该岩体是由三次侵入而构成的复式岩体。第一次侵入的斑状闪长岩,分布在岩体东南部,出露面积仅 $0.6km^2$。第二次侵入的中细粒石英闪长岩,出露面积 $22km^2$,构成金山店岩体的主体。第三次侵入的斑状石英闪长岩,分布于岩体西北部方家庄一带,平面呈椭圆形,出露面积 $2.4km^2$。SHRIMP 和 LA－ICP－MS 锆石 U－Pb 年龄表明,金山店石英闪长岩和花岗岩的形成时代在 125～135Ma 之间(Xie 等,2011b; 瞿泓滢等,2012)。岩体与三叠系蒲圻组呈侵入接触,钻孔资料揭示,接触带以外倾为主,倾角为 50°～80°,岩体有向下扩大趋势。根据物探资料分析可知,岩体向下总体向南倾斜,岩体侵位深度中等,浅—中等剥蚀程度。

前人已对鄂东南乃至长江中下游地区与多金属成矿相关的岩浆岩做了大量的研究,但学术界目前对其物质来源、成因机制、构造背景、侵位方式以及成矿作用等相关的认识仍存在争议。

(四)矿产

黄石地区内、外生矿产资源均特别丰富,现已探明的矿产种类主要有铁、铜、钨、钼、铅、锌、金、银、硫、钴、镍、硅灰石、石膏、煤、石灰石等,其中内生矿产独具特色,具有矿床数量较多、分布集中、规模较大、矿产种类多、品位富、伴生元素丰富、易选冶利用的特点,是我国为数不多的以铁铜矿产为主的多金属矿产资源基地。

黄石地区成矿以与燕山期花岗岩类侵入作用有关的接触交代型金属矿床占绝对优势。以铜、铁、金为主的矿床(点)主要集中于下三叠统大冶组 5～7 段中,这是由于该套地层富硫、钠、钾、钙、镁等元素的岩石化学特点可以加剧岩浆分异和铁铜元素的分离和富集,岩石分布较多的溶蚀空间为岩浆就位和矿液运移提供了有利条件。

鄂东黄石成矿区矿产采冶历史悠久。考古发掘证实,在 2000 多年前的春秋时期,大冶铜绿山等古矿床已经开始了具有相当规模和技术水平的矿产采掘与冶炼生产。铁矿的采冶生产相对较晚,从三国时代到明清时期都有进行。近代中国洋务运动中最早诞生的钢铁工业基地——汉阳铁厂,正是以大冶铁山铁矿作为矿山基地而发展起来的。因历年来的开采,此处形成了落差达 444m 的世界第一高陡边坡矿坑。为了治理生态环境,大冶铁矿投资数千万元形成了亚洲最大的硬质岩复垦基地。2006 年 7 月,以大冶铁矿区、铜绿山古铜矿遗址区组成的"一园两区",经国家矿山公园评审委员会评审通过,确认为黄石国家矿山公园,规划面积为 $30km^2$。这是中国首座国家矿山公园。2010 年 2 月 22 日,铁山国家矿山公园被评为国家 AAAA 级景区。

第三节　构造演化简史

武汉—黄石地区在大地构造上属于扬子板块北缘，从扬子板块北缘及临区构造发展阶段以及岩浆-沉积记录分析，实习区岩石经历了加里东构造阶段、印支构造阶段、燕山构造阶段和喜山构造阶段。

实习区寒武～奥陶系是一套稳定浅海环境下的碳酸盐岩夹页岩沉积，表明了该时期扬子板块北缘属被动大陆边缘沉积的构造属性。志留纪早中期沉积了一套较厚的陆源碎屑岩，岩性主要为泥岩、粉砂岩，物源分析显示沉积物主要来自东南部褶皱隆起的华夏板块；晚期的沉积记录缺失，但是没有同期的岩浆活动和明显的变质作用。结合扬子板块周缘构造事件分析，导致志留纪晚期记录缺失的原因是扬子板块北缘地壳稳定缓慢上升。扬子板块北缘地壳上升的驱动机制是在响应华南加里东期造山作用(广西运动)期间华夏板块的褶皱隆升(Xu 等,2016)，隆升之后的华夏板块仰冲到扬子板块东南缘导致扬子板块北缘在地壳均衡作用下上隆，并没有发生明显的褶皱和变形。泥盆纪早期，伴随着华南板块从冈瓦纳大陆裂离，新一轮海侵从华南南部钦防一带开始并向北发展，晚泥盆世海水到达扬子板块北缘(徐亚军等,2017)，上泥盆统五通组含砾石英砂岩呈平行不整合覆盖在下中志留统坟头组之上。

晚古生代地层中发育多个平行不整合面，包括石炭系底部、二叠系栖霞组底部以及二叠系龙潭组底部。已有的研究认为，这些不整合面的形成主要受晚古生代冰期期间全球海平面下降影响，地壳相对上升(Yu 等,2019)。但对于石炭纪北部秦岭的造山事件以及晚二叠世扬子板块西南缘峨眉山大火成岩的喷发事件是否分别对石炭系底部和二叠系龙潭组底部平行不整合面的形成有影响尚不清楚。

印支构造阶段是指在三叠纪(240～190Ma)期间发生的构造运动。已有的大量研究显示，扬子板块与大别微板块在中～晚三叠世由东向西发生斜向碰撞(Liu 等,2015)，碰撞时间与沉积环境变化相吻合。在早三叠世，黄石地区沉积了巨厚的灰岩(大冶组)和白云岩(嘉陵江组)，总厚度大于 1000m，代表了黄石地区(下扬子区)的最后一次海侵。中～晚三叠世则转变为陆相环境下沉积的蒲圻组和鸡公山组，响应了扬子板块与大别微板块之间的碰撞，自此实习区进入陆内演化阶段。虽然关于蒲圻组与嘉陵江组之间的接触关系不清晰，但印支期岩体及变质记录在黄石及周缘地区的缺乏表明该期造山事件对实习区的影响有限，仅在三叠纪晚期地壳抬升，形成了鸡公山组与蒲圻组之间的平行不整合。

燕山构造阶段早期($J-K_1$)是实习区变质-变形以及岩浆活动的主要时期。早～中侏罗世受大别造山带强烈隆升的控制，扬子板块北缘处于大别造山带南缘前陆盆地的构造背景中，实习区逐渐由造山带前陆盆地远端的隆后带转变为近端前渊带，沉积了一套向上变粗的沉积序列。晚侏罗～早白垩世，实习区同时受到南部江南褶皱逆冲带的影响，处于两大逆冲体系的交接部位，地壳受到近 SN 向挤压，产生了强烈的向北的褶皱-冲断作用以及多期次岩浆活动，由此构成了黄石地区的基本构造格架。从晚白垩世开始，华南东部构造应力场由挤压转变为拉伸，在黄石北部地区形成了连续的晚白垩世～第三纪(古近纪＋新近纪)红盆沉积,并伴有似层状熔岩(以玄武岩为主)活动。

喜马拉雅构造阶段一般指发生在新生代的构造运动(65Ma 之后),主要表现为区域性伸展而产生的差异性隆升。在此阶段,黄石地区发育了两期古夷平面:第一期高程为 400~450m,如杨武山-大响洞-板岩,并发育有 300~400m 高程的古溶洞(如大响洞、小响洞);第二期高程为 200~300m,如章山、道仕伏等,发育有 150~200m 的古溶洞(如章山洞等),代表了喜马拉雅期的二次明显抬升过程。

路线一　南望山地层-构造组合

一、基本要求与任务

路线一：学校教二楼西侧—南望山南坡—南望山垭口—南望山北坡—学校。

任务：

1. 观察、描述下～中志留统坟头组（$S_{1-2}f$）、上泥盆统五通组（D_3w）和中二叠统孤峰组（P_2g）各地层岩性特征，测量代表性地层产状。

2. 了解沉积岩岩性描述方法，建立岩石地层单位“组”的概念，分析地层接触关系。

3. 观察、分析典型构造现象（褶皱、断层、劈理、节理等），测量代表性构造的几何要素产状。

4. 练习绘制信手地层剖面图。

要求：携带野簿、罗盘、放大镜、地质锤，素描工具。

二、实习前的知识储备

本条路线实习内容主要包括：观察不同时代地层岩性特征、空间产出特征、地层接触关系，观察和描述褶皱、断层、劈理、节理等中小尺度构造，测量代表性构造的产状。

1. 预习《构造地质学》中面状构造和线状构造的产状特征与产状要素，学习在野外观测条件下测量不同面状构造的产状。

2. 预习《构造地质学》中节理与劈理相关内容，了解它们的几何学特征和主要描述内容。

3. 在野外观测条件下识别断层，明确其野外判别标志，确定断层性质。

4. 在野外观测条件下进行褶皱分类，根据褶皱形态特征分析其形成机制。

三、具体观察和描述内容

No. 1

点位：教二楼西侧、南望山南坡（GPS 位置）。

露头：人工、较差。

点义：观察下～中志留统坟头组（$S_{1-2}f$）岩性特征，确定岩层层面并测量岩层产状。

描述：

观察描述要点：①主要岩性特征；②识别岩层层理，测量产状；③信手剖面起点。

该点处岩性为下～中志留统坟头组（$S_{1-2}f$）灰黄色中厚层状细粒长石石英砂岩、粉砂岩，肉眼可见主要组成矿物为白云母、斜长石和石英，可见长石高岭土化形成的白色斑点。代表性地层层理产状为：5°∠50°。

No. 2

点位：南望山南坡废弃水塔处（GPS 位置）。

露头：人工、较差。

点义：观察分析下～中志留统坟头组（$S_{1-2}f$）中断层特征，测量断层两盘产状，确定断层性质。

描述：

观察描述要点：①地层岩性特征、代表性层理特征；②断层面产状特征；③断层带内物质组成特征；④根据层理产状变化特征，确定断层性质。

该点处岩性特征为坟头组灰黄色细粒长石石英砂岩。根据该点处地层的层厚和产状发生截然的变化（由陡变缓），显示出该点处出露有一小型断层，断层面向南倾斜，倾角约为 35°，宽 0.3～0.5 m［图 3－8(A)］；断层带内岩石破碎强烈，主要出露断层角砾岩，以脆性破碎为主［图 3－8(B)］。

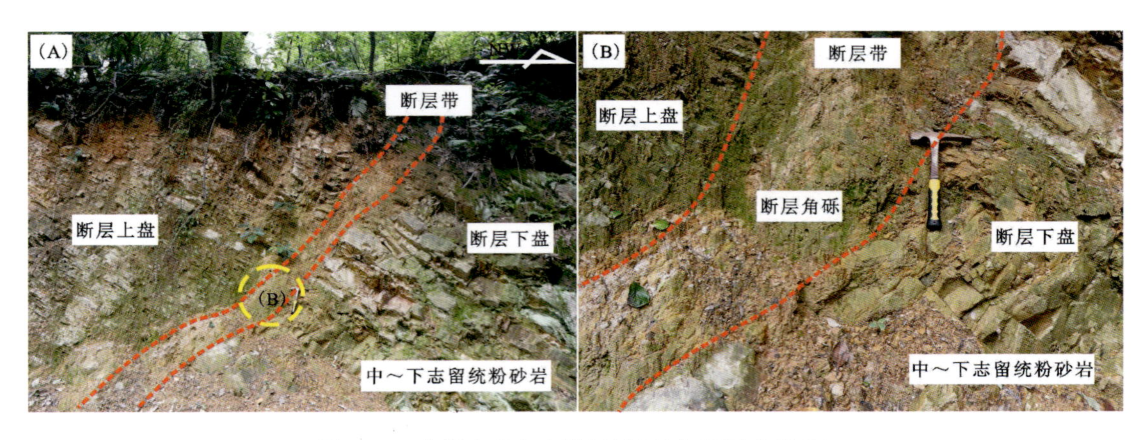

图 3－8　南望山废弃水塔断层(A)与断层角砾(B)

根据断层上盘与下盘的岩性特征（如层厚）与层理面产状对比，结合该点处周缘岩性与产状变化特征，可以确定该点处出露为小型的正断层，注意将该点处的断层特征与南望山汽车站等处的断层进行对比，分析该断层对于南望山—喻家山一带的 EW 向区域断层的指示意义。

No. 3

点位：南望山垭口东侧（GPS 位置）。

露头：天然、较差。

点义：上泥盆统五通组（D_3w）岩性特征观察点、层理产状控制点。

描述：

观察描述要点：①上泥盆统五通组岩性特征；②分析 $D_3w/S_{1-2}f$ 接触关系。

该点处为上泥盆统五通组底部，岩性特征为灰白色巨厚—厚层状中—细粒石英砾岩，砾

石成分为石英，含量占90%以上，磨圆度好，分选中等。根据砾石长轴定向排列特征，确定原生层理面产出特征，其代表性产状为：350°∠56°。

在该点处，要注意区别原生层理面与次级构造面（节理、劈理）的区别。

由该点向北，岩性逐渐过渡为灰白色中—厚层状中—细粒石英砂岩，发育交错层理。

将该点处地层岩性特征、产状特征与No. 2点处地层岩性特征、产状特征对比，表明上泥盆统五通组（D_3w）与下～中志留统坟头组（$S_{1-2}f$）之间为平行不整合接触，其主要证据是：

（1）上、下两套地层产状基本一致。

（2）两套地层之间缺失中志留统～中泥盆统地层，存在约60Ma的沉积间断。

（3）不整合面上发育古风化壳（在喻家山南侧半山处可见）。

（4）在五通组底部见底砾岩沉积。

（5）下～中志留统坟头组（$S_{1-2}f$）为海相沉积地层，出露有三叶虫、腕足类等化石；上泥盆统五通组（D_3w）为陆相沉积地层，产出有陆相植物化石等，表明两者沉积环境差异大。

No. 4

点位：南望山北坡与沙湾南路交汇处（GPS位置）。

露头：人工、良好。

点义：①中二叠统孤峰组（P_2g）岩性观察点；②褶皱观察点。

描述：

观察描述要点：①观察该点硅质岩岩性特征；②观察该点处硅质岩变形特征，测量褶皱主要几何要素，绘制素描图；③确定该点处小型断层性质，分析断层与褶皱之间的构造关系。

该点岩性为中二叠统孤峰组灰黑色薄层硅质岩，岩层单层厚1～2cm。受岩石能干性及顺层滑动作用影响，该点处发育有一典型的复杂褶皱（图3-9）。褶皱的转折端呈圆弧状及“M”形，总体向南中等角度倾斜，褶皱岩层各处厚度变化不明显，局部具有显著的厚度减薄特征。将不同位置次级褶皱的包络面相连，恢复其宏观形态（具有Z型特征），可见褶皱形成过程与SN向挤压背景下的岩层纵弯变形及顺层滑动相关。

在褶皱南侧发育一EW向小型断层，断层面向北陡倾，断层带内发育有构造角砾岩，根据角砾形态特征推测它们为张性角砾岩，显示出断层具有正向滑动特征。通过野外构造序次分析，显示出断层活动明显晚于褶皱形成过程。

该点南侧可见构造角砾岩，出露宽约1m，向南被坡积物覆盖，构造角砾岩走向为EW向，与岩层走向近一致，据此判断该断层为走向断层。根据前点为上泥盆统五通组（D_3w）与该点中二叠统孤峰组（P_2g）之间缺失石炭系～中二叠统等地层，缺失地层厚度在170m以上，上泥盆统五通组（D_3w）与中二叠统弧峰组（P_2g）之间仅有不到50m的第四系坡积物覆盖区，判断该点处地层被断层显著减薄，断层规模较大。

四、教学注意事项

1. 由于受坟头组岩性特征和植被影响，南望山南侧沿上山小径的露头不好，可沿山坡向半山腰处寻找露头，观察岩性特征和岩层层面，让学生学会熟练使用放大镜和罗盘。

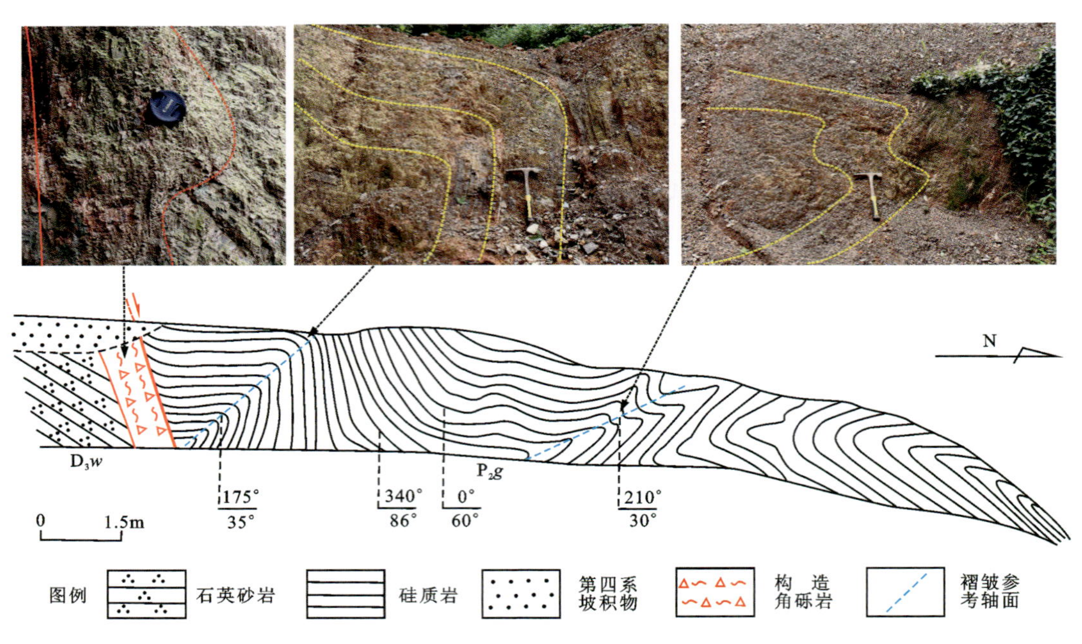

图 3-9　南望山北坡二叠系褶皱特征

2. 注意在 No. 3 和 No. 4 教学点之间，向学生介绍区域上石炭～二叠系岩性特征、厚度，引导学生根据野外出露情况推断断层效应。

3. 该路线穿越南望山，沿途多为草丛与树木，注意蚊虫叮咬，注意森林防火。

五、总结与思考

1. 对比坟头组、五通组和孤峰组岩性特征，思考岩性特征与南望山地貌特征之间的关系。

2. 在扬子板块，泥盆系(如实习区的上泥盆统五通组)之下的平行不整合面分布广泛，其代表的构造事件是什么？

路线二　喻家山-风筝山构造剖面

一、基本要求与任务

路线二：学校—鲁磨路709公交终点站—喻家山北路路口—风筝山西端—学校。

任务：

1. 认识断裂的性质、规模及其运动学特征。
2. 观察和描述断裂，测量断裂的主要产状要素（断面、擦痕等）。
3. 绘制信手地质剖面图，了解本区构造形态及它对区域构造的指示意义。

要求：携带野簿、罗盘、放大镜、地质锤。

二、实习前的知识储备

本条路线的实习内容主要包括：断层、劈理、节理等中小尺度构造在野外的观察和描述以及关键几何要素产状的测量；绘制信手地质剖面图并对区域构造加以分析。

1. 面状构造和线状构造的产状要素内容与野外测量方法。
2. 《构造地质学》教材中节理与劈理的分类原则与相关描述要点。
3. 断层野外识别标志、运动学分类及主要描述内容。

三、具体观察和描述内容

No. 1

点位：喻家山西端、709公交车终点站（GPS位置）。

露头：人工、一般。

点义：①D_3w与$S_{1-2}f$界线点；②断裂构造观察点；③信手剖面图起点。

描述：

(1)该点为信手地质剖面的起点，确定剖面长度和方向，开始绘制剖面图。

(2)该点南西为下～中志留统坟头组($S_{1-2}f$)灰黄色厚—中厚层细砂岩、粉砂岩，代表性地层产状为S_0：NE15°∠73°。

(3)该点北东为上泥盆统五通组(D_3w)中厚层石英砂岩，岩石破碎，节理发育，代表性层理产状为S_0：NE331°∠84°。

(4)该地点为断层破碎带，出露宽度约15 m，带内岩石强烈破碎，构造角砾岩发育，可观测到不规则的构造透镜体及充填的断层泥、摩擦镜面、擦痕、阶步等，具有明显的分带性。

主断裂带发育在下～中志留统坟头组($S_{1-2}f$)与上泥盆统五通组(D_3w)分界处(图3-10),可见宽约0.5 m的由断层泥充填的断裂面,产状为:50°∠85°;向北东依次变为宽约3 m构造角砾岩带,此岩带由一系列构造角砾岩及构造透镜体组成,其表面可见擦痕及阶步;临断劈理带,宽约3 m,由一系列平行于主断裂面的密集劈理群组成;构造破裂带宽约8.5m,由中厚层长石石英砂岩组成。断层面上发育有擦痕和阶步等,擦痕线理产状为:120°∠20°(图3-11)。综合判断,该断层主要表现为右行斜向滑动断层。

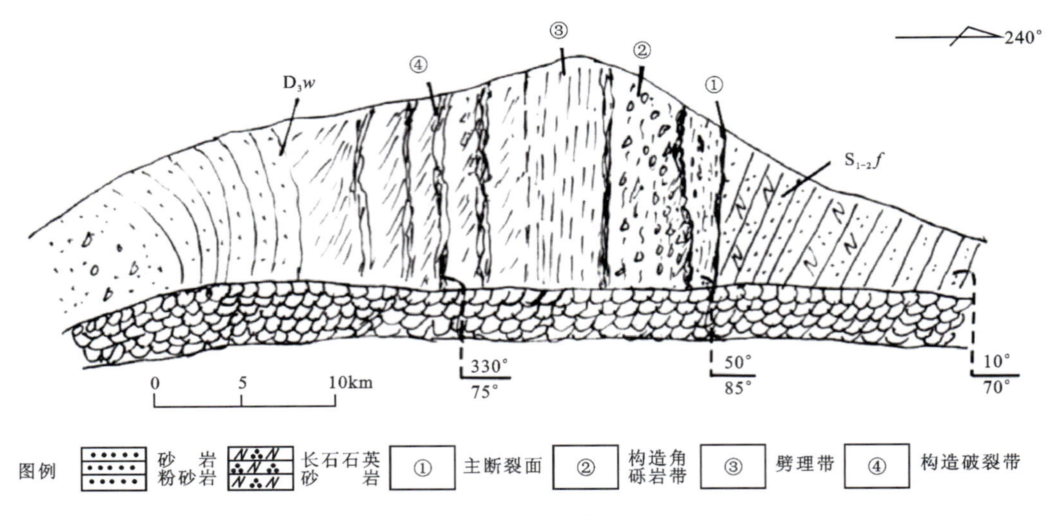

图3-10 鲁磨路709公交站处的断裂素描图

图3-11 鲁磨路709公交站处五通组(D_3w)中的断层与擦痕

点间1:No.1→NE250m→250m(GPS位置)。

从公交车站东侧沿着土路上喻家山,沿途可见大量石英砂岩和砾岩滚石,山顶处可见石

英砂岩原生层理(山腰处 S_0:13°∠62°;山顶处 S_0:4°∠45°),局部可见砾岩与石英砂岩接触界面(图 3-12)。石英砂岩为中厚层状灰白色中细粒石英砂岩,局部含有少量硅质砾石。砾岩为厚层—块状中细粒砾岩,主要成分为石英,磨圆度好,分选中等,砾石长轴定向排列,与层理方向一致。

(A)石英砂岩与砾岩接触界面;(B)砾石定向排列,长轴近似平行层理方向。

图 3-12　喻家山西端上泥盆统五通组(D_3w)的石英砂岩和砾岩

No. 2

点位:鲁磨路和喻家山北路交叉口(GPS 位置)。

露头:天然、一般。

点义:①P_2g 与 D_3w 界线点;②断层观察点。

描述:

(1)点南为上泥盆统五通组(D_3w)石英砂岩,基岩出露较少,多为坡积转石,产状为 S_0:12°∠52°(在喻家山西端山腰附近测量数据,断层点附近无法观测)。

(2)点北为中二叠统孤峰组(P_2g)灰黑色中薄层硅质岩,硅质岩底面可见印模构造(图 3-13),印模圆弧向右突起,指示右侧为老地层。代表性地层产状为:359°∠84°。

图 3-13　鲁磨路和喻家山北路交叉路口的断层

(3)推测中二叠统孤峰组(P_2g)与上泥盆统五通组(D_3w)呈断层接触关系,主要依据包括:喻家山西北端山坡和山脚处地形呈洼地和冲沟,五通组(D_3w)原生露头少见,常见到五通组(D_3w)石英砂岩和砾岩的滚石,节理发育。

(4)该点处孤峰组硅质岩被断层错断(图 3-13),断层面呈现波状起伏特征,代表性产状为:50°∠60°。断层面上发育擦痕和阶步,擦痕产状为:120°∠40°,指示断层上盘由 NW 向 SE 斜向下滑,擦痕侧伏角为 55°,判断断层性质为斜向滑动正断层。

No. 3

点位:武汉工贸职业学院北侧,鲁磨路和小李村路交叉口(GPS 位置)。

露头:天然、一般。

点义:①D_3w 与 $S_{1-2}f$ 界线点;②信手剖面图终点。

描述:

(1)点南为上泥盆统五通组(D_3w)石英砂岩,S_0 产状为:17°∠46°。岩石内部节理发育,S_1 产状为:87°∠86°。

(2)点北为下～中志留统坟头组($S_{1-2}f$)灰黄色厚—中厚层细砂岩、粉砂岩,沿着小李村路向北可见到原生露头,地层产状为 S_0:25°∠56°,地层发生倒转。

(3)推测上泥盆统五通组(D_3w)与下～中志留统坟头组($S_{1-2}f$)呈断层接触关系,坟头组($S_{1-2}f$)基岩露头少,与五通组(D_3w)接触位置呈负地形。

(4)在武汉工贸职业学院校园内,可见到中二叠统孤峰组(P_2g)硅质岩出露,在坡积物中常见到石英砂岩和硅质岩滚石。

四、教学注意事项

1. 该条教学路线主要沿公路行进,通行条件较好,通过公路时要按照交通指示灯通行,特别注意避让车辆。

2. 在临近山坡的观测点(如观察点 2),要注意山坡凹坑中的灌木杂草,建议穿长袖衣物和防滑鞋,注意冬春季节的森林防火问题。

3. 在园林学校内观察时,要注意观察秩序,不要大声喧哗和随意敲打岩石。

五、总结与思考

1. 对比上泥盆统五通组(D_3w)、下～中志留统坟头组($S_{1-2}f$)、中二叠统孤峰组(P_2g)的岩性特征,分析不同时代地层的岩石力学性质差异。

2. 完成本路线信手剖面图,总结分析该路线中的断层与节理的主要特点。

3. 根据本路线信手剖面结果(可参考图 3-14)并结合地形地貌特征,分析南望山—喻家山—磨山一带的基本构造格架。

4. 根据上述构造格架特征,推测分析本地区的区域构造演化基本特点。

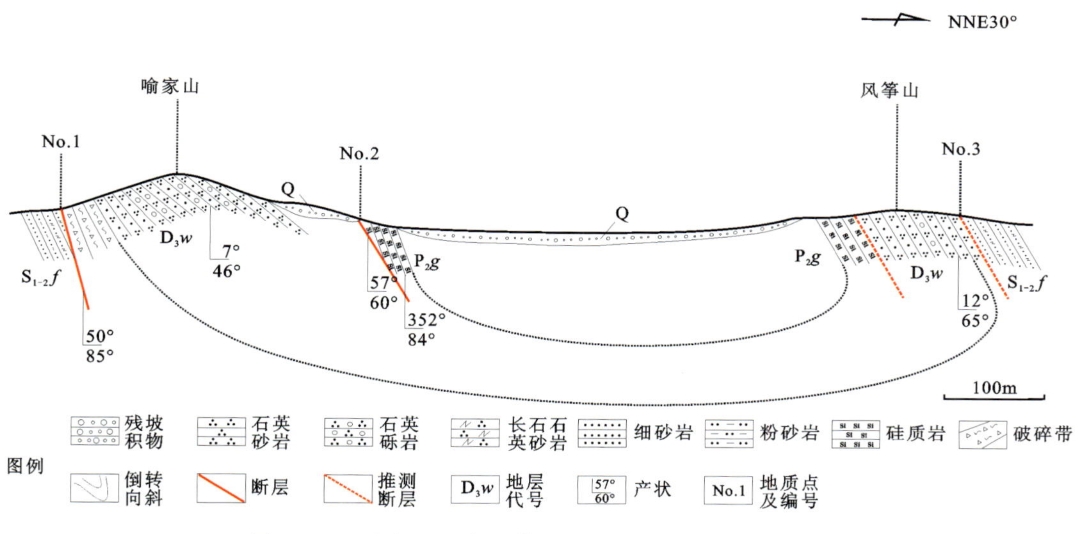

图 3-14　喻家山西端-风筝山西端实习路线信手剖面图

路线三　大冶铁山国家矿山公园构造-岩浆-变质-成矿作用

一、基本要求与任务

路线三：基地—大冶市铁山国家矿山公园—基地

任务：

1. 观察和描述矿区围岩（T_1d^3）中发育的各种构造变形和特征。

2. 分析各类型构造的相互组合关系、成因、期次及其形成的构造背景。

3. 巩固露头尺度典型构造的素描图绘制方法。

4. 了解岩浆岩的岩石类型和侵位特征。

5. 了解岩浆侵入碳酸盐岩引发的接触热变质和接触交代变质作用以及接触变质带的展布特征。

6. 了解矿床类型和成矿特征。

7. 综合分析构造-岩浆-变质-成矿作用之间的关系。

要求：携带素描工具、罗盘、放大镜和相机等。

二、实习前的知识储备

本条路线为一条综合知识的实习路线，实习内容主要包括：中小尺度构造（如褶皱、线理、劈理、节理、缝合线和叠加构造等）在野外的观察和描述，以及关键几何要素产状的测量；岩浆岩、变质作用（接触热变质和接触交代变质作用）以及与岩浆侵位相关的成矿作用和构造变形。需要提前学习“构造地质学”“岩石学”“矿床学”课程或对这些课程有一定的了解。

三、具体观察和描述内容

No. 1

点位：铁山国家矿山公园门口（GPS 位置）。

露头：人工、良好。

点义：观察 T_1d^3 中发育的复杂、多期次的构造现象。

描述：

(1) T_1d^3 岩性及岩性变化。

(2) 褶皱的不同几何形态、组合类型和叠加特征（简单分析）。

(3)石香肠构造的大小、形态、产出特征以及叠加变形。

(4)其他构造类型,如缝合线构造、压溶劈理等。

(5)选择一典型构造现象,在野簿上画信手剖面图或素描图。

在该点主要观察矿区围岩大冶组第三段(T_1d^3)中发育的构造变形,侧重观察、描述和分析构造变形的类型和特征。大冶组第三段(T_1d^3)为黄褐色角岩条带与灰白色中—薄层大理岩互层,原岩应为夹灰黄色泥质条带的薄层泥质灰岩,经历变质作用后,形成能干性差异明显的角岩和大理岩互层,厚度不均;经历了多期不同力学性质的构造变形,形成了复杂、多样的构造样式和叠加构造。例如:互层的大理岩和角岩条带呈非对称复式协调褶皱样式(图 3-15);早期的石香肠体(角岩条带)受晚期挤压或剪切变形(右行)形成叠加构造(图 3-16);大小不等、形态多样的石香肠构造(图 3-17)及其伴生剪切构造(图 3-18);剪切变形中强硬层(角岩)发生破裂、褶皱变形和石香肠化,而软弱层(大理岩)表现为塑性充填且未发生断裂(图 3-19、图 3-20)。此外,还可以观察到缝合线和压溶等构造特征。

注:受弯滑剪切变形,互层的大理岩和角岩条带呈非对称复式协调褶皱样式。

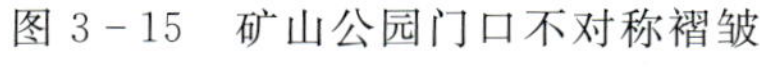

图 3-15　矿山公园门口不对称褶皱

注:早期石香肠体经历了晚期挤压或剪切变形(右行),形成叠加构造。

图 3-16　矿山公园门口多期构造叠加

注:露头发育大小不等、形态多样的石香肠构造,香肠体表现为藕节状、矩形、菱形、复合型、对称鱼嘴状和不对称鱼嘴状,反映不同岩层之间的岩石能干性差异。

图 3-17　矿山公园门口石香肠构造

注:石香肠构造和伴生褶皱的三维形态特征,露头表现为近水平方向的纯剪切伸展变形。

图 3-18　矿山公园门口石香肠构造和伴生褶皱

注：剪切作用（右行）下，强硬层（角岩）发生破裂、褶皱变形和局部石香肠化，软弱层（大理岩）塑性充填而未发生破裂。

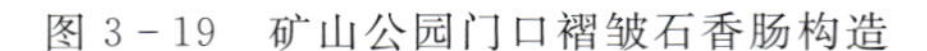
图 3-19　矿山公园门口褶皱石香肠构造

注：由于角岩（深灰色）与大理岩（浅灰色）岩石能干性差异，因而在压溶作用下，形成按一定方向分割成平行密集的薄片或薄板的次生面状构造，从而导致角岩和大理岩接触部位大角度相交。

图 3-20　矿山公园门口压溶劈理

No. 2

点位：铁山国家矿山公园内（GPS 位置）。

露头：人工、良好。

点义：观察花岗闪长岩与围岩的接触带，侧重对接触热变质、交代作用和成矿作用的了解。

描述：

（1）花岗闪长岩（铁山岩体）及岩脉的岩性组成和产出特征。

（2）接触热变质作用和交代作用的产物及识别标志，以及接触带的展布特征。

（3）参与成矿作用的主要成矿矿物和成矿元素以及矿体的空间展布特征。

（4）在野簿上画信手剖面图。

在该点主要观察矿区内岩浆侵位与围岩的接触关系，侧重观察岩浆岩的岩石类型、接触带的接触热-交代变质作用和成矿作用。矿区的铁山岩体岩性主要为石英闪长岩和花岗闪长岩，形成时代为早白垩世（～140Ma），是鄂东南乃至长江中下游地区典型的与成矿相关的岩浆岩，要注意观察、分析和描述岩性特征及主要矿物组成。围岩是下三叠统大冶组第三段泥质条带灰岩。在岩体与围岩的接触带（图 3-21、图 3-22），主要发生接触热变质作用和接触交代变质作用，形成大理岩和矽卡岩等变质岩。由图 3-21 可见，接触带的产状陡缓突变，尤其是围岩的凹入部位，构成了成矿的有利场所，原生成矿矿物主要为黄铁矿和黄铜矿等。蚀变矿物和次生矿化矿物主要为铁帽和铜的表生矿物（如孔雀石等）（图 3-22）。接触带也广泛发育强烈的构造变形，如多期叠加褶皱、断层和石香肠等构造现象。关于矿区内的构造变形特征、岩浆作用、变质作用和成矿作用，前人已有大量的研究，感兴趣的同学可查阅相关文献。

注：露天采坑矿区，右对面呈梯田状，陡峭一侧为侵入花岗闪长岩（铁山岩体），左下角一侧（有绿色植被）为围岩（T_1d^3），中间弧状采空区为接触带，也是矿区。

图 3-21　矿山公园内采坑

注：铁山岩体与围岩（T_1d^3）呈侵入接触关系（黄色虚线），右侧为铁山岩体，左侧为大冶组三段的大理岩，左下侧可见蚀变矿化，表面受表生淋滤作用可见赤铁矿-褐铁矿化（铁帽）和孔雀石。

图 3-22　矿山公园内岩体与围岩侵入接触关系

四、教学注意事项

1. 该条路线涉及的知识面广，如涉及构造、沉积、岩浆、变质以及矿床学，是一条综合性的教学实习路线。建议在实习前提前预习相关的资料。

2. 该条路线露头现象典型，是强化各项基本技能的难得的教学路线，可以训练学生使用放大镜、罗盘及绘制信手剖面图等。

3. 矿山公园内的地形复杂，岩石松动，一定要做好安全防护措施。

4. 该路线在国家 AAAA 级景区铁山国家矿山公园范围内，建议不要携带地质锤。

五、总结与思考

1. 分析铁山岩体侵位与围岩构造变形的关系。

2. 分析铁山岩体与围岩的接触交代变质作用及与成矿的关系。

3. 分析铁山矿床的形成过程，思考它属于何种类型（矽卡岩型或矿浆型）并说明理由。

4. 分析铁山岩体侵位过程与区域构造之间的对应关系。

5. 将铁山铁矿床与鄂东其他铁铜金矿床（如铜绿山、铜山口等）做对比，分析形成长江中游矿床带的区域地质背景和主要控制因素。

路线四　黄石市孤儿脑劈理-节理构造分析

一、基本要求与任务

路线四：基地—黄石市孤儿脑北坡—基地

任务：

1. 观察和描述灰岩地层中发育的节理、脉体、劈理和缝合线等构造的野外发育特征。
2. 分析各类型构造的相互组合关系、成因、期次及其形成的构造背景。
3. 系统测量劈理和节理脉体的产状，进行统计分析。
4. 学习露头尺度典型构造的素描图绘制方法。

要求：携带素描工具、罗盘、放大镜、地质锤、相机。

二、实习前的知识储备

本条路线的实习内容主要包括对劈理、节理、缝合线等小型构造在野外的观察、描述、数据测量和分析，需要提前学习掌握节理、劈理和面理等章节的知识。

三、具体观察和描述内容

No. 1

点位：孤儿脑北坡（GPS 位置）。

露头：人工、良好。

点义：压溶劈理观测点。

描述：

在碳酸岩和砂岩中，常会发生压溶作用，即在垂直最大压缩方向的颗粒边界上，因应力梯度而发生物质扩散迁移，溶解出的物质在化学势能的控制下向低应力区迁移和堆积。通过压溶作用形成的劈理，可称为压溶劈理，通常表现为间隔性的劈理。压溶劈理通常与层理垂直或大角度相交，在区域水平挤压收缩变形机制下形成。露头上发育的压溶劈理与层理呈 60°左右夹角相交，指示了该地区地层褶皱变形以弯滑褶皱作用为主（图 3-23）。

注意观测劈理与层理的夹角变化，使用罗盘测量层理和劈理的产状以及不同岩性层内的劈理与层理的夹角。压溶劈理与层理夹角的相对大小通常反映了不同岩层之间能干性的差异，相对强硬的岩层内劈理与层理的夹角相对较大，而软弱岩层内劈理与层理的夹角相对较小。

图 3-23　孤儿脑北坡大冶组压溶劈理野外特征

No. 2

点位：孤儿脑北坡(GPS 位置)。

露头：人工、良好。

点义：缝合线构造观测点。

描述：

缝合线构造是上地壳沉积岩石中普遍存在的一种凹凸不平的面状小型构造，被认为是固结成岩之后，在挤压应力作用下通过局部溶解过程形成的。在其界面上，通常富集不溶性矿物，这些不溶性矿物为周围碳酸盐溶解留下的残留物。在野外露头上，缝合线构造通常表现为锯齿状、柱状、波状等形态。锯齿尖峰指向指示最大挤压应力和溶蚀收缩变形的方向。缝合线两侧尖端之间的最大距离代表岩石沿该缝合线的最小溶蚀厚度。

缝合线构造通常发育两种类型：一类是与层理平行的沉积缝合线，是地层在重力作用下垂向压实的结果；另外一类是与层理近垂直或大角度相交的构造缝合线，在地层受到水平方向构造挤压作用下形成(图 3-24、图 3-25)。压溶作用形成的缝合线构造也可看作一类间隔劈理。缝合线构造对上地壳岩石中的流体活动具有重要的影响，在含油气盆地中，缝合线构造可成为油气的运移通道或屏障。

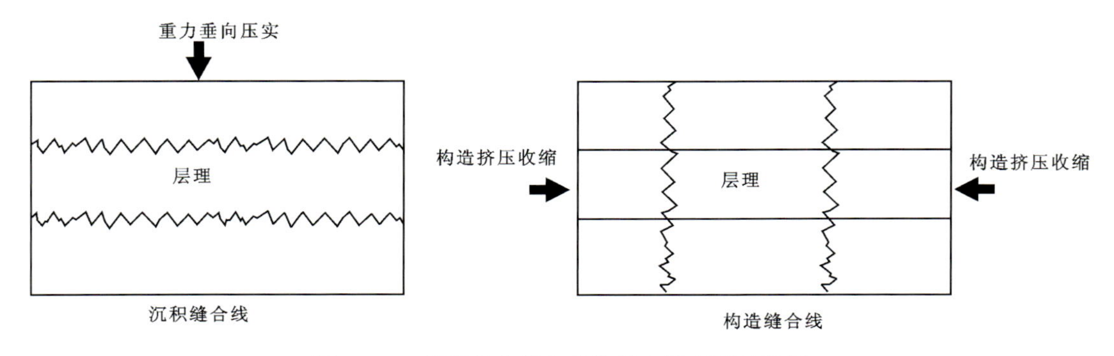

图 3-24　沉积缝合线和构造缝合线成因示意图

图 3-25　孤儿脑北坡大冶组灰岩地层中发育的沉积缝合线和构造缝合线

缝合线构造的观察要点：

(1)缝合线的产状及其与层理的关系。测量不同方位的缝合线构造的产状，观察它与层理的关系及其夹角，不同方位缝合线构造之间及缝合线构造与其他脉体之间的相互交切关系。在野外露头上可观测到部分倾斜的构造缝合线切割方解石脉体。

(2)缝合线构造的几何形态。拍摄典型的缝合线构造或画素描图，观测其剖面形态和粗糙度并分类，如分为锯齿状、波状、柱状等(图 3-26、图 3-27)。

(3)测量缝合线的间距，估算岩石的变形量。选择缝合线构造发育的代表性剖面，测量岩层总体厚度 L，测量该岩层中发育的每一条沉积缝合线构造中尖峰的最大间距，分别记为 L_1、L_2、L_3……。

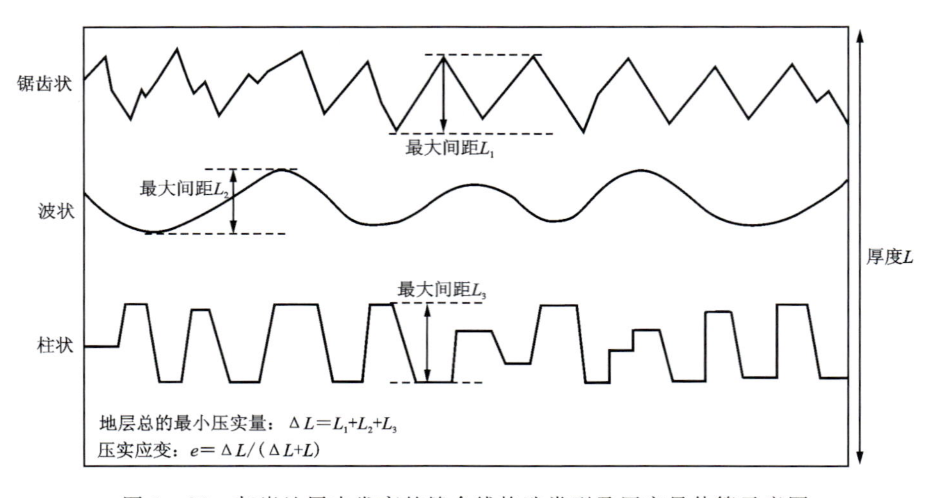

图 3-26　灰岩地层中发育的缝合线构造类型及压实量估算示意图

图 3-27　孤儿脑北坡大冶组灰岩地层中发育的不同形态缝合线构造

估算地层总的最小压实量为：

$$\Delta L = L_1 + L_2 + L_3$$

地层最小垂向压实应变为：

$$e = \Delta L / (\Delta L + L)$$

No. 3

点位：孤儿脑北坡（GPS 位置）。

露头：人工、良好。

点义：不同类型方解石脉体观测点，求解古构造应力场主应力方位。

描述：

岩石发生脆性破裂会形成与最大主应力（σ_1）平行的一组张性裂隙，裂隙孔隙通常会被矿物充填而形成脉体。脉体的发育方位和矿物生长方向可以反映岩石的受力状态和破裂过程。露头点上发育大量的张性节理，并被方解石脉体充填。脉体主要发育两种类型：一类为顺层脉体，脉体产状与层理平行，通常指示地层褶皱之前发生的水平挤压作用；另一类为切层脉体，脉体产状与层理垂直或大角度相交，在褶皱的转折端部位最为发育，通常与地层的褶皱变形相关，为褶皱同期伴生构造（图 3-28）。

图 3-28　孤儿脑北坡大冶组灰岩层中方解石脉体发育特征

注意观测脉体的产状、期次及相互切割关系，观测方解石脉体中晶体的生长方向及其与脉体的夹角；使用罗盘测量露头点上脉体的产状，测量脉体的宽度和间距；注意观察不同期次和产状的脉体与压溶劈理和缝合线构造的相互切割关系。露头上可见切层方解石脉体切割错断先期的压溶劈理和构造缝合线（图 3-29）。

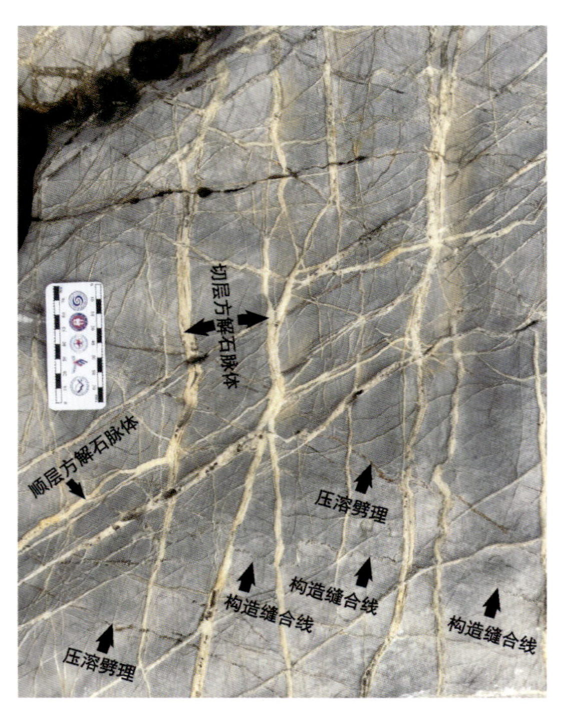

图 3-29　孤儿脑北坡大冶组灰岩中方解石脉体与压溶劈理和构造缝合线的相互切割关系

在野外露头上详细测量节理、脉体和缝合线构造的产状，在室内通过赤平投影进行产状数据统计和解析古构造应力场的主应力方位（图3-30）。两组共轭剪切破裂面的交线指示中间主应力σ_2的方位，其锐角平分线和钝角平分线分别为最大主应力σ_1和最小主应力σ_3的方位。张性节理和脉体所在平面为最大主应力σ_1和中间主应力σ_2所在平面，其法线方向为最小主应力σ_3方位。构造缝合线的锯齿状尖峰指向最大主应力σ_1的方位。

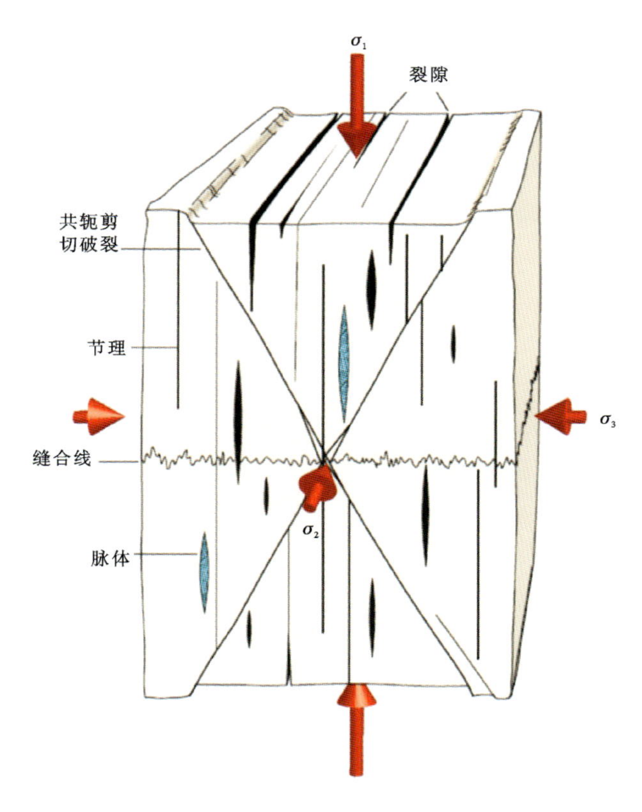

图3-30　节理和脉体产状与构造主应力方位关系（据Fossen，2010，有修改）

No. 4

点位：孤儿脑北坡（GPS位置）。

露头：人工、良好。

点义：大冶组灰岩层中的石香肠观测点。

描述：

由于岩石能干性的差异，在大冶组灰岩中，当薄层泥质条带灰岩、泥质灰岩夹厚层灰岩时，相对较强硬的厚层灰岩发生石香肠化。根据该点处石香肠化的形态特征，并结合本路线的总体变形特征，显示出在弯滑褶皱作用变形过程中，褶皱翼部岩层发生了伸展减薄作用而形成石香肠化（图3-31）。

图 3-31 孤儿脑北坡大冶组厚层灰岩层的石香肠化

四、教学注意事项

1. 该条路线观察条件和测量条件优越，注意加强各项基本技能的训练，包括用罗盘测方位和产状、画素描图、用放大镜观察等。

2. 学生在该条路线需要仔细观察、测量、计算、分析，教学时间建议至少半天。

3. 该条路线观察内容相对尺度较小，注意引导学生理解、学习劈理、节理和缝合线等构造与高一级构造之间的成因联系。

五、总结与思考

1. 岩石韧性变形和脆性变形各有哪些典型构造样式？

2. 在野外露头上，如何分析各种类型构造的相互关系和先后发育序次？

3. 在本地区，收缩构造变形的主要构造类型是什么？伸展构造变形的主要构造类型是什么？所代表的收缩和伸展构造变形的方位是什么？

4. 如何通过构造样式解析区域构造应力场的性质和主应力方位？

路线五　黄石市孤儿脑褶皱-断层观测路线

一、基本要求与任务

路线五：基地—黄石市孤儿脑北坡—基地。

任务：

1. 观察下三叠统大冶组一段（T_1d^1）至四段（T_1d^4）主要岩性特征。

2. 观察分析代表性褶皱的野外产出特征，测量几何要素，进行拍照与素描。

3. 对比分析不同区段岩层的褶皱-断层组合特征，分析主要变形机制。

4. 绘制大比例尺信手构造剖面图（1∶500～1∶1000）。

要求：携带野簿、罗盘、地质锤、放大镜、测绳和相机。

二、实习前的知识储备

本条路线的实习内容主要包括：观察野外条件下褶皱表现特征，认识褶皱分类方案与主要形成机制，分析褶皱-断层组合特征及构造配套。

1. 褶皱几何特征、位态分类方案及 Ramsay 分类原则。

2. 褶皱形成机制（如主波长理论、纵弯褶皱特征等）的相关内容。

3. 断层识别标志及运动特征分析的相关内容。

4. 岩石力学性质与构造层次的相关内容。

三、具体观察和描述内容

No. 1

点位：孤儿脑北坡进山处（GPS 位置）。

露头：人工、良好。

点义：观察大冶组一段（T_1d^1）主要岩性特征；测量岩层产状，分析构造变形特征。

描述：

观察描述要点：①大冶组一段（T_1d^1）主要岩性特征；②测量代表性层理产状；③信手剖面起点。

该点处主要出露大冶组一段（T_1d^1）的地层，自底部到顶部，岩性组合主要为灰黄色中薄层泥灰岩、灰黄色页岩与薄层泥灰岩互层。

该套岩层主要表现为单斜地层，代表性产状为：355°∠30°。

图 3-32　大冶组一段岩性特征

No. 2

点位：孤儿脑北坡半山腰处（GPS 位置）。

露头：人工、良好。

点义：观察大冶组二段（T_1d^2）底部岩性特征；观察分析该区段的褶皱变形特征，测量代表性褶皱的几何要素。

描述：

观察描述要点：①该点处的地层岩性；②该点处岩层的构造变形特征。

该点地层岩性为大冶组二段（T_1d^2）底部的灰黄色薄层泥质条带灰岩夹灰白色厚层砾屑灰岩。

该点处主要构造变形特征表现为薄层泥质条带灰岩与厚层灰岩夹层协调变形，形成典型的等厚褶皱，褶皱主波长可由厚层灰岩确定[图 3-33(A)]。褶皱轴面近直立，枢纽倾斜，具有直立倾伏褶皱的位态特征。由厚层灰岩构成褶皱的转折端呈圆弧状—箱状，由薄层泥质条带灰岩构成褶皱的转折端呈圆弧状—尖棱状，受薄层泥质条带成分层的影响，局部表现为弯滑变形特征。

在该点附近，岩层倾角在较短的距离内发生明显突变，表明该区段出现有断层。根据岩层产状变化及局部小构造（如岩层弯曲、牵引褶皱等）几何学特征，确定该断层为正断层[图 3-33(B)]。按照构造序次分析，断层应当形成于褶皱变形之后，对应于伸展变形阶段。注意观察断层破碎带内的断层角砾形态、磨圆度和分选性，角砾是否胶结以及胶结类型。

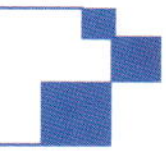

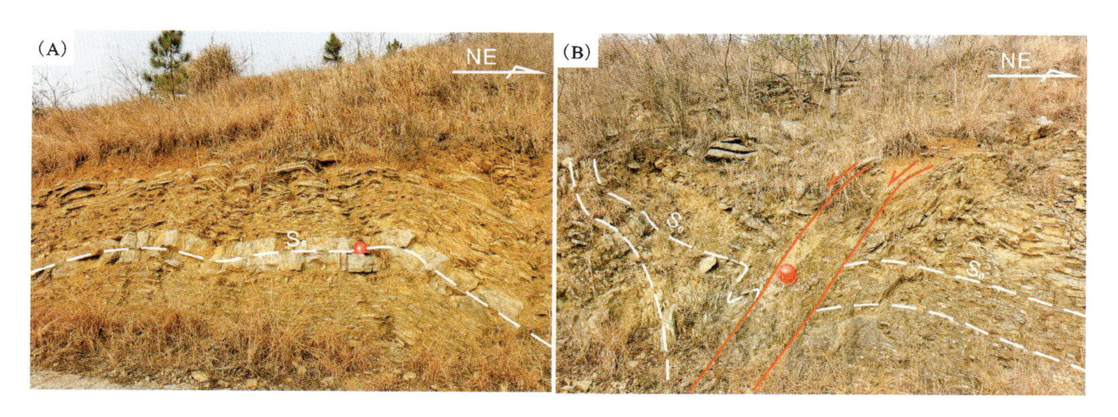

图 3-33 大冶组二段底部的等厚褶皱(A)与正断层(B)

No. 3

点位：孤儿脑北坡半山腰处(GPS 位置)。

露头：人工、良好。

点义：观察大冶组二段(T_1d^2)中部的岩性特征；观察分析该区段的褶皱变形特征，测量代表性褶皱的几何要素。

描述：

观察描述要点：①该点处的地层岩性；②该点处岩层的构造变形特征。

该点地层岩性主要为大冶组二段(T_1d^2)中部的灰黄色薄层泥灰岩与灰色中薄层砂屑灰岩互层。在灰黄色薄层泥灰岩中，褶皱位态特征表现为斜歪水平褶皱[图 3-34(A)]。在形态方面，其转折端形态由外弧的箱状—圆弧状转变为内弧的尖棱状，岩层厚度由外侧等厚转化为内部加厚。褶皱内弧的转折端处表现出虚脱特征，泥质成分层形成局部汇集，表明在褶皱形成过程中具有弯流变形特征，在内弧形成了典型的顶厚褶皱。

在灰色中薄层砂屑灰岩中，褶皱位态特征表现为平卧褶皱[图 3-34(B)]。在形态方面，其转折端由外弧的圆弧状转变为内弧的尖棱状，外弧曲率相对开阔，内弧曲率相对紧闭，岩层厚度总体保持不变，具有典型等厚褶皱特征。

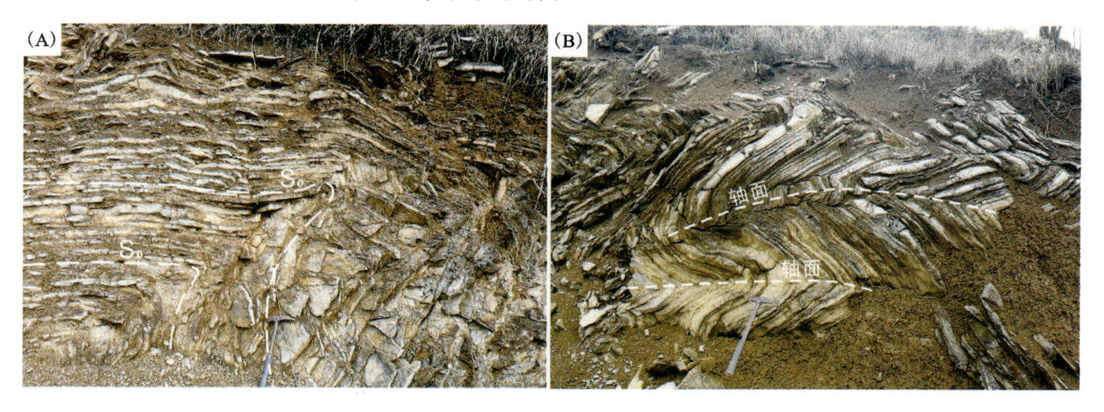

图 3-34 大冶组二段中部薄层泥灰岩中的斜歪褶皱(A)与中薄层状灰岩中的平卧褶皱(B)

No. 4

点位：孤儿脑北坡半山腰处(GPS位置)。

露头：人工、良好。

点义：观察大冶组三段(T_1d^3)岩性特征；观察分析该区段构造变形特征，测量代表性褶皱几何要素。

描述：

观察描述要点：①该点处的地层岩性；②该点处岩层的构造变形特征。

该点地层岩性主要为大冶组三段(T_1d^3)的灰色薄层泥晶灰岩与灰色中厚层砂屑灰岩互层，二者表现为褶皱变形特征，位态具有斜歪倾伏特征。受岩石能干性差异影响，中厚层砂屑灰岩多形成相对开阔的等厚褶皱，转折端呈圆弧状，薄层泥晶灰岩多形成相对紧闭的等厚褶皱[图3-35(A)]，转折端呈尖棱状。受到泥质成分层影响，薄层泥晶灰岩中褶皱显示出明显弯滑变形特征，多出现不对称小褶皱，局部出现膝折。

在灰色中厚层砂屑灰岩中，出现有较多方解石脉，脉体多呈枝杈状，宽度为3～5mm，其走向与岩层层理及缝合线构造相垂直[图3-35(B)]。根据脉体形态特征，可以确定该位置分布有垂直岩层的张节理系，后期被方解石充填。

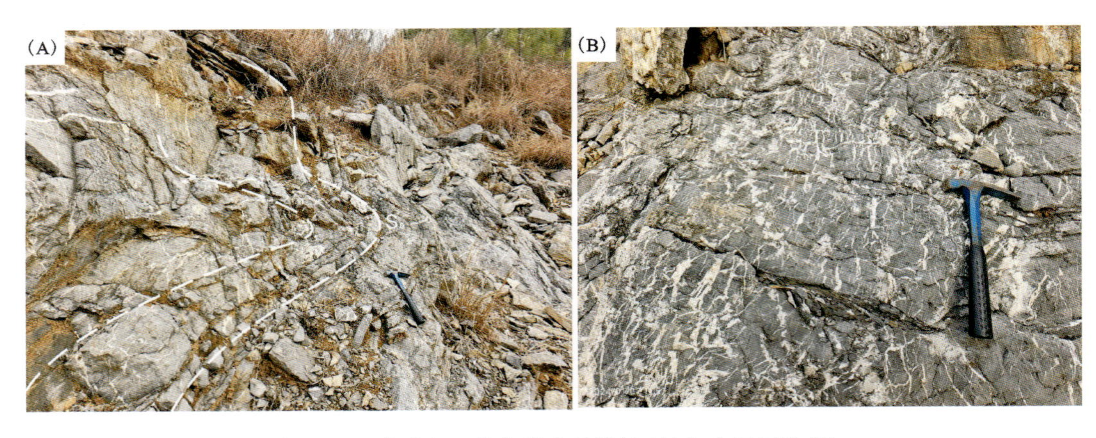

图3-35 大冶组三段灰岩中的褶皱(A)与方解石脉(B)

No. 5

点位：孤儿脑北坡山腰处(GPS位置)。

露头：人工、良好。

点义：观察大冶组四段(T_1d^4)岩性特征；观察分析该区段构造变形特征，测量代表性岩层产状。

描述：

观察描述要点：①该点处的地层岩性；②该点处岩层的构造变形特征。

该点地层岩性主要为大冶组四段(T_1d^4)的灰色厚层砂屑灰岩夹薄层泥晶灰岩。该套灰岩层表现为平缓褶皱特征，转折端圆滑，位态特征表现为直立倾伏，厚层砂屑灰岩具有等厚

褶皱特征。受薄层泥晶灰岩影响，岩层褶皱表现为弯滑褶皱特征。薄层泥晶灰岩以囊状体形式出露在褶皱转折端处（图 3－36），表现为两翼减薄、核部加厚的顶厚褶皱特征。

图 3－36　大冶组四段灰岩中的褶皱

四、教学注意事项

1. 该条野外教学路线的观测条件与通行条件优越，是观测分析褶皱构造现象的绝佳教学路线，可以对学生进行实测构造剖面的训练，引导学生尝试分析断层-褶皱构造组合特征，训练构造思维，并注意结合区域地质背景进行构造机制分析。

2. 该路线位于近山顶位置，是涉及教学内容较多且有一定距离的爬山路线。在教学过程中，教师需要给学生留出充足的观测分析时间，教学和观察时间建议安排 5～6h。在观测过程中，因中途不便于返回，需要提醒学生提前准备充足的饮用水及便携式食物。在条件允许的情况下，可以考虑租用当地小型车辆往返提供后勤补给。

3. 该路线处于半山腰位置，林木较多，注意结合季节变化穿戴衣物，并注意冬春季节的森林防火问题。

五、总结与思考

1. 根据路线观测结果和大比例尺构造剖面图（图 3－37），对比分析下三叠统大冶组一段（T_1d^1）至四段（T_1d^4）构造变形特征，着重从褶皱变形特征、褶皱-断层组合的角度进行对比，尝试建立不同区段的垂向构造样式。

2. 制作褶皱枢纽或者轴面的赤平投影，判断枢纽或轴迹的优选方位，并思考形成这些褶皱构造的区域应力方位。为什么在孤儿脑这个区域集中出现类型多样的褶皱构造？

3. 大冶组不同区段褶皱的主要变形机制是什么？对区域构造的指示意义是什么？

4. 将该路线的构造观测结果与黄石其他区域（如铁山、秀山等）观测结果进行对比，分析判断区域上大冶组总体构造变形特征。

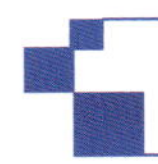

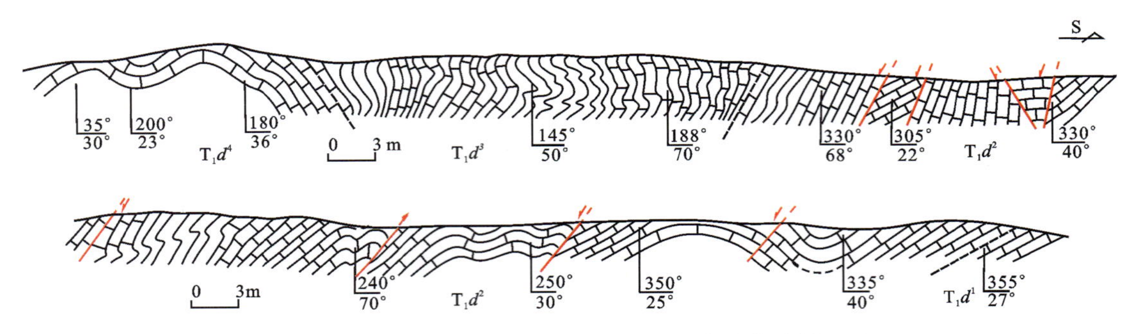

图 3-37　黄石孤儿脑大冶组一段至四段构造信手剖面图

路线六　黄石市秀山褶皱和断层构造

一、基本要求与任务

路线六：基地—黄石市铁山镇秀山—基地。

任务：

1. 观察并描述褶皱和断层等构造的几何学和运动学特征。

2. 分析各类型构造的相互组合关系及其形成的构造背景。

3. 学习露头尺度典型构造的素描图绘制方法。

要求：携带素描工具、罗盘、放大镜、地质锤、相机。

二、实习前的知识储备

本条路线的实习内容主要包括褶皱和断层的野外观测描述、数据测量和分析。需要提前掌握《构造地质学》教材中褶皱和断层等章节的知识。

三、具体观察和描述内容

No. 1

点位：秀山南坡（GPS位置）。

露头：人工、良好。

点义：褶皱观测点。

描述：

在秀山南坡，薄层灰岩地层发生强烈褶皱变形，整体表现为紧闭非对称样式[图3-38(A)]。重点对褶皱的几何学特征进行观察和描述，对典型褶皱构造进行拍照和素描。

褶皱观察要点：

(1)褶皱的转折端形态。褶皱转折端以圆弧状为主，局部可见尖棱状或宽缓箱型转折端。对于箱型转折端，注意观察两组共轭轴面。圆弧形褶皱在厚层灰岩层中较为发育，而尖棱褶皱在薄层灰岩层中较为发育。

(2)褶皱的几何样式和紧闭程度。注意观察岩层在转折端和翼部的层厚变化，在转折端部位，岩层局部增厚，在两翼拐点处岩层相对减薄[图3-38(B)]；通过两翼倾角估算褶皱的翼间角，描述褶皱的紧闭程度；观察褶皱的对称性，部分褶皱表现为一翼长一翼短的Z型或S型非对称样式，指示弯滑褶皱变形机制(图3-39)。

(3)测量褶皱的枢纽、轴面和两翼的产状,描述褶皱的空间位态。褶皱枢纽产状要素包括倾伏向和倾伏角,根据枢纽是否水平将褶皱分为水平褶皱或倾伏褶皱。褶皱轴面产状要素包括轴面的倾向和倾角,根据轴面产状将褶皱分为三类:直立褶皱、斜歪褶皱和倒转褶皱。

(4)在该露头观察点上,观察分析各个小型褶皱在几何形态和空间位态上是否存在相似性或差异性。

图 3-38 秀山南坡褶皱样式(A)和泥质条带灰岩中发育的圆弧形褶皱(B)

图 3-39 秀山薄层灰岩中的 Z 型(A)和 S 型(B)不对称小褶皱

No. 2

点位:秀山北坡(GPS 位置)。

露头:人工、良好。

点义:断层构造观测点。

描述:

秀山北坡采石场发育有不同性质的断层,在该点处重点观察与详细描述断层的产状、规模、运动学性质和断层带内物质组成。

(1)在采石场西面崖壁上,发育有一大型的平移断层。可以重点观察断层面形态,断层面上发育的擦痕线理、丁字槽和新生矿物晶体,并根据其发育特征判断断层的运动学方向。断层面产状近直立,在断面上发育近水平的擦痕线理,根据擦痕线理和阶步判断该断层运动学方向为右行平移(图 3-40)。测量断层面的走向、倾向和倾角,断层面上擦痕线理的侧伏向和侧伏角。

(A)斜交断层面走向拍摄;(B)垂直断层面拍摄。

图 3-40　采石场西坡发育的平移断层

(2)在采石场南崖壁的上部,发育有另一大型平移断层。断层走向近 EW,断面产状较陡,向南倾斜。断层面上发育擦痕线理,指示断层运动学性质为右行平移(图 3-41)。

(A)沿断层面走向拍摄;(B)沿垂直断层面拍摄。

图 3-41　采石场南坡发育的平移断层

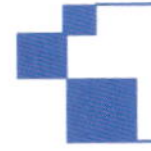

(3)在采石场东侧公路边,可见一大型正断层。断层面近直立,断层破碎带宽约2m,表明该断层为正断层(图3-42)。重点观察断层破碎带内的角砾成分、形态、分选性、定向性、是否胶结及其胶结类型。

图3-42 秀山采石场东侧正断层

四、教学注意事项

1.该点小型褶皱构造丰富,注意从轴面、枢纽、转折端、翼间角、层厚等多个几何要素出发,仔细观察与详细描述小褶皱,测量与记录主要几何要素。

2.该点露头好,场地宽敞,建议以小组为单位进行观察、描述、测量、记录,最后进行集体总结。

3.该点处地形较陡,在观察现象时需要向上攀爬,要注意观察点的周边环境,远离可能发生坠石等问题的不安全位置,特别注意人身安全;要穿长袖上衣、长裤和防滑鞋,戴防滑手套。

五、总结与思考

1.褶皱构造有哪些典型变形特点,对应于什么变形背景?

2.不同形态转折端褶皱与岩性之间有何对应关系?

3.在野外条件下如何判断断层的运动学方向?

路线七　黄石市章山-杨武山构造剖面路线

一、基本要求与任务

路线七：基地—黄石市汪仁镇章山—盛伯祥—杨武山—基地。

任务：

1. 观察黄石地区寒武～三叠系主要岩性特征。
2. 观察分析代表性断层的野外产出特征，判别断层性质，拍照与画素描图。
3. 对比不同时代地层的构造变形特征，分析垂向变形差异。
4. 制作信手构造剖面图（～1∶10 000）。

要求：携带野簿、罗盘、地质锤、放大镜和相机。

二、实习前的知识储备

本条路线的实习内容主要包括：观察断层、褶皱的野外表现形式，分析不同时代地层变形特征及对区域构造的指示意义。

1.《构造地质学》教材中有关断层野外判别标志的内容。

2.《构造地质学》教材中有关褶皱几何特征与分类的内容。

3.《构造地质学》教材中构造层次与构造组合的相关内容。

三、具体观察和描述内容

No. 1

点位：章山南坡 50.8 高地 NE 向沟谷（GPS 位置）。

露头：天然、良好。

点义：逆掩断层观测点。

描述：

观察描述要点：①断层产出特征；②断层运动学判别证据。

该点处出露一典型的逆掩（逆冲）断层，断层带宽 2～5 m，带内岩石破碎强烈，发育断层角砾岩，以脆性破碎为主[图 3-43(A)]；断层面向南倾斜，倾角为 16°～25°。断层上盘为上泥盆统五通组(D_3w)含砾石英砂岩，出露厚度一般小于 20m，分布面积较大(约 1.5km^2)，由于破碎强烈，原始层理不易确定。断层下盘为上～顶寒武统娄山关组($\in_{3-4}l$)中厚层白云岩，近断层带处的倾角约为 30°，岩石破碎不明显，远离断层带产状逐渐变陡。两者变形强度具有明显差异。

根据野外构造接触关系及结合区域构造格局特征(如杨武山向斜南部逆冲断层),可以确定该点处断层上盘岩席向北逆冲,断层面倾角(约20°)小于岩层倾角(如寒武系倾角约为30°),五通组石英砂岩(外来系统)直接逆掩于娄山关组白云岩(原地系统)之上。在断层北侧的娄山关组中,可以观察到叠层石构造。在垂直层理面上,叠层石开阔端弧顶指向下,紧闭端弧尖指向上[图3-43(B)],表明断层下盘娄山关组发生地层倒转。

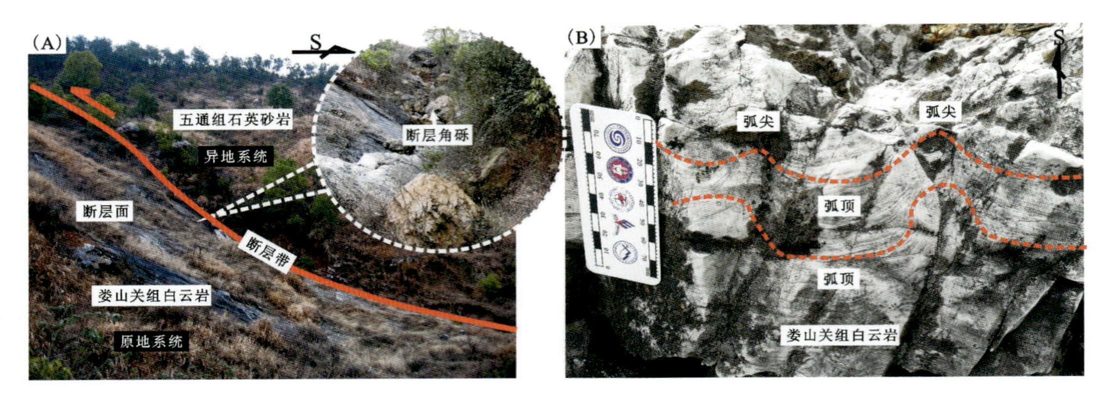

图3-43 章山逆掩断层野外特征(A)和娄山关组白云岩中的叠层石构造指示地层倒转(B)

No. 2

点位:章山洞采石场(GPS位置)。

露头:人工、良好。

点义:观察描述寒武系/奥陶系接触界线、奥陶系碳酸盐岩中节理脉特征。

描述:

观察描述要点:①地层岩性、接触界线与产状特征;②灰岩中不同类型的节理及其应变意义。

在该点处可见寒武系与奥陶系的地质界线,两者呈整合接触,接触面直立或向南陡倾。

点南为寒武系浅灰色—灰色厚层白云岩,局部夹硅质条带与燧石团块,岩层产状近直立,局部倒转向南陡倾。

点北为奥陶系底部的灰色厚层—块状生物碎屑灰岩、砂屑灰岩,岩层产状近直立。奥陶系灰岩内部节理较为发育,并多被方解石脉充填,主要有雁列脉、张-剪性脉和共轭脉等类型(图3-44)。雁列脉多以左阶为主,雁列轴呈近SN向,指示右行剪切。共轭脉的代表性产状为235°∠65°和325°∠68°,表明最大挤压应力方向为近SN向,最小挤压应力方向为近EW向[图3-44(A)],中间应力近直立。张-剪性脉走向为NNE-SSW,脉体沿张节理面与剪裂面充填,局部发育追踪张节理脉[图3-44(B)]。

No. 3

点位:盛柏祥村南池塘东侧(GPS位置)。

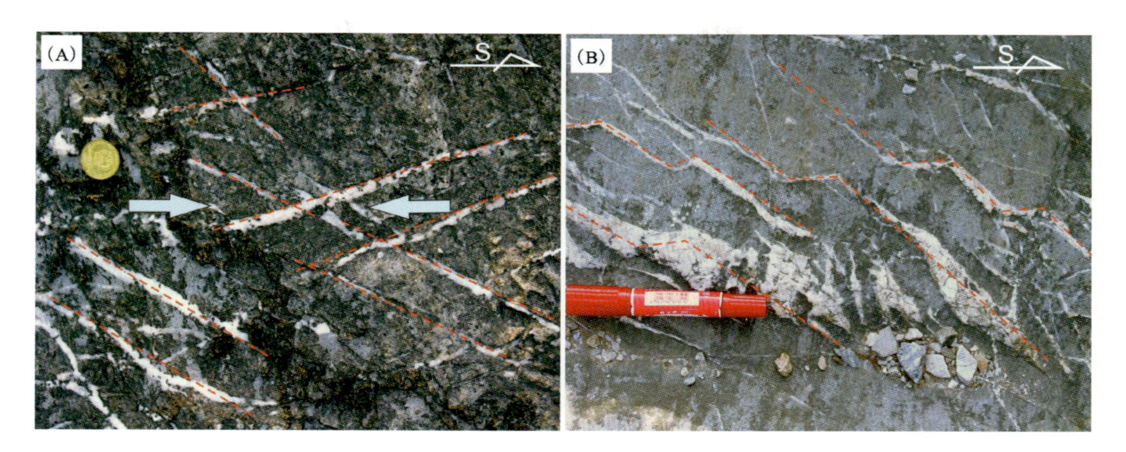

图 3-44　奥陶系灰岩中的共轭节理脉(A)与追踪张节理脉(B)

露头：人工、良好。

点义：观察三组不同方位的断层，描述典型构造岩特征。

描述：

观察描述要点：①不同方位断层空间产出特征；②典型的构造岩特征；③断层判别依据及构造序次证据。

在该观察点及附近区域，集中出现三条断层。前两条为近 EW 向断层，分别沿着中志留统与上泥盆统不整合面、上泥盆统与上石炭统接触面发育，地貌上显示为负地形；第三条断层走向为 NNE－SSW。两条近 EW 向断层的断层面均向北倾而构成阶梯状正断层，两者之间夹持上泥盆统五通组(D_3w)含砾石英砂岩。受到断层正向滑动影响，五通组产状明显变化，如岩层倾角变缓；石英砂岩强烈破碎，断层面附近分布有与断层活动相关的劈理、节理和擦痕，断层带内出露有构造透镜体(图 3－45)。

在平面上，EW 向断层及相邻两侧地层界线被 NNE－SSW 向断层错开，两侧平错距离约 50 m。

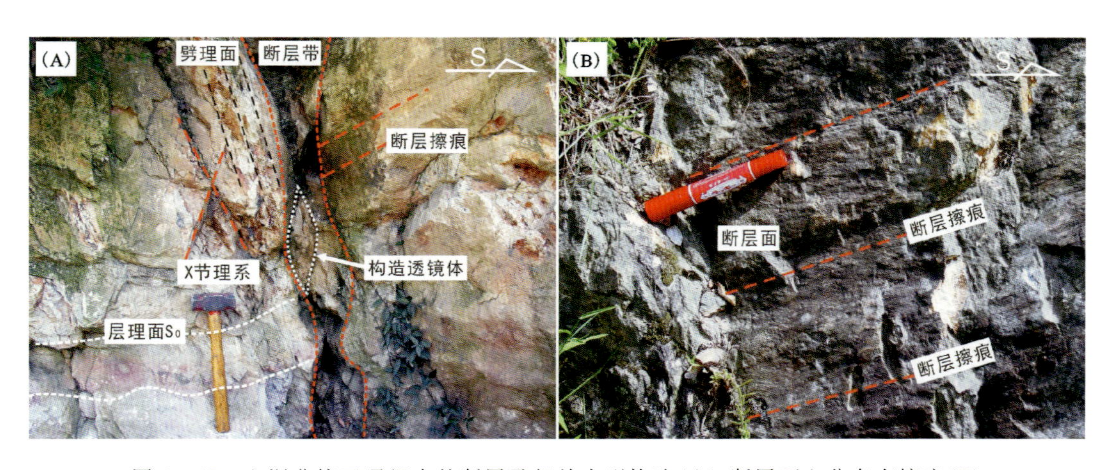

图 3-45　上泥盆统五通组中的断层及相关小型构造(A)、断层面上分布有擦痕(B)

No. 4

点位：杨武山南坡上山道路（GPS位置）。

露头：人工、良好。

点义：观察大冶组四段（T_1d^4）层间褶皱的变形特征。

描述：

观察描述要点：①该点处代表性褶皱几何特征；②系统测量褶皱产状要素。

该点为大冶组三段（T_1d^3）与四段（T_1d^4）分界点。点南为 T_1d^3 浅黄色薄层泥质条带灰岩，点北为 T_1d^4 灰色中薄层灰岩，岩层面向NNE倾斜，倾角为25°～45°。

在 T_1d^4 灰色中薄层灰岩中，发育有较多层间小褶皱（图3-46）。该类褶皱枢纽向NEE倾伏，倾角为15°～30°，代表性产状为65°∠25°；褶皱轴面产状变化较大，向SE或者NW倾斜，多数向SE倾斜。在平面形态上，褶皱转折端多为尖棱状—圆弧状，褶皱岩层厚度变化不大，具有等厚褶皱特点，其形成机制与弯滑褶皱作用相关[图3-46(A)]，褶皱变形主要依靠薄层灰岩的层间滑动调节。

沿该点向北翻越杨武山，沿途可见大冶组四段（T_1d^4）灰岩岩溶角砾岩与嘉陵江组（T_1j）白云岩。杨武山向斜核部的岩溶作用极为发育，沿途可见巨型岩溶漏斗。

图3-46　大冶组四段中的层间褶皱

No. 5

点位：杨武山北坡下山道路（GPS位置）。

露头：人工、良好。

点义：大冶组三段（T_1d^3）与四段（T_1d^4）分界点、杨武山向斜形态控制点。

描述：

观察描述要点：①地层岩性、产状特征；②杨武山向斜宏观形态特征。

该点为大冶组三段（T_1d^3）与四段（T_1d^4）分界点。点北为 T_1d^3 浅黄色薄层泥质条带灰岩，点南为 T_1d^4 灰色中薄层灰岩。代表性岩层向南倾斜，倾角为25°～35°。可根据空间距离

恢复杨武山向斜的宏观形态特征，将该点处的岩层产状特征与No.4的地层分界点进行对比。

由该点向北约200 m，T_1d^2灰色薄层灰岩中发育有较多小褶皱。褶皱枢纽为近EW向，其南翼倾角较缓，北翼倾角较陡，褶皱轴面向南倾斜。注意将该类褶皱特征与孤儿脑路线同一层位褶皱特征进行对比。

四、教学注意事项

1. 该条野外教学路线主要分布在山坡、沟谷、采石场及村落中，通行条件一般，山坡和沟谷中的灌木与杂草较为茂密，建议穿长袖衣服和防滑鞋，注意冬春季节的森林防火问题。在采石场要特别注意观察四周崖壁，以防意外坠石，建议安排一名安全员负责安全问题，并远离采壁进行观察。

2. 该路线步行距离较长，教学内容较多，建议以盛柏祥为中点，安排在两个单元进行观测，即章山—盛柏祥和盛柏祥—杨武山，并且以小组为单位进行观察。在条件允许的情况下，可以考虑租用当地小型车辆往返。

五、总结与思考

1. 对章山-杨武山地质现象进行对比分析，可知自南而北的构造样式与构造组合具有明显变化，主要体现在以下三点。

(1)南部寒武～奥陶系的逆冲断层-紧闭褶皱组合：发育低角度向北逆冲断层(章山逆掩断层)，褶皱相对紧闭，轴面向南倾，北翼产状陡倾或倒转(如汪仁背斜)。

(2)中部志留系的过渡构造层组合：志留系为区域性软弱层，内部发育各类小褶皱及正、逆断层，多数断层在该层位中消失，自南向北，地层产状由倒转变为正常，因此具有过渡性特点。

(3)北部二叠～三叠系的滑脱-开阔褶皱组合：杨武山向斜两翼倾角多为25°～35°，中部岩层平缓开阔，具有类侏罗式褶皱特点，向斜南翼发育有向北滑脱构造(如勺状断层等)。因此，杨武山向斜为巨型滑覆体，滑覆体主体为二叠～三叠系，其底部为上泥盆统。

2. 按照安德森模式，分析形成章山逆掩断层的应力场特征及其配套构造。

3. 在章山洞采石场，奥陶系中节理产出特征是否具有规律性？是否可以进行分期或配套？

4. 为什么在杨武山南北坡会出现类型多样的层间褶皱？分析层间褶皱的变形机制及对杨武山向斜和区域构造的指示意义。

5. 将该路线三叠系构造观测结果与孤儿脑路线进行对比，进一步分析大冶组的构造变形特征与褶皱成因机制。

主要参考文献

曹凯，王国灿，Peter van der Breek，2011. 热年代学年龄温度法和年龄高程法的应用条件：对采样条件及年龄表达的启示[J]. 地学前缘，18(6)：347－357.

储玲林，曾佐勋，2004. 湖北铁山鱼嘴状石香肠构造形成过程研究[J]. 成都理工大学学报(自然科学版)，31(4)：345－351.

樊航宇，肖智勇，曾佐勋，2009. 湖北大冶铁山地区缝合线三维形态模拟及其成因分析[J]. 现代地质，23(3)：447－455.

湖北省地矿局，1989. 湖北省区域地质志[M]. 北京：地质出版社.

瞿泓滢，裴荣富，姚磊，等，2012. 湖北大冶与矽卡岩型铁矿床有关的铁山岩体中黑云母、角闪石 $^{40}Ar-^{39}Ar$ 同位素年龄及其地质意义[J]. 中国地质，39(6)：1635－1646.

瞿泓滢，王浩琳，裴荣富，等，2012. 鄂东南地区与铁山和金山店铁矿有关的花岗质岩体锆石 LA－ICP－MS 年龄和 Hf 同位素组成及其地质意义[J]. 岩石学报，28(1)：147－165.

李石，王彤，1991. 桐柏山—大别山花岗岩类地球化学[M]. 武汉：中国地质大学出版社.

李志勇，曾佐勋，2006. 利用惯量椭圆进行岩石有限应变分析[J]. 地质科技情报，25(6)：37－40.

李志勇，曾佐勋，罗文强，2008. 惯量投影椭球在构造变形分析中的意义初探[J]. 地质论评，54(2)：243－252.

刘少峰，张国伟，2013. 大别造山带周缘盆地发育及其对碰撞造山过程的指示[J]. 科学通报，58(1)：1－26.

马昌前，杨坤光，李增田，等，1994. 花岗岩类岩浆动力学——理论方法及鄂东花岗岩类例析[M]. 武汉：中国地质大学出版社.

马会珍，罗茂，龚一鸣，2008. 湖北黄石早三叠世的遗迹化石及其古环境意义[J]. 地质科技情报，27(3)：41－46.

吴林波，曾佐勋，高曦，2011. 鄂东南铁山不对称骨节状石香肠构造基质层中的应变测量与分析[J]. 现代地质，25(4)：768－777.

徐开礼，朱志澄，1989. 构造地质学(第二版附本)[M]. 北京：地质出版社.

徐亚军，杜远生，余文超，等，2017. 华南东南缘早古生代沉积地质与盆山相互作用[M]. 武汉：中国地质大学出版社.

杨峰华，2001. 湖北大冶铁山矿床钠化蚀变与成矿关系的探讨[J]. 地质与勘探，37(6)：20－24.

杨坤光，刘强，刘育燕，等，2003. 大别山双河同构造花岗岩体显微构造与磁组构研究[J]. 中国科学(D辑),33(11):1050-1056.

杨伟卫,王磊,蔡恒安,2020.铁山岩体北东部铁铜多金属矿成矿规律及成矿预测[J].现代矿业,619:4-7.

曾佐勋,樊光明,刘强,等,2008.构造地质学实习指导书[M].武汉:中国地质大学出版社.

张雄华,徐亚东,喻建新,等,2020.地层学野外实习指导书[M].武汉:中国地质大学出版社.

FOSSEN,2010. Structural Geology[M]. New York:Cambidge University Press.

RAMSAY J G,1967. Folding and Fracturing of Rocks[M]. New York:MCGraw-Hill.

HILLS E S,1972. Elements of Structural Geology[M]. Suffolk:The Chaucer Press.

LIU S F,LI W P,WANG K,et al,2015. Late Mesozoic Development of The Southern Qinling-Dabieshan Foreland Fold-Thrust Belt,Central China,and Its Role in Continent-Continent Collision [J]. Tectonophysics(644-645):220-234.

TAGAMI T,O'SULLIVAN P B,2005. Fundamentals of Fission-Track Thermochronology[J]. Reviews in Mineralogy & Geochemistry(58),19-47.

WILLIAMS S E,MULLER R. D,LANDGREBE T C,et al,2012. An Open-Source Software Environment for Visualizing and Refining Plate Tectonic Reconstructions Using High-Resolution Geological and Geophysical Data Sets [J]. GSA Today(22):4-9.

XIE G Q,MAO J W,ZHAO H J,2011a. Zircon U-Pb Geochronological and Hf Isotopic Constraints on Petrogenesis of Late Mesozoic Intrusions in The Southeast Hubei Province, Middle-Lower Yangtze River Belt (MLYRB),East China[J]. Lithos(125):693-710.

XIE G Q,MAO J W,ZHAO H J,et al,2011b. Timing of Skarn Deposits from The Tonglushan Ore District,Southeast Hubei Province,Middle-Lower Yangtze River Belt and Its Implication [J]. Ore Geology Reviews,43(1):62-77.

XU Y J,CAWOOD P A,DU Y S,2016. Intraplate Orogenesis in Response to Gondwana Assembly:Kwangsian Orogeny,South China [J]. American Journal of Science(316):329-362.

YU W C,ALGEO T J,YAN J X et al,2019. Climatic and Hydrologic Controls on Upper Paleozoic Bauxite Deposits in South China [J]. Earth-Science Reviews(189):159-176.

ZHAO G C,WANG Y J,HUANG B C,et al,2018. Geological Reconstructions of the East Asian Blocks:From The Breakup of Rodinia to The Assembly of Pangea [J]. Earth-Science Reviews(186):262-286.

附录 I 国际地层表及色谱

宇(宙)	界(代)	系(纪)	统(世)	阶(期)	年龄值(Ma)
显生宇(Ph)	新生界(Cz)	第四系(Q)	全新统(Qh)	梅加拉亚阶、诺斯格瑞比阶、格陵兰阶	0.0117
			更新统(Qp)	上阶	0.129
				千叶阶	0.774
				卡拉布里雅阶	1.80
				杰拉阶	2.58
		新近系(N)	上新统(N_2)	皮亚琴察阶	3.600
				赞克勒阶	5.333
			中新统(N_1)	墨西拿阶	7.246
				托尔托纳阶	11.63
				塞拉瓦莱阶	13.82
				兰盖阶	15.97
				波尔多阶	20.44
				阿基坦阶	23.03
		古近系(E)	渐新统(E_3)	夏特阶	27.82
				吕珀尔阶	33.9
			始新统(E_2)	普利亚本阶	37.71
				巴顿阶	41.2
				卢泰特阶	47.8
				伊普里斯阶	56.0
			古新统(E_1)	坦尼特阶	59.2
				塞兰特阶	61.6
				丹麦阶	66.0
	中生界(Mz)	白垩系(K)	上白垩统(K_2)	马斯特里赫特阶	72.1±0.2
				坎潘阶	83.6±0.2
				圣通阶	86.3±0.5
				康尼亚克阶	89.8±0.3
				土伦阶	93.9
				塞诺曼阶	100.5
			下白垩统(K_1)	阿尔布阶	~113.0
				阿普特阶	~125.0
				巴雷姆阶	~129.4
				欧特里夫阶	~132.6
				瓦兰今阶	~139.8
				贝里阿斯阶	~145.0

宇(宙)	界(代)	系(纪)	统(世)	阶(期)	年龄值(Ma)
显生宇(Ph)	中生界(Mz)	侏罗系(J)	上侏罗统(J_3)	提塘阶	152.1±0.9
				钦莫利阶	157.3±1.0
				牛津阶	163.5±1.0
			中侏罗统(J_2)	卡洛夫阶	166.1±1.2
				巴通阶	168.3±1.3
				巴柔阶	170.3±1.4
				阿林阶	174.1±1.0
			下侏罗统(J_1)	托阿尔阶	182.7±0.7
				普林斯巴阶	190.8±1.0
				辛涅缪尔阶	199.3±0.3
				赫塘阶	201.3±0.2
		三叠系(T)	上三叠统(T_3)	瑞替阶	~208.5
				诺利阶	~227
				卡尼阶	~237
			中三叠统(T_2)	拉丁阶	~242
				安尼阶	247.2
			下三叠统(T_1)	奥伦尼克阶	251.2
				印度阶	251.902±0.024
	古生界(Pz)	二叠系(P)	乐平统(P_3)	长兴阶	254.14±0.07
				吴家坪阶	259.1±0.5
			瓜德鲁普统(P_2)	卡匹敦阶	265.1±0.4
				沃德阶	268.8±0.5
				罗德阶	272.95±0.11
			乌拉尔统(P_1)	空谷阶	283.5±0.6
				亚丁斯克阶	290.1±0.26
				萨克马尔阶	293.52±0.17
				阿瑟尔阶	298.9±0.15
		石炭系(C) 宾夕法尼亚亚系(C_2)	上	格舍尔阶	303.7±0.1
				卡西莫夫阶	307.0±0.1
			中	莫斯科阶	315.2±0.2
			下	巴什基尔阶	323.2±0.4
		石炭系(C) 密西西比亚系(C_1)	上	谢尔普霍夫阶	330.9±0.2
			中	维宪阶	346.7±0.4
			下	杜内阶	358.9±0.4

宇(宙)	界(代)	系(纪)	统(世)	阶(期)	年龄值(Ma)
显生宇(Ph)	古生界(Pz)	泥盆系(D)	上泥盆统(D_3)	法门阶	372.2±1.6
				弗拉阶	382.7±1.6
			中泥盆统(D_2)	吉维特阶	387.7±0.8
				艾菲尔阶	393.3±1.2
			下泥盆统(D_1)	埃姆斯阶	407.6±2.6
				布拉格阶	410.8±2.8
				洛赫考夫阶	419.2±3.2
		志留系(S)	普里道利统(S_4)		423.0±2.3
			罗德洛统(S_3)	卢德福德阶	425.6±0.9
				高斯特阶	427.4±0.5
			温洛克统(S_2)	侯墨阶	430.5±0.7
				申伍德阶	433.4±0.8
			兰多维列统(S_1)	特列奇阶	438.5±1.1
				埃隆阶	440.8±1.2
				鲁丹阶	443.8±1.5
		奥陶系(O)	上奥陶统(O_3)	赫南特阶	445.2±1.4
				凯迪阶	453.0±0.7
				桑比阶	458.4±0.9
			中奥陶统(O_2)	达瑞威尔阶	467.3±1.1
				大坪阶	470.0±1.4
			下奥陶统(O_1)	弗洛阶	477.7±1.4
				特马豆克阶	485.4±1.0
		寒武系($\in$)	芙蓉统($\in_4$)	第十阶	~489.5
				江山阶	~494
				排碧阶	~497
			第三统($\in_3$)	古丈阶	~500.5
				鼓山阶	~504.5
				乌溜阶	~509
			第二统($\in_2$)	第四阶	~514
				第三阶	~521
			纽芬兰统($\in_1$)	第二阶	~529
				幸运阶	541.0±1.0

	宇(宙)	界(代)	系(纪)	年龄值(Ma)
前寒武系	元古宇(Pt)	新元古界(Pt_3)	埃迪卡拉系	~635
			成冰系	~720
			拉伸系	1000
		中元古界(Pt_2)	狭带系	1200
			延展系	1400
			盖层系	1600
		古元古界(Pt_1)	固结系	1800
			造山系	2050
			层侵系	2300
			成铁系	2500
	太古宇(Ar)	新太古界(Ar_3)		2800
		中太古界(Ar_2)		3200
		古太古界(Ar_1)		3600
		始太古界(Ar_0)		4000
	冥古宇			~4600

据 Cohen et al.，2020 国际地层表 修改

地质图、剖面图、构造纲要图等色标用色标准：
1)基本色4个，为柠檬黄、品红、孔雀蓝和黑色(1号色)；
2)专色2个，为大红(5号色)和橘黄(6号色)；

平时绘制作业时可参照国际地层表不同时代的用色标准。地层自老向新，颜色逐渐变淡。

第四系，淡黄色；
新近系，鲜黄色；
古近系，土黄色；
白垩系，鲜绿色；
侏罗系，天蓝色；
三叠系，绛紫色；
二叠系，淡棕色；
石炭系，灰绿色；
泥盆系，咖啡色；
志留系，果绿色；
奥陶系，蓝绿色；
寒武系，暗绿色；

新元古界，浅橘色；
中元古界，棕红色；
古元古界，桃黄色；
太古宇，洋红色；
冥古宇，紫色；

附录Ⅱ　常见岩石花纹与构造图例

沉积岩花纹

砾岩

砂砾岩

粗砂岩

中砂岩

细砂岩

粉砂岩

石英砂岩

长石石英砂岩

页岩

碳质页岩

泥岩

灰岩

生物屑灰岩

瘤状灰岩

豹皮状灰岩

泥灰岩

白云岩

硅质岩

砾石

砂

黏土

淤泥

岩浆岩花纹

橄榄岩

辉石岩

角闪石岩

斜长岩

辉长岩

辉绿岩

闪长岩

石英闪长岩

花岗闪长岩

花岗岩

二长花岗岩

正长花岗岩

碱长花岗岩

花岗斑岩

碱性岩

煌斑岩

碳酸岩

基性岩脉（填充绿色）

中性岩脉（填充蓝色）

酸性岩脉（填充红色）

玄武岩

安山岩

英安岩

流纹岩

集块岩

角砾岩

凝灰岩

变质岩花纹

板岩

碳质板岩

千枚状板岩

千枚岩

片岩

片麻岩

构造与其它花纹

正断层（红色）

逆断层（红色）

左行平移断层（红色）

右行平移断层（红色）

性质不明断层（红色）

隐伏断层（红色）

逆冲断层（红色）

飞来峰（红色）

构造窗（红色）

拆离断层（红色）

断层破碎带（红色）

挤压剪切带（红色）

脆-韧性剪切带（红色）

韧性剪切带（红色）

活动扩张脊及转换断层

片理

片麻理

面理

线理

背斜轴迹

向斜轴迹

倒转背斜轴迹

倒转向斜轴迹

初糜棱岩

糜棱岩

超糜棱岩

碎裂岩

超碎裂岩

实测地质界线

推测地质界线

角度不整合界线

平行不整合界线

岩相界线

岩体侵入界线

构造剖面上图例

正断层（红色）

逆断层（红色）

左行剪切（红色）

右行剪切（红色）

角度不整合

平行不整合

附录Ⅲ 真倾角和视倾角换算尺

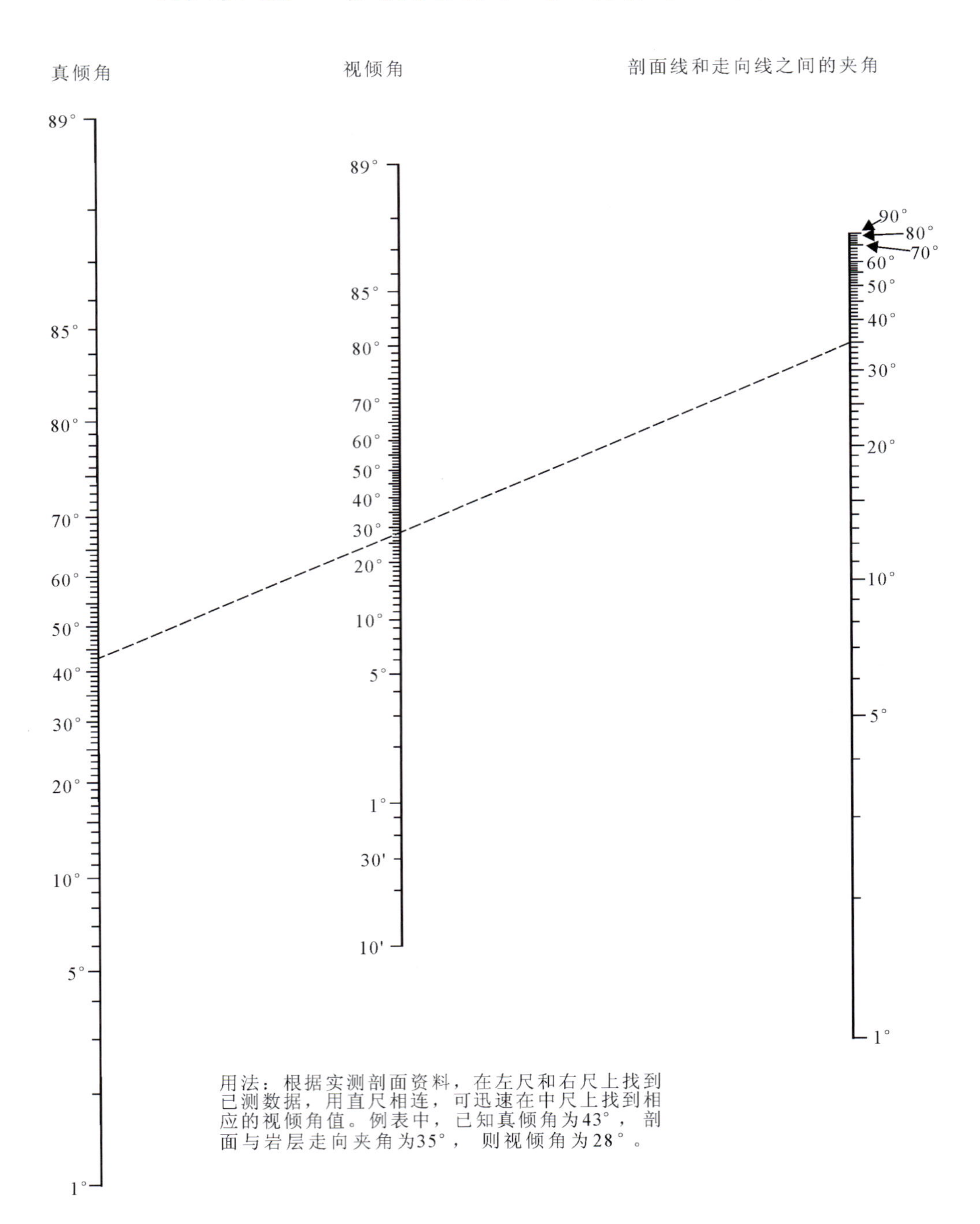

用法：根据实测剖面资料，在左尺和右尺上找到已测数据，用直尺相连，可迅速在中尺上找到相应的视倾角值。例表中，已知真倾角为43°，剖面与岩层走向夹角为35°，则视倾角为28°。

附图 I-1

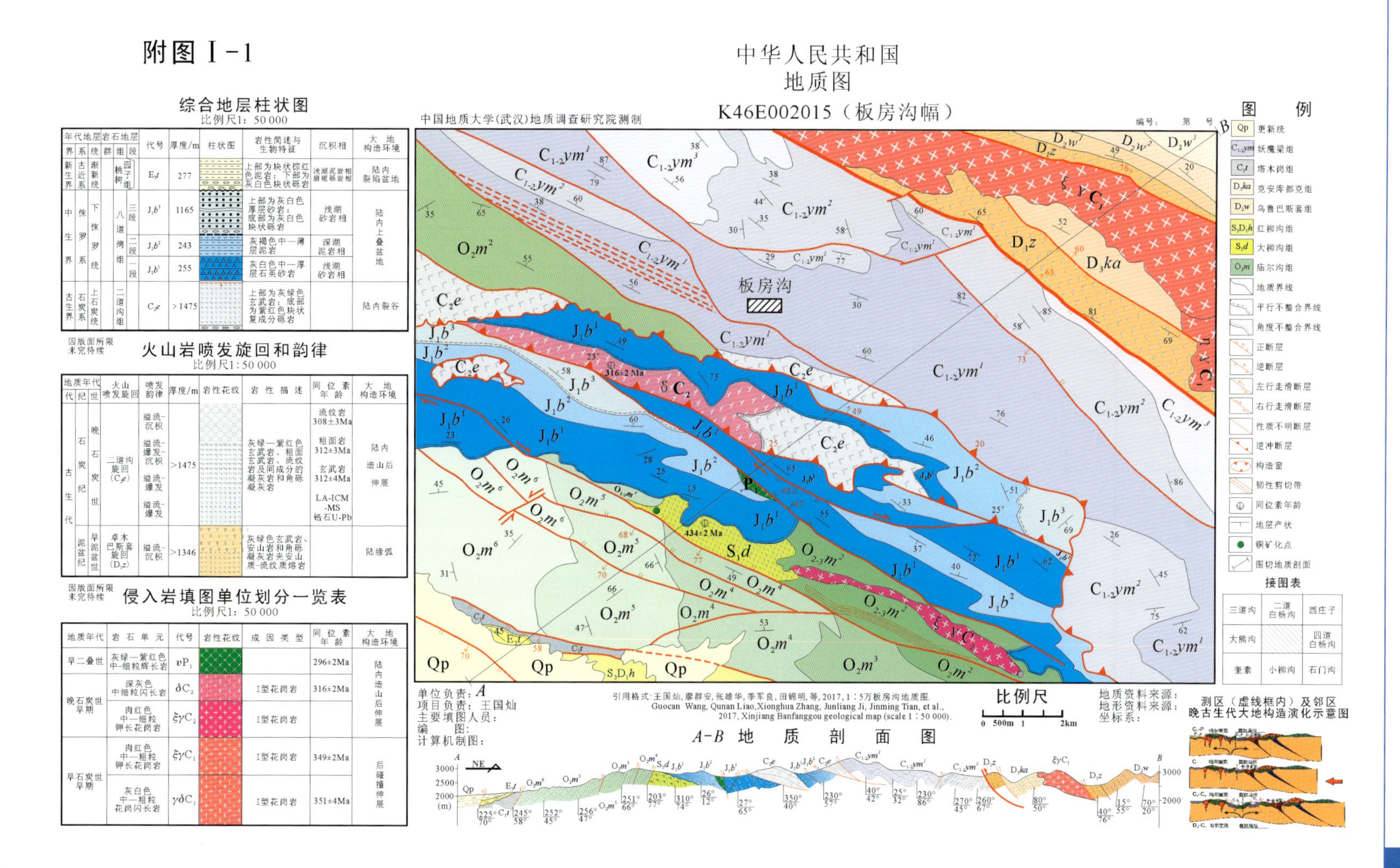

综合地层柱状图

比例尺1：50 000

界	系	统	群	组	段	代号	厚度/m	柱状图	岩性简述与生物特征	沉积相	大地构造环境
新生界	古近系	渐新统		桃树园子组		E_3t	277		上部为块状棕红色泥岩；下部为灰白色块状砾岩	浅湖泥岩相 扇根砾岩相	陆内裂陷盆地
中生界	侏罗系	下侏罗统		八道湾组	三段	J_1b^3	1165		上部为灰白色厚层砂岩；底部为灰白色块状砾岩	浅湖砂岩相	陆内上叠盆地
					二段	J_1b^2	243		灰褐色中—薄层泥岩	深湖泥岩相	
					一段	J_1b^1	255		灰白色中—厚层石英砂岩	浅湖砂岩相	
古生界	石炭系	上石炭统		二道沟组		C_2e	>1475		上部为灰绿色玄武岩；底部为紫红色块状复成分砾岩		陆内裂谷

因版面所限未完待续

火山岩喷发旋回和韵律

比例尺1：50 000

代	纪	世	火山喷发旋回	喷发韵律	厚度/m	岩性花纹	岩性描述	同位素年龄	大地构造环境
古生代	石炭纪	晚石炭世	二道沟旋回（C_2e）	溢流-沉积 溢流-爆发-沉积 溢流-爆发 溢流-爆发	>1475		灰绿—紫红色玄武岩、粗面玄武岩、流纹岩及同成分的凝灰岩和角砾凝灰岩	流纹岩 308±3Ma 粗面岩 312±3Ma 玄武岩 312±4Ma LA-ICM-MS 锆石U-Pb	陆内造山后伸展
	泥盆纪	早泥盆世	卓木巴斯套旋回（D_1z）	溢流-沉积	>1346		灰绿色玄武岩、安山岩和角砾凝灰岩夹安山质-流纹质熔岩		陆缘弧

因版面所限未完待续

侵入岩填图单位划分一览表

比例尺1：50 000

地质年代	岩石单元	代号	岩性花纹	成因类型	同位素年龄	大地构造环境
早二叠世	灰绿—紫红色中-细粒辉长岩	υP_1			296±2Ma	陆内造山后伸展
晚石炭世早期	深灰色中细粒闪长岩	δC_2		I型花岗岩	316±2Ma	
	肉红色中—细粒钾长花岗岩	$\xi\gamma C_2$		I型花岗岩		
早石炭世早期	肉红色中—粗粒钾长花岗岩	$\xi\gamma C_1$		I型花岗岩	349±2Ma	后碰撞伸展
	灰白色中—粗粒花岗闪长岩	$\gamma\delta C_1$		I型花岗岩	351±4Ma	

附图 I-2

凌河地质图

比例尺 1：20000

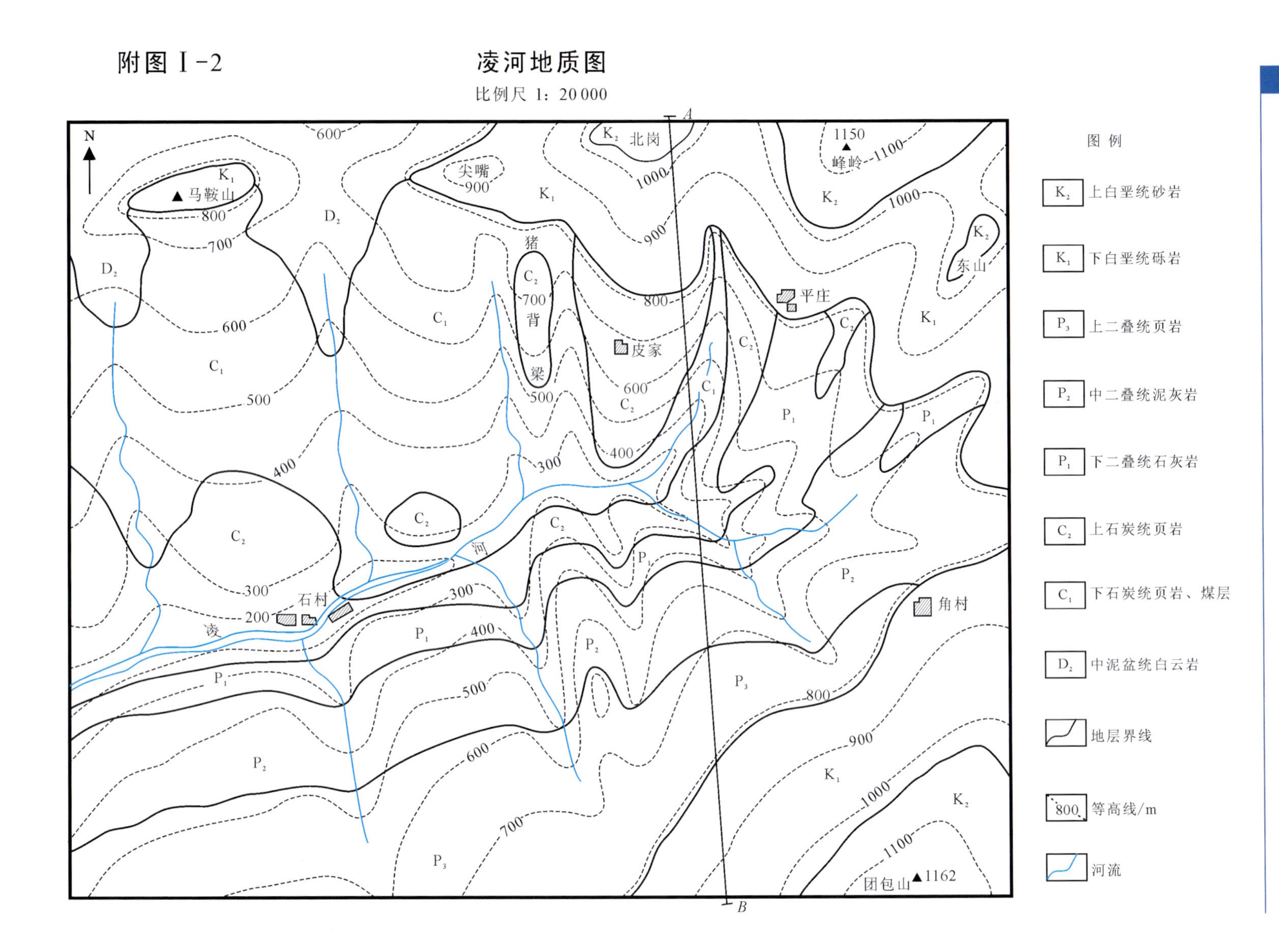

附图 Ⅰ-3

松溪地形图

比例尺 1:2000

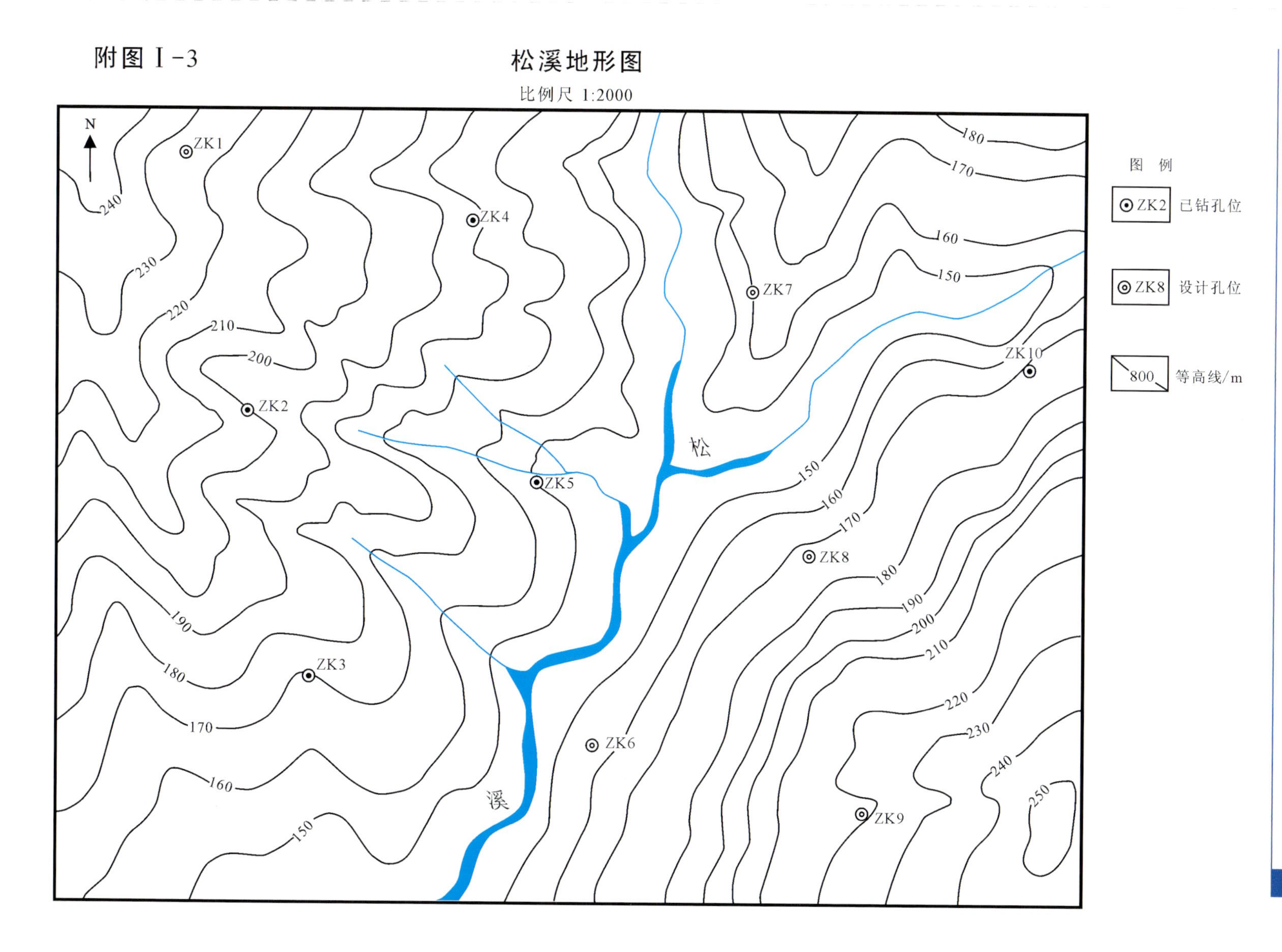

附图 I-4 望洋岗地质图

比例尺1:50 000

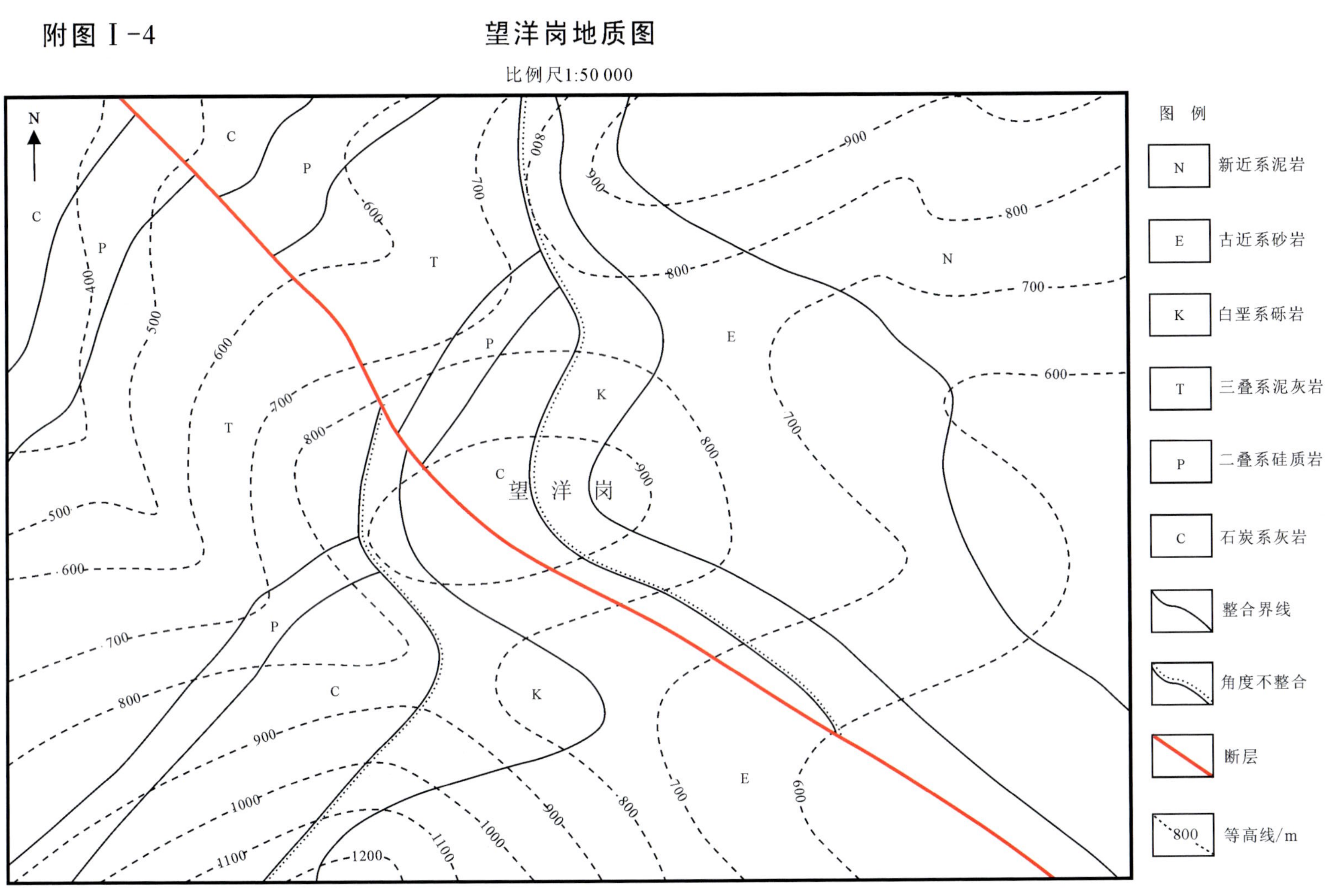

附图 I-5 红石峡地区地质图

比例尺1:50 000

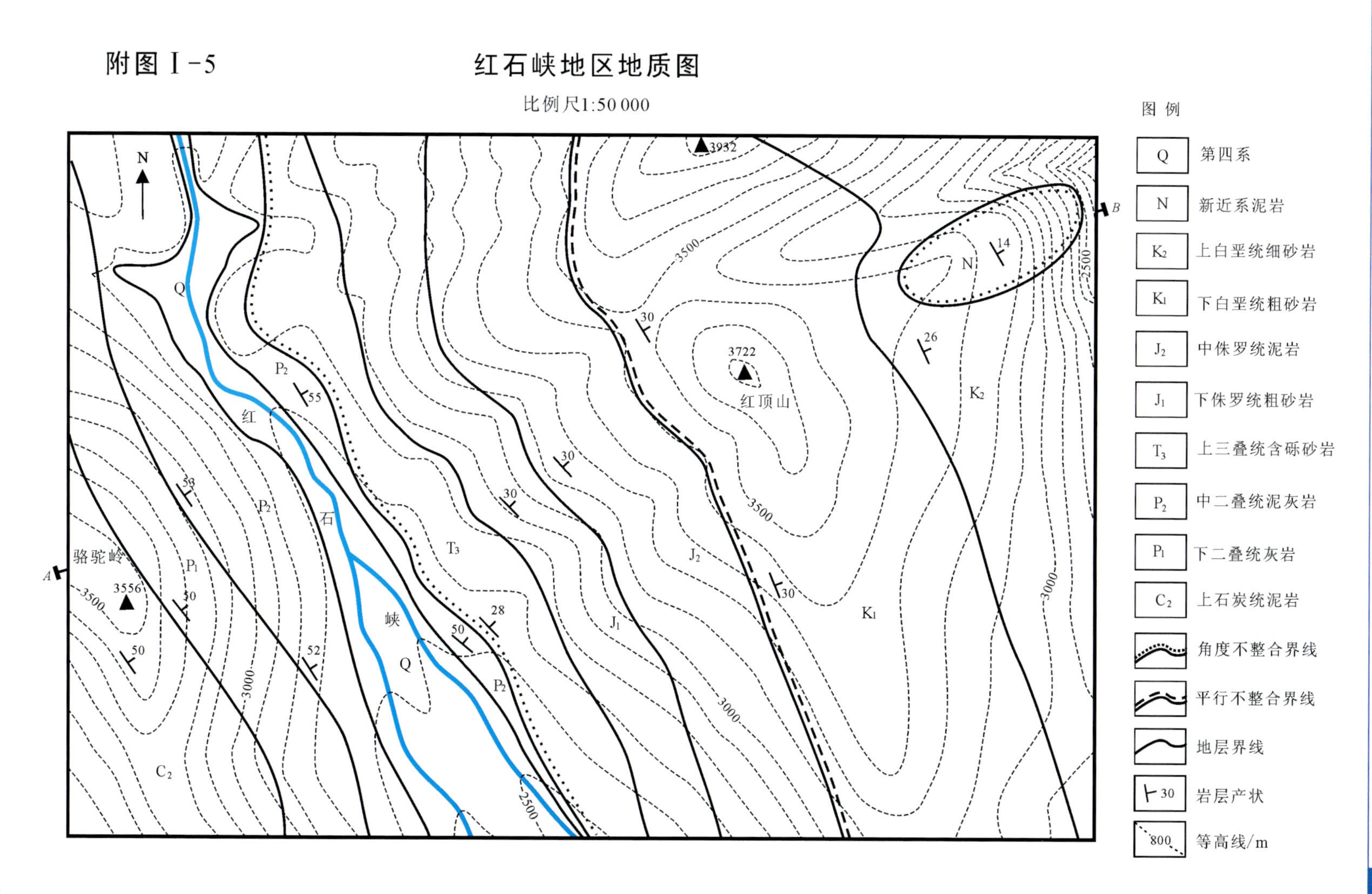

附图 I-6

桃源溪地区地质图

比例尺1:50 000

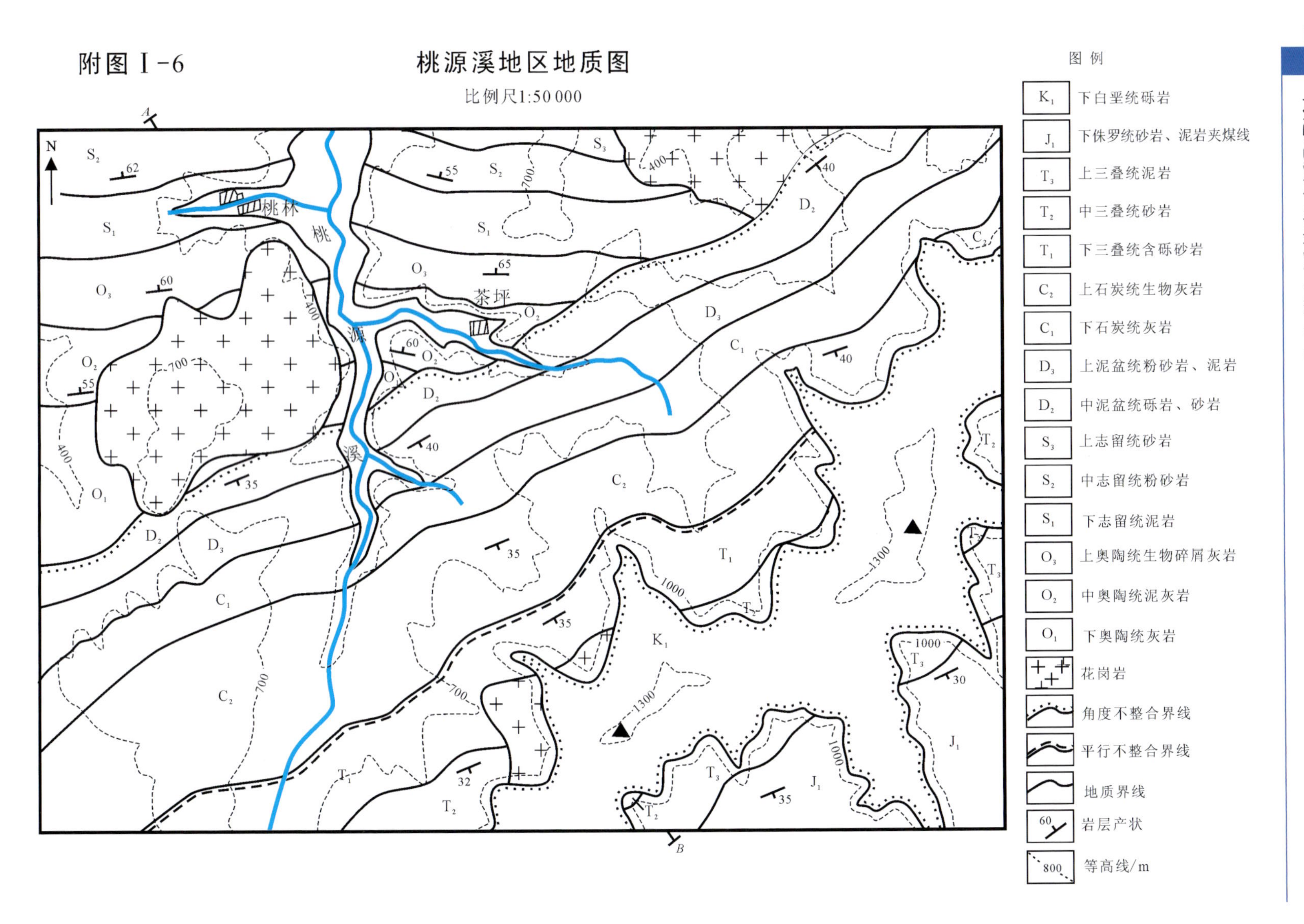

附图 I-7　暮云岭地区地质图

比例尺 1:25 000

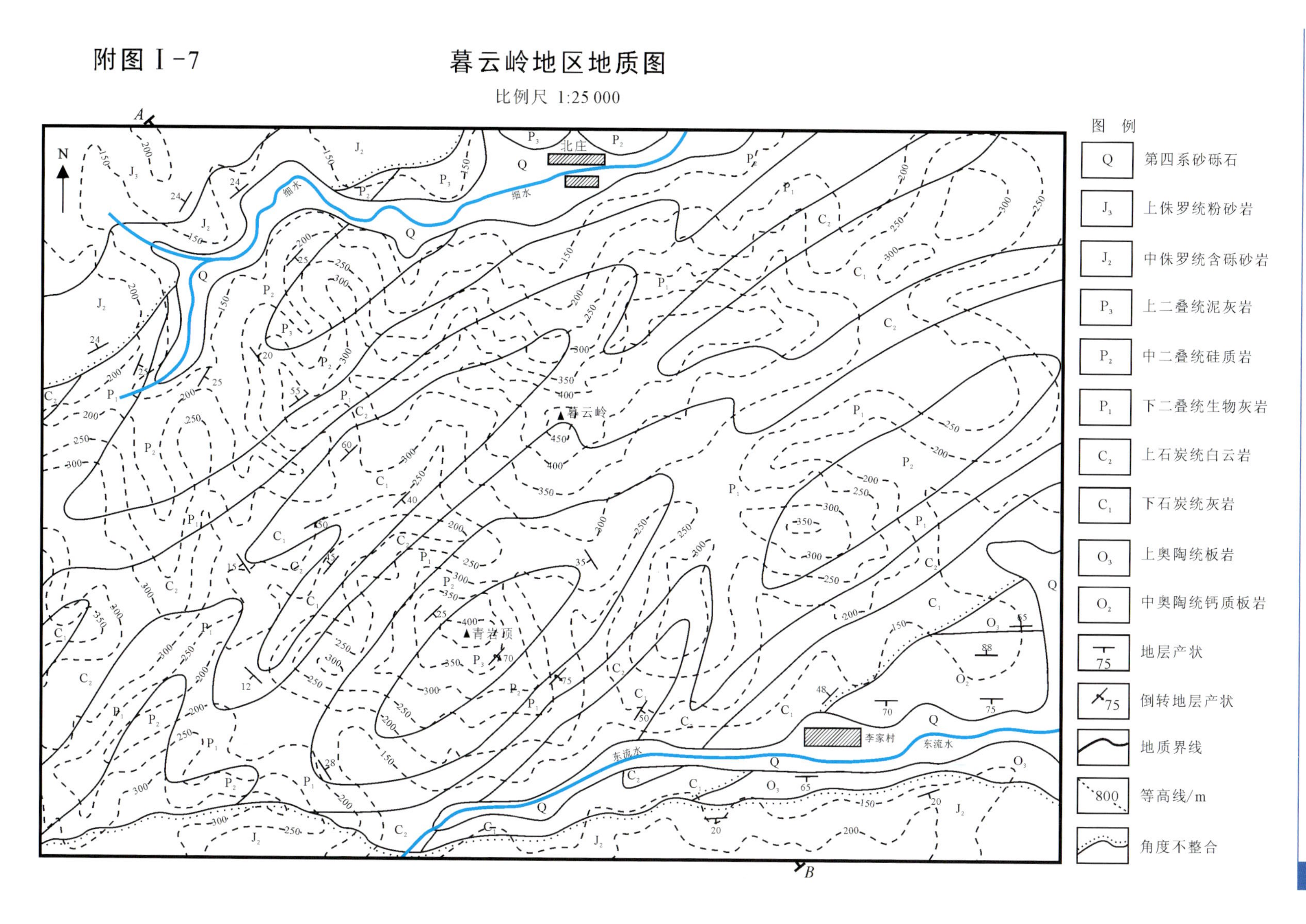

附图 Ⅰ-8　白杨坝地区地质图

比例尺 1:50 000

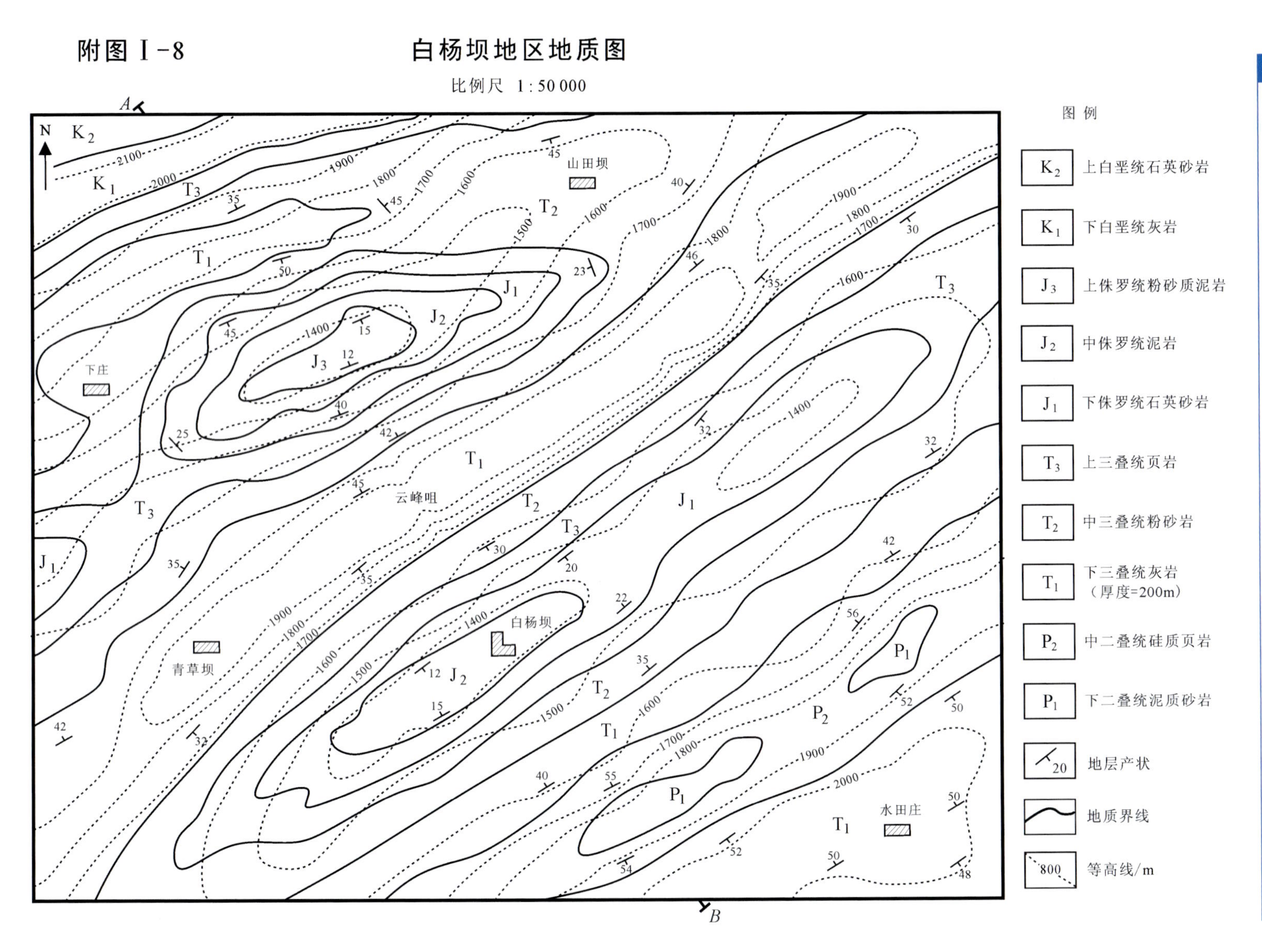

附图 Ⅰ-9　　长岗地区地形地质图

比例尺　1:10 0000

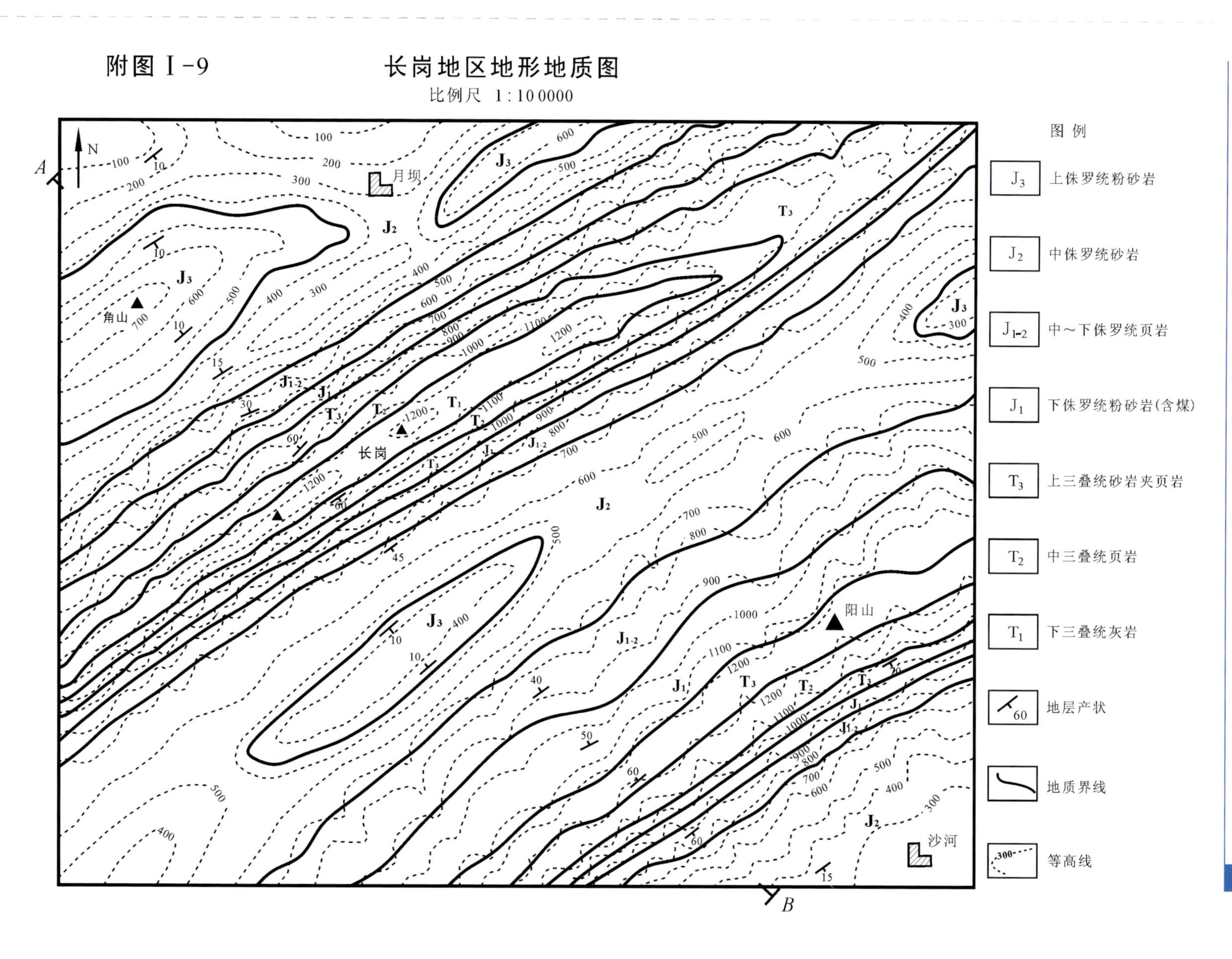

附图 Ⅰ-10

凉风垭地区地形图

比例尺 1：10 000

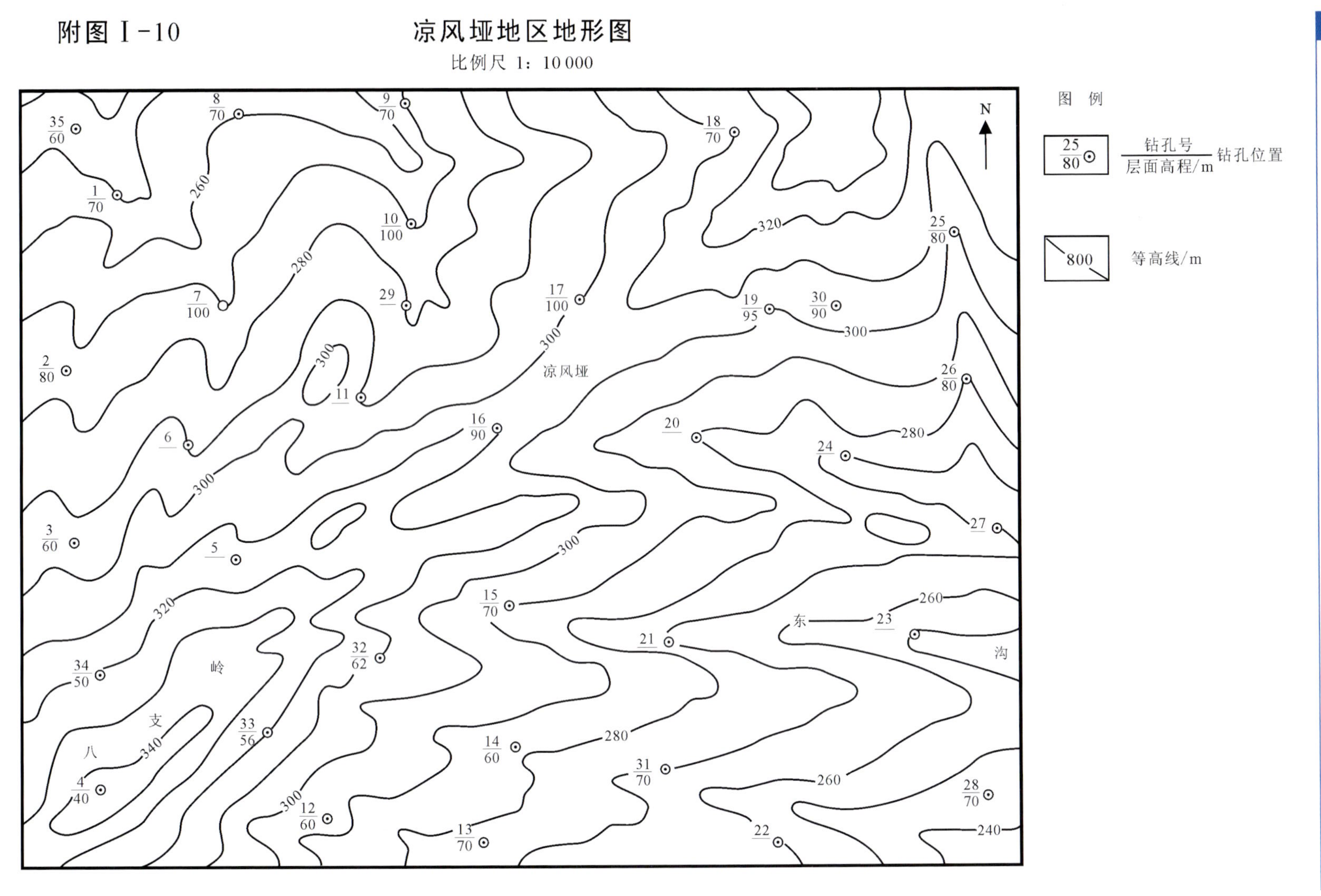

附图 Ⅰ-11 笔架山地区地形图

比例尺1:10 000

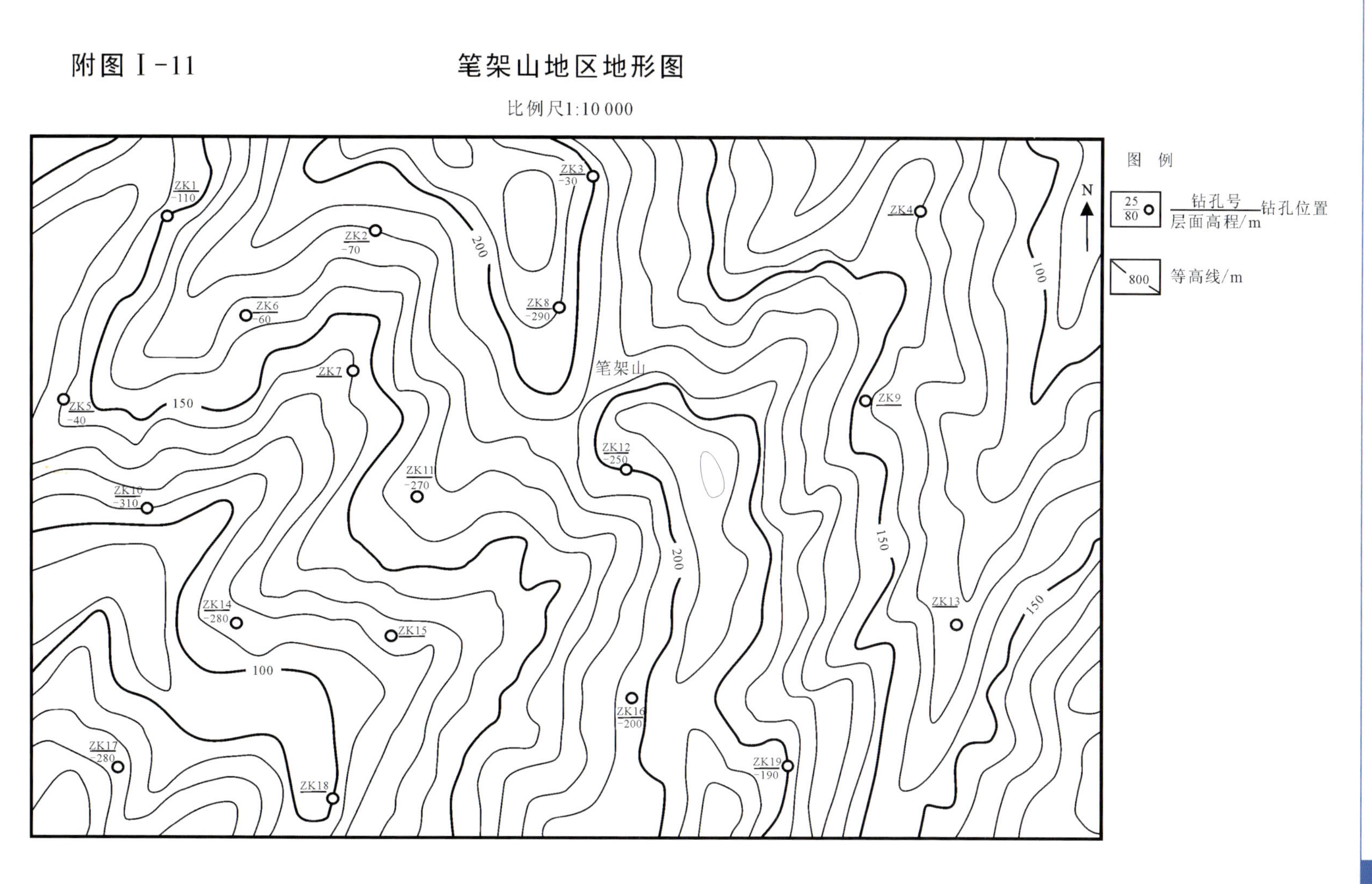

附图 Ⅰ-12

陈蔡地区地质图

比例尺 1:25 000

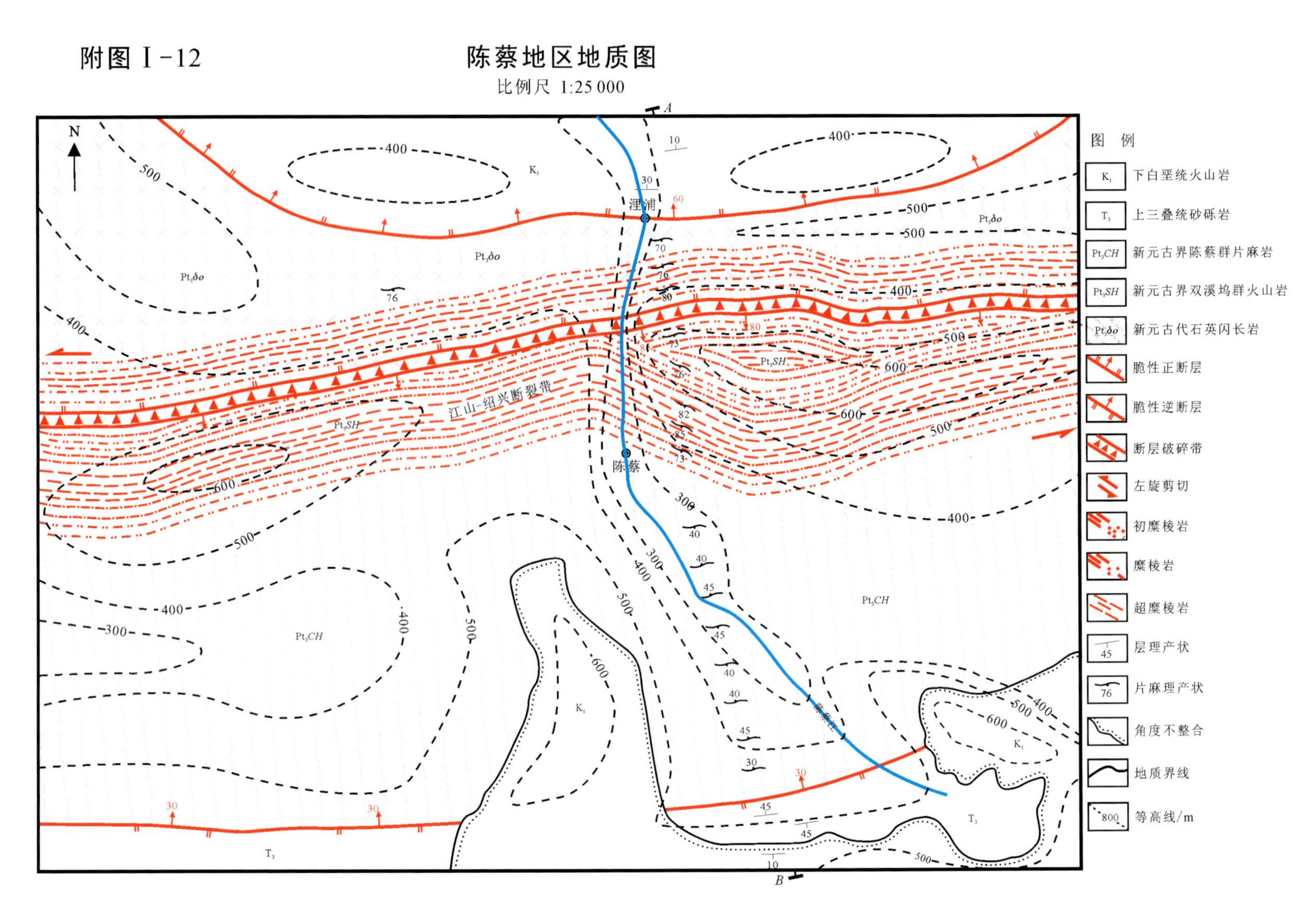

附图 I-13 风明峪地区地质图

比例尺 1:15 000

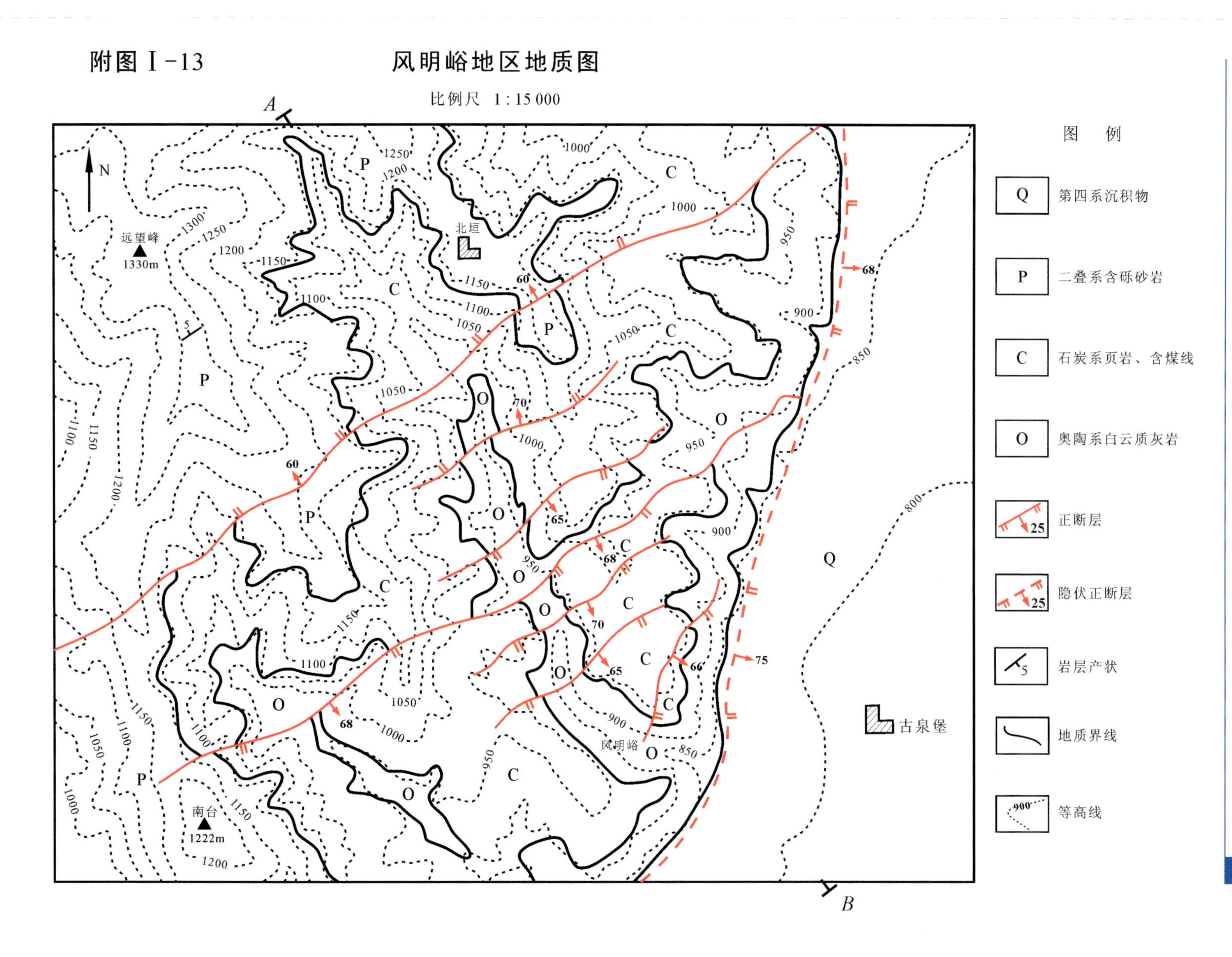

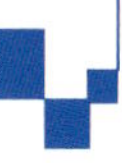

附图Ⅰ-14　冈瓦纳大陆主要大陆板块轮廓及所包含动植物化石带

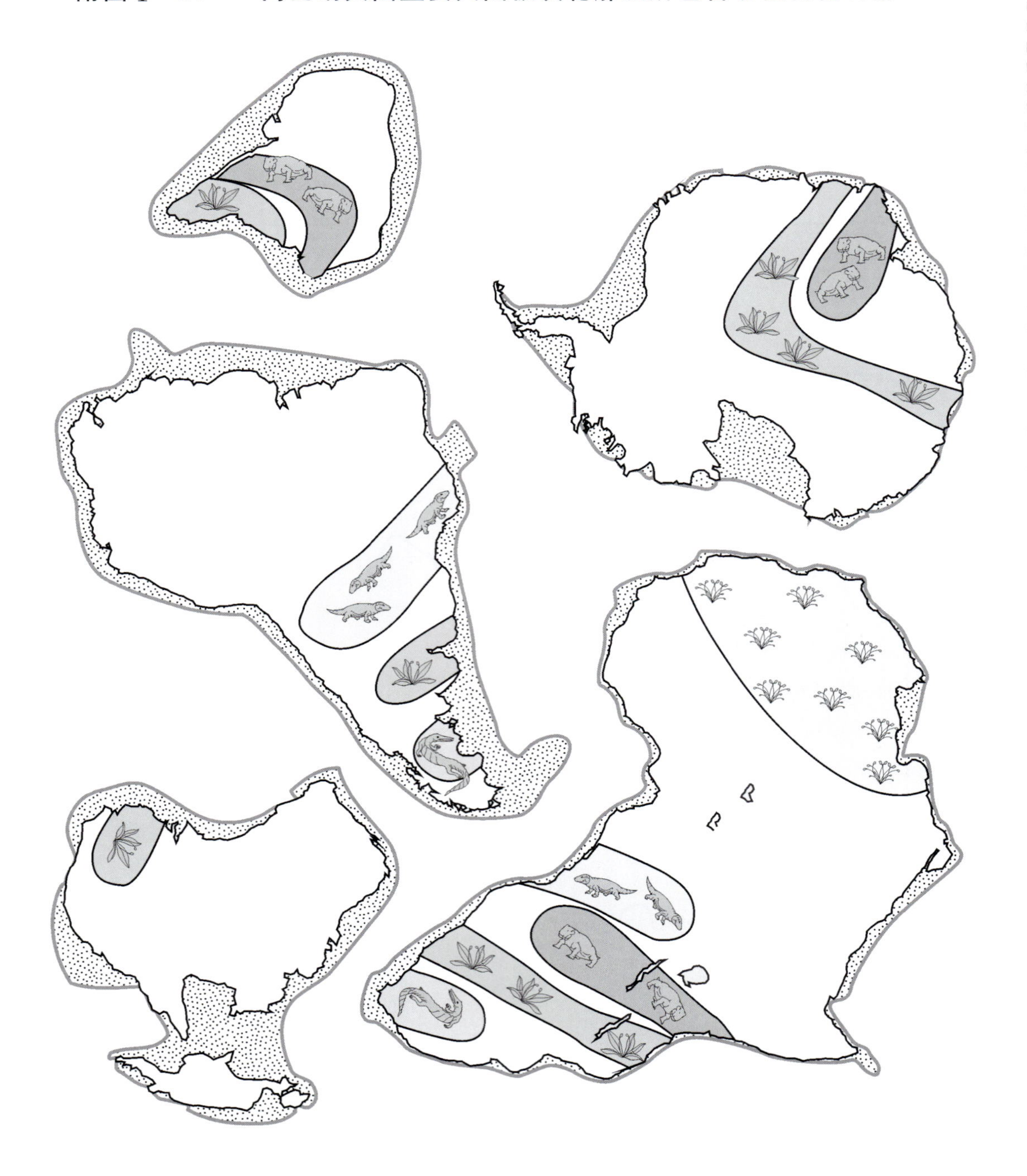

附图 I-15

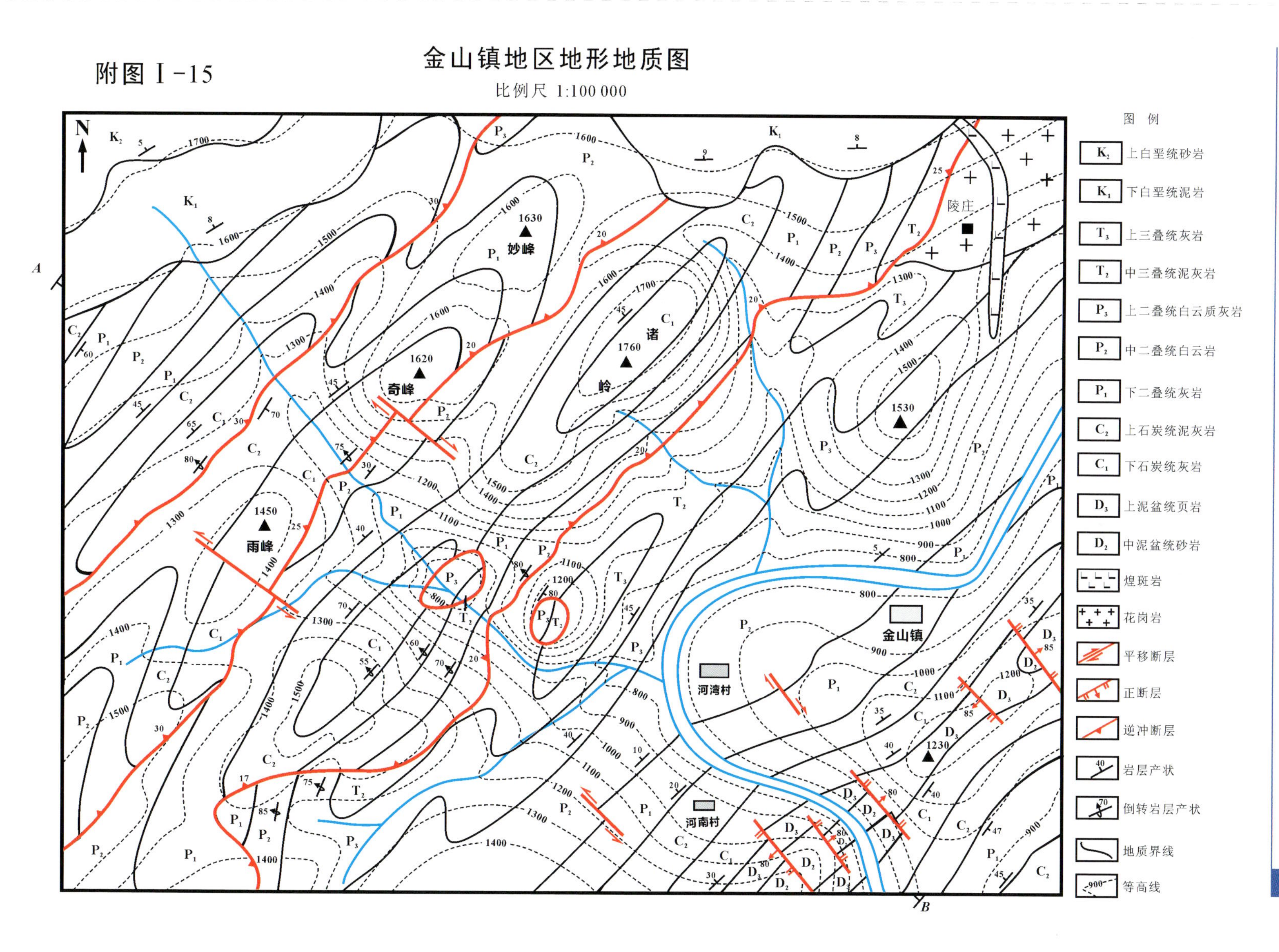
金山镇地区地形地质图
比例尺 1:100 000
图例
K2 上白垩统砂岩
K1 下白垩统泥岩
T3 上三叠统灰岩
T2 中三叠统泥灰岩
P3 上二叠统白云质灰岩
P2 中二叠统白云岩
P1 下二叠统灰岩
C2 上石炭统泥灰岩
C1 下石炭统灰岩
D3 上泥盆统页岩
D2 中泥盆统砂岩
煌斑岩
花岗岩
平移断层
正断层
逆冲断层
岩层产状
倒转岩层产状
地质界线
等高线
N
A
B
陵庄
金山镇
河湾村
河南村
诸岭
1760
妙峰
1630
奇峰
1620
雨峰
1450
1530
1230

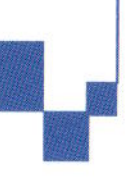

附图 I-16

莲塘地区地质图

比例尺 1:25 000

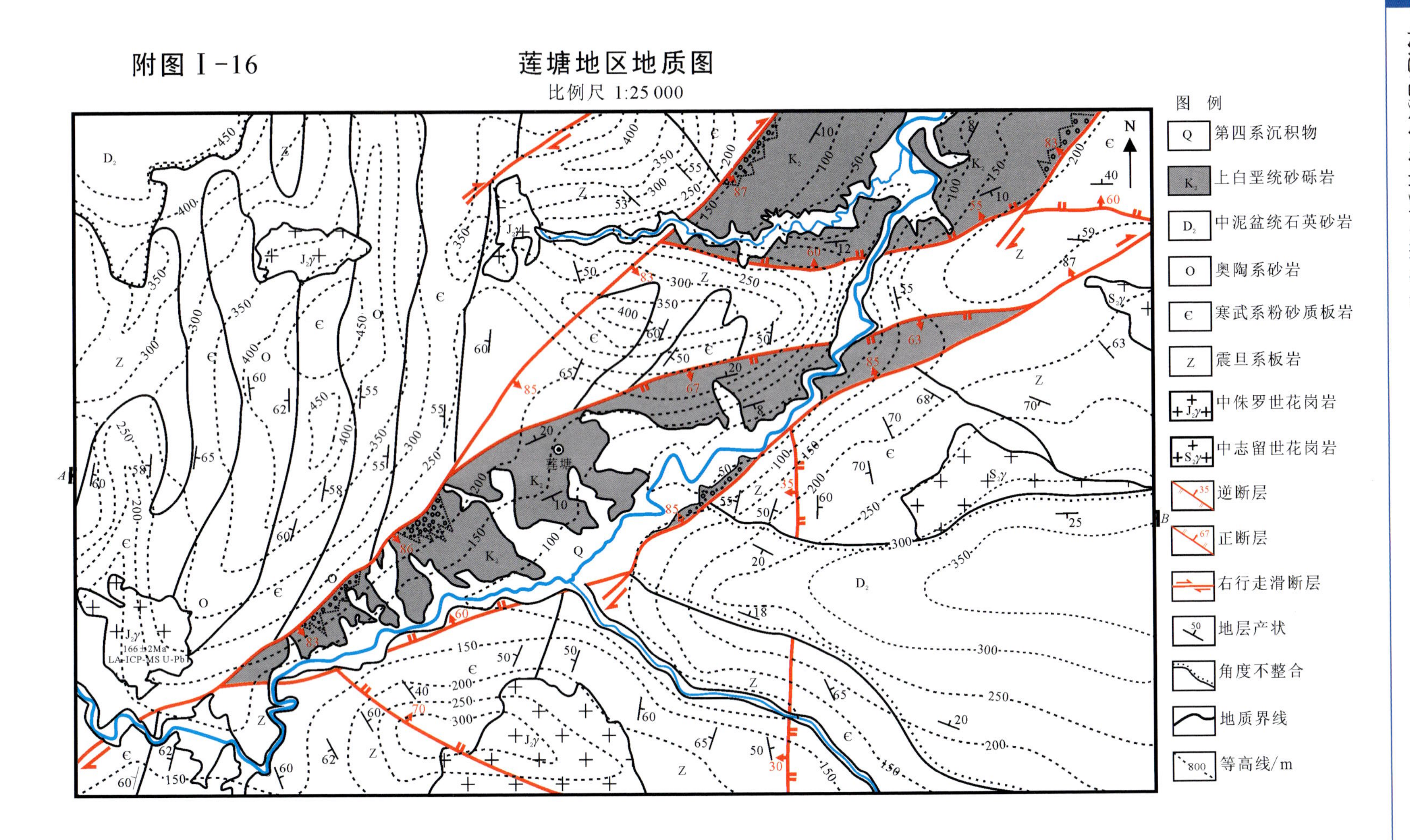

附图Ⅰ-17 秋古峰地区地质图

比例尺 1:50 000

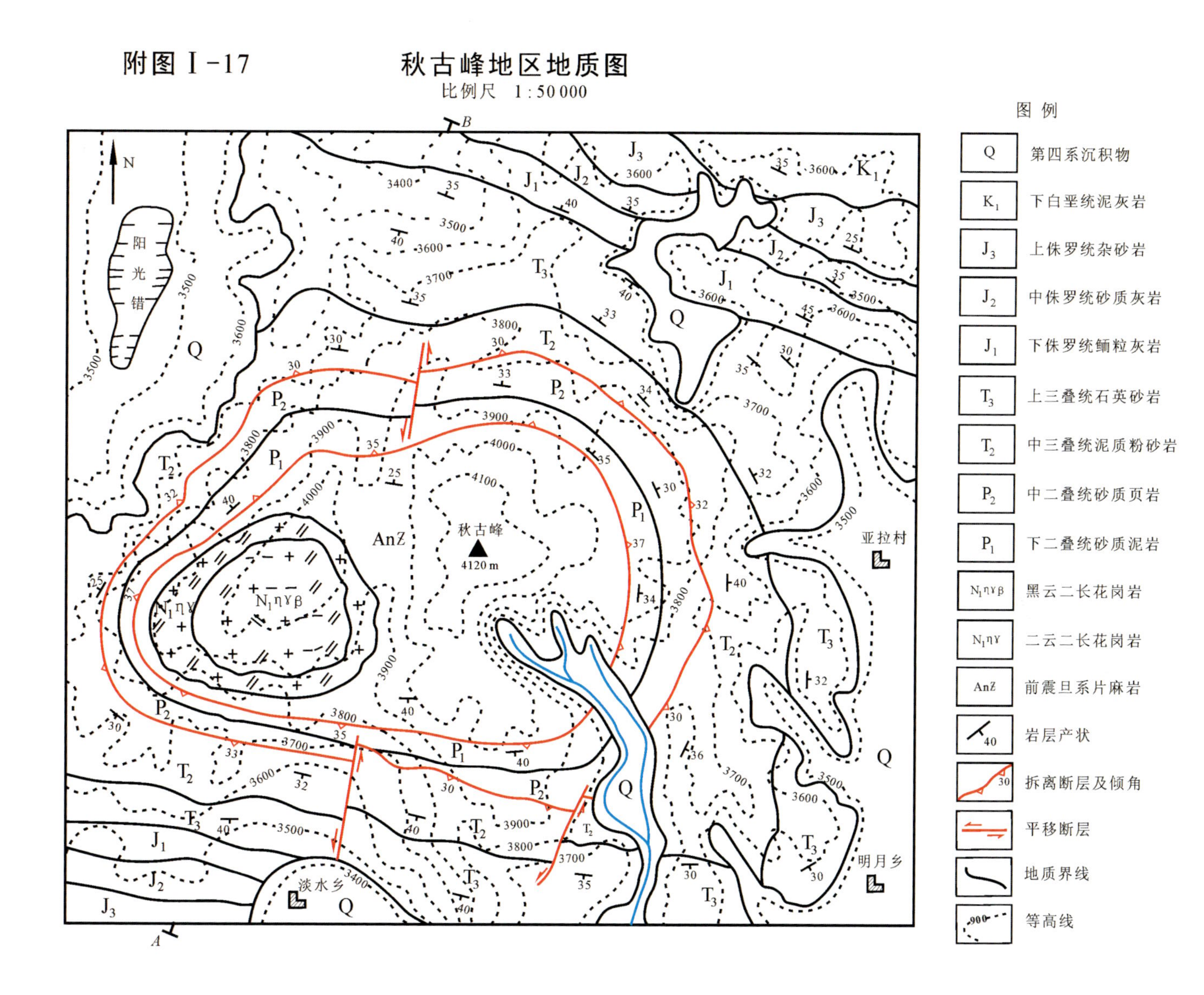